非均匀煤层的瓦斯赋存、流动特性与等效渗透率理论

Gas Occurrence, Flow Characteristics and Equivalent Permeability Theory of Non-uniform Coal Seam

赵洪宝 著

国家自然科学基金面上项目"动力扰动对卸压煤体内部微结构影响与增透机理研究"（项目编号：51474220）

国家自然科学基金面上项目"短壁综放开采顶板破断致冲与控制机理"（项目编号：51674243）

深井瓦斯抽采与围岩控制技术国家地方联合工程实验室开放基金资助项目"夹矸层对煤层内瓦斯流动特性影响研究"（项目编号：G201603）

河南省瓦斯地质与瓦斯治理重点实验室省部共建国家重点实验室培育基地开放基金"含不透气夹矸煤层的瓦斯流动特性与等效渗透率研究"（项目编号：WS2017A06）

U0223134

科学出版社

北 京

内 容 简 介

本书针对卸压后、含夹矸层等条件下形成的不均匀煤层的瓦斯赋存与流动特性研究的需要，结合作者多年研究经验和对研究成果的总结，系统地介绍了煤层内瓦斯的赋存与流动特性、影响煤层瓦斯赋存状态与流动特性的因素、表征瓦斯赋存与流动特性的主要参数指标，以及一些根据作者及所带领团队多年进行研究所获得的科研成果。主要内容包括动力冲击对煤体内部微结构的影响、非均匀载荷对瓦斯钻孔周边煤体内部微结构造成的影响、卸压煤体内瓦斯放散与流动特性、含夹矸煤层的瓦斯放散与流动特性、不均匀煤层的等效渗透率理论等。

本书可供从事采矿工程、安全工程、地质工程及石油工程等方面的工程技术人员、科研人员使用，也可作为高等院校相关专业的高年级硕士生、博士生开展相关研究的参考用书。

图书在版编目(CIP)数据

非均匀煤层的瓦斯赋存、流动特性与等效渗透率理论=Gas Occurrence, Flow Characteristics and Equivalent Permeability Theory of Non-uniform Coal Seam /赵洪宝著.—北京：科学出版社，2017.12

ISBN 978-7-03-055885-5

Ⅰ.①非… Ⅱ.①赵… Ⅲ.①煤层–瓦斯赋存–研究②煤层–流动特性–研究 Ⅳ.①TD712

中国版本图书馆CIP数据核字(2017)第305533号

责任编辑：刘翠娜 / 责任校对：桂伟利
责任印制：赵 博 / 封面设计：无极书装

科学出版社 出版
北京东黄城根北街 16 号
邮政编码：100717
http://www.sciencep.com

北京科印技术咨询服务有限公司数码印刷分部印刷
科学出版社发行 各地新华书店经销

*

2017 年 12 月第 一 版 开本：720×1000 1/16
2025 年 5 月第二次印刷 印张：20 1/4
字数：400 000

定价：118.00 元
(如有印装质量问题，我社负责调换)

前　言

随着我国国民经济的高速发展，对煤炭资源的需求急剧增加，导致煤炭年产量屡创新高，2014 年更是达到了近 40 亿 t。然而，高产能必须以高效的安全形势为基本保障。虽然地下煤炭开采过程所面临的"五大灾害"，即顶板灾害、瓦斯灾害、水害、火灾和粉尘灾害，在过去几年里发生的次数得到了极大降低且灾害造成的死亡人数也急剧下降，重特大灾害的发生得到了根本遏制，但瓦斯灾害在煤矿"五大灾害"中仍是一次导致死亡人数最多的灾害，且这一易于造成群死群伤的灾害发生时造成的社会影响非常恶劣，对煤炭工业产生的负面影响不可估量。在所有涉及瓦斯的灾害中，又以煤与瓦斯突出、瓦斯爆炸对煤炭开采工作产生的影响最大。

若煤层内含有夹矸层后，煤层的完整性将被破坏，煤层的非均匀性将增加，煤层在局部范围可能形成封闭结构而导致瓦斯局部积聚，这些变化将严重劣化这些非均匀煤层内瓦斯的赋存和流动特性，进而有可能增加煤与瓦斯突出、瓦斯爆炸等涉及瓦斯灾害的发生。当瓦斯被作为一种能源时被称为煤层气，煤层气采收的关键科学问题主要包括气井(钻孔)影响半径和有效抽采时间，而煤储层含有夹矸层后产生的诸多变化，势必将劣化气井(钻孔)影响半径并缩短气井(钻孔)的有效抽采时间。因此，分析和研究因含夹矸层而导致非均匀性增加煤层的力学性质变化、受非均匀载荷时的力学性质变化、采收气井(钻孔)稳定性维护、非均匀煤层的瓦斯赋存与流动特性，建立非均匀煤层的渗透率估算模型，提出非均匀煤层的等效渗透率理论，越来越成为相关工作领域的重点和热点。

本书的研究工作是在国家自然科学基金面上项目"动力扰动对卸压煤体内部微结构影响与增透机理研究"(项目编号：51474220)等科研项目的大力资助下完成的。本书内容上以煤层内含有夹矸层后将增加煤层非均匀性为基本假设，以煤层内含有夹矸层后煤层的非均匀性增加将严重影响其内部瓦斯的赋存与流动特性为前提，围绕由取自典型矿区煤试样和模拟材料共同构成的非均匀煤层开展了大量的相关基础研究，主要包括非均匀载荷作用下煤的力学性质演化、煤样内微结构演化、非均匀载荷对瓦斯抽采钻孔产生的影响、非均匀煤层的瓦斯放散特性和瓦斯流动特性等内容，并在试验研究结果分析和理论分析的基础上提出了非均匀煤层的等效渗透率理论和估算模型，这将从一定程度上揭示非均匀煤层的瓦斯赋存与流动特性及其渗透特性受到的影响规律。

在本书的撰写过程中，通过参加国内外学术大会得到了广大业内前辈和同仁的指导和帮助，对本书的研究思路、撰写结构等方面起到了点拨和指导作用，在此表示诚挚的谢意；作者带领的科研团队成员，包括张欢、王中伟、胡桂林、李伟、郭旭阳、琚楠松等在本书的撰写过程中也付出了辛勤的劳动和汗水，在此一并表示感谢！

　　由于作者及其带领的科研团队水平有限，书中难免有疏漏和不妥之处，敬请读者批评指正。

赵洪宝

2017 年 8 月 15 日

目　　录

第1章　煤层与煤层瓦斯

煤炭在世界能源消费结构比例中占近 30%，略低于石油消费。我国煤炭产量居世界第一位，约占世界总产量的 50%，煤作为我国能源稳定的可靠基础能源，在今后一个相当长的时期内仍将是我国的主导能源[1]。根据《中国中长期能源发展战略研究》，2030 年左右我国煤炭预测产能可达到 30 亿～35 亿 t，至 2050 年将维持在约 35 亿 t 水平，这才能基本满足经济发展对煤炭资源的需求[2~4]。

1.1　煤　及　煤　层

1) 煤的形成

煤是一种固体可燃有机生物沉积岩。煤是以含碳、氢元素为主，同时含有少量氧、硫、氮、磷及稀有元素的可燃性矿物，是千百万年前的远古时代植物在特殊的环境中经过极其复杂的生物化学、地球化学、物理化学作用后形成的。煤的形成过程可简单表示为如图 1.1 所示。

图 1.1　煤的形成过程

从远古时代植物的死亡、堆积到经煤化作用等转变为煤，是一系列的物理、化学演化过程的集合，这个过程集合称为成煤作用。成煤作用根据时间先后关系可大致分为两个阶段，即泥炭化阶段和煤化作用阶段。成煤的基础物质主要是植物，原基础物质组成的不同是影响煤质最重要的因素之一，根据成煤植物的不同，可以划分出以高等植物为主原基础物质形成的腐殖煤和以低等植物为主原基础物质形成的腐泥煤两大类，腐殖煤最为常见而腐泥煤很少，现代煤炭工业开采的对象中绝大多数是腐殖煤。

(1) 泥炭化阶段。

植物遗体是成煤的基础物质来源。植物遗体能够顺利地堆积并转变为煤需要极其特殊的环境条件。首先要有大量的植物持续的生长、死亡；其次需要特殊的保存植物遗体的环境，需满足能使死亡植物原地堆积且不被氧化的条件，同时具备上述两个条件的环境常见为沼泽。植物大量堆积在沼泽浅部后，在需氧微生物的分解作用下一部分被彻底破坏分解成气体和水，未被分解的稳定部分保留下来并在沼泽水的覆盖下逐渐与空气隔绝，此时厌氧微生物利用植物有机质中的氧发生氧化分解、去羧基和脱水，释放出二氧化碳和甲烷气体(即狭义瓦斯)而形成一种凝胶状、含水分很高的棕褐色物质，这一过程就是泥炭化阶段，而过程中形成的物质被称为泥炭，也可称为泥煤。泥炭随着地壳和地质构造的不断运动下沉直至被覆盖而深埋于地下，当泥炭层被无机沉淀物覆盖后，就标志着泥炭化阶段的结束，煤的形成将进入下一个阶段，即煤化作用阶段。

(2) 煤化作用阶段。

当泥炭化阶段结束后，煤的形成将进入煤化作用阶段。此时，生物化学作用逐渐减弱直至消失，在物理化学和化学作用下泥炭开始向褐煤、烟煤和无烟煤转化，这一过程就是煤化阶段。根据主导作用因素和结果的不同，这个阶段可细分为成岩阶段和变质阶段两个阶段。

①成岩阶段：泥炭化阶段末期，泥炭被覆盖且深埋于地下，其在上覆无机沉积覆盖层导致的压力作用下逐渐被压密，且伴之以失水、胶体老化硬结等物理和物理化学变化，而缓慢地逐渐转变为具有生物岩特征的褐煤过程。这个过程需要的埋藏深度不大，上覆盖层厚度为200～400mm，温度约为60℃。在这一过程中，除了发生压实、失水等物理变化之外，也伴有分解和缩聚等化学反应，这些化学反应使泥炭中的植物成分逐渐减少，腐殖酸含量先增加后减少。如果地层继续向下运动，且上覆的覆盖层持续增厚，成煤环境中的温度将明显升高，所处环境的压力也继续加大，成煤作用将进入下一阶段，即变质阶段。

②变质阶段：处于上述复杂环境中且经上述复杂过程形成的褐煤沉降到地层深部后，在持续的地热和高压作用下将会继续发生化学反应，而促使其组成、结构和性质都在发生变化，引起这些变化的主要因素有持续作用、温度和压力。

a. 持续作用：这里所说的持续作用不是指距今地质年代的长短，而主要指作用在时间维度上的延长，即在一定的温度和压力条件下，作用于煤的变质过程的时间长短。持续作用的影响表现在两个方面，一方面，当作用温度值相同时煤的变质程度取决于温度作用时间的长短；另一方面，煤所受短时间较高温度的作用和受长时间较低温度的作用具有等效作用，即可以达到相同的变质程度。

b. 温度：地热资源是一种宝贵的自然资源，成煤过程中地热资源也起着重要的作用，地热使地温自地表常温层往深部呈逐渐升高趋势，成煤过程中埋藏深度增加的同时将意味着所处环境温度同时增加。大量资料分析表明：成煤过程中的不同煤化阶段所需的温度是不同的，大致表现为：褐煤 40～50℃、长焰煤<100℃、烟煤<200℃、无烟煤<350℃。

c. 压力：压力在煤的物理结构变化中起主要作用，如孔隙率的减小、水分的降低、密度的变化等。但一般的认识是，只有化学变化才可以对煤的化学结构变化起决定性的影响作用。

2) 煤的分类

煤是在特殊的地理环境中，经过一系列的特殊过程形成的一种特殊可燃性矿物。根据形成煤炭资源的原基础植物组成的不同，可将煤分为腐殖煤和腐泥煤两类，而又以腐殖煤最为常见，现代煤炭企业开采的主采煤层多数为腐殖煤。

(1) 腐泥煤。

形成煤炭资源的原基础植物为低等植物或浮游生物时，形成的煤炭资源为腐泥煤。腐泥煤主要有藻煤和胶泥煤两种。藻煤主要由藻类生成，而胶泥煤几乎完全由基质组成，是由一种无结构的腐泥煤植物成分彻底分解形成的，若胶泥煤中矿物含量大于40%，则此时的胶泥煤被称为油页岩，油页岩也是一种重要的能源资源。

(2) 腐殖煤。

形成煤炭资源的基础植物为高等植物时，形成的煤炭资源为腐殖煤。腐殖煤最为常见，人们通常意义上所指的煤均为腐殖煤。根据煤化程度的不同，腐殖煤可分为以下四大类。

①泥炭：泥炭是植物向煤转化过程中的过渡产物，其内尚保存有大量未分解的植物组织。泥炭含水率较高，刚开采出来的泥炭含水率在 85%～95%，自然风干后的泥炭含水率也在 25%～35%，干燥的泥炭呈棕黑色或黑褐色散碎度高的小块状。我国的泥炭资源主要分布在大兴安岭、小兴安岭、长白山、青藏高原和太行山脉范围，储量约为 270 亿 t。泥炭具有丰富的用途，可以作为燃料气和工业原料，可以用来制作优质的活性炭，也可用来制造改良土壤用的腐殖酸肥料。

②褐煤：上述的泥炭若后续经过脱水、压实作用，则转变为有机生物岩，此时矿物外表面呈褐色或暗褐色，称为褐煤。大多数褐煤没有光泽，含水率一般在 30%～60%，自然干燥后的褐煤含水率仍维持在 10%～30%，且易于风化碎裂，不宜长途运输。褐煤和泥炭最大的区别在于已经不含有未分解的植物组织残骸。褐

煤按照煤化程度的高低也可分为土状褐煤、暗褐煤、亮褐煤和木褐煤。我国的褐煤资源主要分布在内蒙古、云南和黑龙江等省份，储量大约为 900 亿 t。褐煤可用作气化原料，也可用来制作高热值的城市煤气或焦油。

③烟煤：褐煤经受的煤化作用继续发展就形成了烟煤。同属于烟煤范畴的煤炭资源，也具有不同的光泽，但绝大多数呈明暗交替的条带状，比较致密且硬度大。烟煤是分布最广、储量最大、品种最多的煤种。根据煤化程度的不同，烟煤也可细分为长焰煤、不黏煤、气煤、肥煤、瘦煤和贫煤，其中气煤、肥煤、焦煤和瘦煤都具有不同的黏结性，统称为炼焦煤。

④无烟煤：无烟煤是一种煤化程度最高的腐殖煤。无烟煤外观呈灰黑色，具有金属光泽且无明显条带。无烟煤在各煤种中的挥发分最低、硬度最大。无烟煤的主要用途为民用、发电和制造合成氨等。

3) 煤的赋存环境

煤炭资源形成于特殊的地质环境中，成煤后也将赋存于特殊的地质环境中，与煤层直接接触或人工开采活动会涉及的岩层主要是煤层上下一定范围内的岩层，其中位于影响范围附近的煤层之上的岩层称为顶板岩层，而位于煤层之下的岩层称为底板岩层。顶板岩层又分为伪顶、直接顶和老顶，如图 1.2 所示。

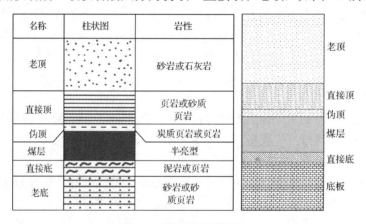

图 1.2　煤层顶底板岩层

(1) 顶板岩层中。

①伪顶：位于直接顶与煤层之间，厚度一般小于 0.5m 或局部不可见，为极易垮落的软弱岩层，岩性一般为泥质页岩、炭质页岩。

②直接顶：位于伪顶上方，一般由一层或几层性质近似的岩层组成，通常由具有一定稳定性且易于随煤炭开采工作的推进而垮落的岩层组成，厚度一般为几米，岩性多为页岩、砂质页岩。

③老顶：位于直接顶上方，为厚而坚硬的岩层，岩性上通常为砂岩、石灰岩等坚硬岩石，该类岩石可悬空较大长度。

(2)底板中。

①伪底：直接位于煤层之下的薄软岩层，岩性多为炭质页岩或泥岩，一般厚度为 0.2～0.3m。并非全部的煤层都具有伪底结构，常见为缺失状态。

②直接底：直接底是位于煤层伪底之下的硬度较低的岩层，厚度一般在几十厘米到 1m，岩性常见为泥岩、页岩或黏土岩。当直接底为黏土岩时，遇水易于膨胀，这通常是导致煤矿底鼓现象的重要原因之一。

③老底：位于直接底之下，岩性通常为比较坚硬的岩层，常见的如砂岩、石灰岩等。

煤层与顶底板的接触关系可分为三类，即明显接触、过渡接触和冲刷接触。当表现为明显接触时，表明煤层沉积环境变化比较迅速；过渡接触则表明煤层沉积环境变化比较平和；冲刷接触表明煤层沉积环境变化非常急剧。

4) 煤的内部结构

煤是一种各向异性的非均质似多孔介质材料，其内含有丰富的孔隙、裂隙结构，如图 1.3 所示。

图 1.3　煤的内部微结构

煤体内的微结构中，几何尺度较大且之间相互连通的微结构，一般称为裂隙；而把几何尺寸相对较小且彼此不连通的微结构，称为孔隙。根据煤体内微结构的几何尺寸大小，可将其进行如下分类，如表 1.1 所示。

由于煤中含有大量的孔隙、裂隙微结构，故其内含有大量的内表面积。根据微结构的分类，各尺度微结构各自所占煤内表面积的比例如表 1.2 所示。

虽然如上述，但煤体内的微结构还受到诸多因素的影响，如煤化程度、地质破坏程度、地应力性质及地应力大小等。其中，煤化程度是从煤的形成阶段对煤

表 1.1　微结构分类

微结构名称	几何尺寸范围/mm
微微孔	$<2\times10^{-6}$
微孔	$2\times10^{-6}\sim10^{-5}$
小孔	$10^{-5}\sim10^{-4}$
中孔	$10^{-4}\sim10^{-3}$
大孔	$10^{-3}\sim10^{-1}$
可见孔及裂隙	$>10^{-1}$

表 1.2　微结构占煤内表面积之比

微结构名称	直径/mm	内表面积/%	体积/%
微微孔	$<2\times10^{-6}$	62.2	12.5
微孔	$2\times10^{-6}\sim10^{-5}$	35.1	42.2
小孔	$10^{-5}\sim10^{-4}$	2.5	28.1
中孔	$10^{-4}\sim10^{-3}$	0.2	17.2

的内部结构产生的影响，从长焰煤开始，随着煤化程度的提高，煤体内的总微结构体积呈逐渐减小趋势，到焦煤、瘦煤时最小，而后又开始增加，直至无烟煤时达到最大值；煤体的微结构中，大孔的形成取决于地质构造对煤的破坏作用，故煤的破坏越严重，其大尺度裂隙结构所占煤体比例越高；而地应力性质方面，压性地应力将利于煤内微结构的闭合，压性地应力越大，煤内微孔隙中将会有越多的微结构参与到闭合过程中；张性地应力则有利于微结构的张开，张性地应力越大，则会有越多的微结构参与到张开过程中。

1.2　煤层瓦斯

1) 煤层瓦斯

　　煤层瓦斯是伴随于成煤过程中形成的，是一种可燃性的气体，其主要成分为甲烷，即 CH_4。煤层瓦斯有广义瓦斯和狭义瓦斯之分，广义瓦斯指的是井下有毒有害气体的总称，一般包括：赋存于煤层和围岩内并能涌入到采掘空间的矿井气体，煤炭采掘过程中生成的气体，井下空气与煤岩、物料等发生物理化学作用后生成的气体和煤内含有的放射性物质衰变、蜕变生成的气体。具体包括以下主要气体：甲烷及其同系物烷烃、环烷烃、芳香烃、氢气、一氧化碳、二氧化碳、硫化氢、氨气、一氧化氮、二氧化硫等。狭义瓦斯则主要指甲烷气体，即 CH_4。它是一种无色、无味、无嗅、可燃或可爆的气体，虽然其无毒，但大量吸入时可因窒息效应导致人员伤亡；甲烷密度是 $0.716kg/cm^3$，小于空气密度；甲烷气体微溶于水，在标准状况下，100L 水可溶 3.31L 甲烷。

2) 煤层瓦斯的生成

煤层瓦斯是腐殖型有机物在成煤过程中生成的。在此过程中一般包含两个成气时期，即生物化学成气时期和煤化变质作用成气时期，各时期成气量的多少主要取决于原始母质植物的组成和煤化作用所处的阶段。

(1) 生物化学成气时期。

该时期从腐殖型有机物堆积在沼泽相和三角洲相环境中开始，在温度不超过65℃的条件下，腐殖体经厌氧微生物分解成甲烷和二氧化碳。这个阶段生成的泥炭层埋藏浅、上覆覆盖层的胶结固化不好，生成的瓦斯极易渗透或扩散到大气中。因此，此阶段生成的瓦斯一般不会留存于煤层中。

(2) 煤化变质作用成气时期。

生物化学成气时期的后期，泥炭层在地层温度和压力的作用下逐渐转化为褐煤，而褐煤层继续下沉且在温度和压力持续作用下继续变质，就进入了煤化变质作用成气时期。此时期内，温度一般为 100℃左右，褐煤层的上覆覆盖层增厚导致地层压力增加，煤层将发生强烈的热力变质成气作用。煤化作用过程中，有机质分解、脱出甲基侧链和含氧官能团而生成二氧化碳、甲烷和水。随着煤化程度的深入，基本结构单元中缩聚芳核的数目不断减少，生成的瓦斯量不断增加，且由于煤层上覆覆盖层的存在而导致这部分瓦斯被抑留在了煤层中，此过程生成的瓦斯为煤层瓦斯的主要来源。

3) 煤层瓦斯的赋存

煤化变质作用成气时期生成的瓦斯因煤层上覆覆盖层的封闭作用，将大部分赋存于煤层中。瓦斯在煤层内的赋存形式包括三种类型，即游离瓦斯、吸附瓦斯和吸收瓦斯。游离瓦斯以自由形态赋存于煤的各类型的微结构中，是形成瓦斯压力的"源"；吸附瓦斯则是在微孔内占据着煤分子结构的空穴或煤分子间的空间呈吸着状态的瓦斯；吸收瓦斯是进入煤实体内部的一部分特殊的"吸附瓦斯"，如图 1.4 所示。

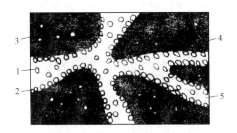

图 1.4　煤层瓦斯赋存形式

1-游离瓦斯；2-吸附瓦斯；3-吸收瓦斯；4-煤基质；5-微结构

在上述三种瓦斯赋存形式中，游离瓦斯量占煤层内瓦斯总量的 10%～20%，吸附瓦斯占 80%～90%，而吸收瓦斯仅占很小很小的一部分，且煤层内的游离瓦斯和吸附瓦斯处于一种动态的解吸吸附平衡之中。对于赋存于一定地质环境中的煤层来讲，由于覆盖层厚度的变化和自然逸散作用，煤层内生成瓦斯时的含气量和煤层现存瓦斯的含气量是不同的，从而使煤层瓦斯的赋存表现出明显的垂向分带分布特征。煤层内瓦斯的分布沿地层由浅部到深部方向上一般可划分为两个带，即瓦斯风化带和甲烷带。

4）煤层瓦斯的几个主要参数

（1）瓦斯压力。

煤层瓦斯压力是指煤层孔隙内气体分子自由热运动撞击所产生的作用力，它在某一点上各方向上的大小是相等的，方向与孔隙壁垂直。煤层瓦斯压力的大小取决于煤层瓦斯含量的大小、瓦斯流动动力的高低及瓦斯动力现象的潜能大小等因素。

煤层瓦斯压力在甲烷带内表现出的分布规律为：随深度的增加而增大，多数煤层表现为线性规律，瓦斯压力增加的幅度，即瓦斯压力梯度，则随地质条件的不同而不同，相同地质条件下的煤层瓦斯压力大致相同，这一瓦斯压力差则是煤层内瓦斯发生运移的动力源之一。瓦斯压力与埋藏深度的关系可用下式预测，即

$$p = p' + C(H - H') \tag{1.1}$$

式中，p 为甲烷带内深度为 H 煤层的瓦斯压力，MPa；p' 为甲烷带内深度为 H' 煤层的瓦斯压力，MPa；C 为瓦斯压力梯度，MPa/m，一般取 0.01±0.005。

（2）煤层瓦斯含量。

煤层瓦斯含量是指单位质量或体积的煤中所含有的瓦斯量，单位一般为 m^3/m^3、m^3/t。

煤层内瓦斯含量是现在煤层内保存的瓦斯量，它由瓦斯向地表运移的条件、煤层储存瓦斯的性能决定，主要包括：埋藏深度、煤层和围岩透气性、煤层倾角、煤层露头、地质构造、煤化程度、地层地质史和水文地质条件等因素。

①埋藏深度：埋藏深度增加时，不仅增加了煤层内瓦斯向地表逸散需运移的距离，也因地应力的增加劣化了煤层及围岩的透气性。因而，其他条件相同时，随着埋藏深度的增加瓦斯含量是呈增加趋势的。

②煤层和围岩透气性：煤层和围岩的透气性越大，瓦斯在其内的运移、逸散越容易，瓦斯含量越小；反之，则瓦斯利于保存，煤层瓦斯含量会增加。

③煤层倾角：在其他条件相同时，煤层倾角越小，煤层瓦斯往地表运移所需

克服的流动跃迁边界越多，运移通道越劣化，瓦斯含量越大。

④煤层露头：煤层有露头时，煤层内的瓦斯就有了向地面逸散的出口，露头存在时间越久，瓦斯排放越多；反之，地表无煤层露头的煤层，瓦斯含量越高。

⑤地质构造：地质构造可分为封闭式地质构造和开放式地质构造，地质构造类型的不同导致其对煤层瓦斯含量的影响也不同。封闭式构造将有利于瓦斯的封存，甚至会在煤层局部区域形成瓦斯集聚区，而开放式构造将利于瓦斯的逸散。

⑥煤化程度：煤化程度的高低直接关系着煤层产气量的多少，且煤化程度越高的煤的瓦斯吸附性能越强，故煤化程度与瓦斯含量呈正相关性。但必须讲清楚的是，对于高变质无烟煤的瓦斯含量规律却不服从此规律。

⑦地层地质史：地层的地质史反映该区域地层的发展与演化规律，地质史越复杂导致的结果可能有两个，即有利于瓦斯封存结构的形成和不利于瓦斯封存结构的形成。因此，地层的地质史与瓦斯含量的关系不明确，但将非常明显地影响煤层的瓦斯含量。

⑧水文地质条件：地下水也是赋存于煤岩层内的孔隙、裂隙等微结构内的，与瓦斯的赋存空间相同。因此，地下水具有驱替吸附瓦斯、排采游离瓦斯的作用，直接表现为地下水活跃区域内煤层的瓦斯含量通常较低。

在煤层瓦斯含量中，游离瓦斯含量可按照马略特定律计算，即

$$X_y = V \cdot p \cdot T_0 / (T \cdot p_0 \cdot \xi) \tag{1.2}$$

式中，X_y 为煤中游离瓦斯含量，m^3/t；V 为单位质量煤的孔隙容积，m^3/t；p 为瓦斯压力，MPa；T_0、p_0 为标准状态下的温度和压力；T 为瓦斯的绝对温度，K；ξ 为瓦斯的压缩系数，按表 1.3 确定。

表 1.3　瓦斯的压缩系数

瓦斯压力/MPa	温度/℃					
	0	10	20	30	40	50
0.1	1.00	1.04	1.08	1.12	1.16	1.20
1.0	0.97	1.02	1.06	1.10	1.14	1.18
3.0	0.92	0.97	1.02	1.06	1.10	1.14
5.0	0.87	0.93	0.98	1.02	1.06	1.11
7.0	0.83	0.88	0.93	0.98	1.04	1.09

煤中吸附瓦斯含量则可按 Langmuir 方程计算，并考虑煤中水分、可燃物百分比、温度的影响系数等因素，按下式计算：

$$X_x = \frac{a \cdot b \cdot p}{1 + bp} e^{n(t_0 - t)} \cdot \frac{1}{1 + 0.31W} \frac{(100 - A - W)}{100} \tag{1.3}$$

式中，X_x 为吸附瓦斯含量，m^3/t；e 为自然对数的底；t_0 为实验室测定煤的吸附常数时的温度；t 为煤层温度；n 为系数，按 $n = \dfrac{0.02}{0.993 + 0.07p}$ 确定；p 为煤层瓦斯压力，MPa；a、b 为吸附常数；A、W 为煤的灰分与水分，%。

(3)煤层透气性系数。

煤层透气性系数是煤层瓦斯流动难易程度的标志。瓦斯气体是可压缩流体，其流动速度应换算为标准压力下的数值，如果认为瓦斯流动是等温过程，则煤层透气性系数按下式确定：

$$\lambda = \frac{K}{2\mu p_n} \tag{1.4}$$

式中，λ 为煤层透气性系数，$m^2/(MPa^2 \cdot d)$；p_n 为标准状况下大气压力；μ 为流体的绝对黏度，$Pa \cdot s$，对于甲烷取 1.08×10^{-5}；K 为煤层的渗透率，D①。

透气系数的物理意义是单位面积煤体两侧瓦斯压力差的平方值为 1MPa 时，通过 1m 长度的煤体在 $1m^2$ 煤面上每日流过的瓦斯量。煤层透气性系数还可以采用下述经验公式进行估算，即

$$\lambda = \lambda_0 e^{-b\sigma} \tag{1.5}$$

式中，λ 为煤层透气性系数，$m^2/(MPa^2 \cdot d)$；λ_0 为未承压煤样的透气性系数，$m^2/(MPa^2 \cdot d)$；σ 为煤样承受的压应力，MPa；b 为系数，由试验确定，MPa^{-1}。

煤层的透气性系数不是固定值，当煤体所处的应力环境发生变化时，其透气性系数一般会发生变化。如压应力增加时，煤层内的微结构会向闭合方向发展，这将导致煤层透气性系数降低，反之则增加。

(4)瓦斯涌出量。

瓦斯涌出量是指矿井建设和生产过程中从煤和岩石内涌出的瓦斯量，其表达方法有两种，即绝对瓦斯涌出量和相对瓦斯涌出量。

①绝对瓦斯涌出量：是指单位时间内涌出的瓦斯量，单位为 m^3/min 或者 m^3/d。

②相对瓦斯涌出量：是指平均日生产 1t 煤同期所涌出的瓦斯量，单位为 m^3/t，二者的关系可表示为

$$q_{CH_4} = \frac{Q_{CH_4}}{A} \tag{1.6}$$

式中，q_{CH_4} 为相对瓦斯涌出量，m^3/t；Q_{CH_4} 为绝对瓦斯涌出量，m^3/d；A 为日产

---

① $1D = 0.986923 \times 10^{-12} m^2$。

煤量，t/d。

煤层的瓦斯涌出量受诸多因素的影响，主要包括自然因素和开采技术因素两大类。

在自然因素中，煤层和围岩的瓦斯含量是瓦斯涌出量的决定性因素，瓦斯含量越高，相对瓦斯涌出量越大。开采深度方面，在瓦斯风化带内进行煤炭资源开采时，瓦斯的涌出量与埋藏深度关系不大；在甲烷带内进行煤炭资源开采时，随着开采深度的增加，相对瓦斯涌出量呈增加趋势。地面大气压力变化方面，当地面大气压力下降时，煤层瓦斯涌出量增加，反之则减小。

在开采技术因素中，开采顺序与回采方法方面，先采煤层瓦斯涌出量较大，采收率低的采煤方法瓦斯涌出量大；回采速度与产量方面，绝对瓦斯涌出量与回采速度或产量成正比关系；落煤工艺与老顶来压步距方面，此因素对瓦斯涌出量的峰值和波动影响显著，不仅影响绝对瓦斯涌出量，还影响相对瓦斯涌出量；通风压力与采空区封闭质量方面，通风压力小、采空区密闭质量好时，可减少老空区瓦斯涌出的不均匀系数与瓦斯涌出量。

5) 煤层瓦斯的运移特性

瓦斯在煤层中的运移需要两个条件，其一是一定要有流动通道，即煤层要有一定的透气性；其二是煤体中必须有游离瓦斯且必须具有一定的瓦斯压力差或浓度差。煤层中瓦斯的运移与流动涉及的主要问题如下[5~7]。

(1) 煤层瓦斯运移的场所。

瓦斯运移的场所是煤内富含的大量的微结构。在煤化作用过程中，煤中的挥发分由固体变化为气体并排出煤体之外，从而形成丰富的微结构。这些丰富的微结构形成后，又经过了复杂的地质史作用，部分孔隙结构相互连通、几何尺寸扩大而形成了裂隙结构。裂隙结构与孔隙结构等微结构相互结合，不仅构成了煤体内瓦斯吸附的场所，也成为煤体内瓦斯运移与流动的通道。

(2) 煤层瓦斯运移的方向。

煤层内瓦斯运移的动力是瓦斯压力梯度和瓦斯浓度差，即瓦斯在瓦斯压力梯度的作用下由高压区域向低压区域运移，在瓦斯浓度差作用下由高浓度区域向低浓度区域扩散。因此，常见的煤层瓦斯运移方向为由煤体向采空区、采掘空间运移。

(3) 煤层瓦斯运移的过程。

煤层内瓦斯的运移不是瞬间完成的，而是一个包括诸多过程的复杂运动体系。

煤层瓦斯如能发生运移，就必须首先由吸附瓦斯转化为游离瓦斯，这一过程即为瓦斯的解吸过程；接下来，游离瓦斯会在瓦斯浓度差作用下由微孔隙系统逐渐向外部裂隙系统扩散，是为瓦斯的扩散过程；大量的游离瓦斯集聚于煤层的裂隙结构中将形成瓦斯压力，进而对较远区域形成瓦斯压力差，使瓦斯运移获得动力源，煤层瓦斯将在瓦斯压力差的作用下发生渗透流动，即瓦斯的渗流过程；当游离瓦斯运移至煤层与自由空间的界面时，煤层瓦斯将逐渐向自由空间放散，即瓦斯的放散过程。经历了瓦斯解吸、瓦斯扩散、瓦斯渗流、瓦斯放散等过程，吸附瓦斯就完成了其向自由空间运移的整个过程。

(4)煤层瓦斯运移的模型。

由于煤层瓦斯运移过程的复杂性，其包含的各个过程的瓦斯运移的动力源、瓦斯运移通道的尺度是不同的，故其遵循的运移理论也不相同。

在以瓦斯浓度为动力的瓦斯扩散过程中，瓦斯运移遵循经典的 Fick 定律。此时，单位时间内通过垂直于扩散方向的单位截面积的扩散物质流量与该面积处的浓度梯度成正比[8,9]，即

$$J = -D\left(\frac{dc}{dx}\right) \tag{1.7}$$

式中，J 为扩散通量，$g/(cm^2 \cdot s)$；D 为扩散系数，cm^2/s；$\frac{dc}{dx}$ 为浓度梯度；"–"表示扩散通量的方向与浓度梯度方向相反。

瓦斯在煤中的中孔以上的孔隙或裂隙中的运移有层流和紊流两种形式。层流运移通常又可分为线性渗透和非线性渗透；紊流一般只发生在瓦斯突出时的瓦斯流动中，在原始煤层中瓦斯在裂隙中的运移是层流运动。大量的研究表明，瓦斯在煤体中的流动可以分为 3 个区域，如表 1.4 所示。

表 1.4　瓦斯流动区域划分

雷诺数	占优源	所属流动区域	符合规律
1～10	黏滞力	线性层流区域	达西定律
10～100	黏滞力	非线性层流区域	非线性渗透定律
>100	惯性力	紊流区	流动阻力与流速的平方成正比

达西定律：1856 年，法国水利工程师达西研究水在直立均质沙柱中流动时发现了达西定律，可表示为

$$v = -\frac{K}{\mu}\frac{dp}{dn} \tag{1.8}$$

式中，v 为流体的流速，m/s；K 为渗透率，mD；μ 为流体的动力黏度，N·s/m²；$\dfrac{\mathrm{d}p}{\mathrm{d}n}$ 为压力梯度，Pa/m。

在线性渗透中，瓦斯的流动具有与达西定律相同的形式。采用煤样进行的大量试验表明，瓦斯在大孔隙或裂隙中的线性渗透表达式为

$$q = \lambda \frac{P_2 - P_1}{L} \tag{1.9}$$

式中，q 为单位时间流体通过量，mL/s；λ 为渗透系数，m/d；P_2 为煤样出口瓦斯压力的平方，MPa²；P_1 为煤样入口瓦斯压力的平方，MPa²；L 为煤样长度，m。

在非线性区域，瓦斯在煤层中的流动属于非线性渗流，不再符合达西定律，其关系可用指数方程来表示，即

$$q = -\lambda \left(\frac{\mathrm{d}P}{\mathrm{d}n} \right)^m \tag{1.10}$$

式中，m 为渗透指数，由试验确定；$\dfrac{\mathrm{d}P}{\mathrm{d}n}$ 为压力梯度。

当 $m=1$ 时，与达西定律相同；当 $m>1$ 时，表明随着雷诺数增大，流体流动时在转弯、扩大、缩小等局部阻力处引起的压力损耗增大，致使比流量 q 降低，此时流体在多孔介质中的流动就表现为非线性渗流。

6) 煤层瓦斯流场的分类

煤层内瓦斯流动空间的范围称为流场。因煤层内孔隙、裂隙结构的形式、尺度和分布的不同，故其内瓦斯的流动规律也非常复杂，表现为瓦斯流场的复杂性。在瓦斯流场内，瓦斯呈现流动状态，具有流向、流速与瓦斯压力梯度或浓度梯度。

流场的流向分类：按空间内瓦斯流动方向来划分，基本上有三种，即单向流动、径向流动和球向流动。

①单向流动：在 x、y、z 三维空间内，只有一个方向有流速，其他两个方向流速为 0 的情况，如图 1.5(a) 所示。

②径向流动：在 x、y、z 三维空间内，在两个方向上有分速度，第三个方向分速度为 0 的情况，如图 1.5(b) 所示。

③球向流动：在 x、y、z 三维空间内，在 x、y、z 三个方向上均有分速度的情况。

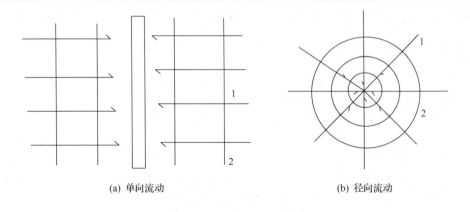

(a) 单向流动　　　　　　　　　　(b) 径向流动

(c) 球向流动

图 1.5　煤层瓦斯单向流

1-瓦斯流向；2-瓦斯等压线

1.3　本章小结

　　本章从介绍煤和瓦斯的形成入手，详细地介绍了煤的基本形成、瓦斯的基本特性及瓦斯的赋存、流动特性等内容，本章内容为全书研究成果的前提与基础。

第2章 煤层瓦斯解吸、流动影响因素与分析

煤层中富含的瓦斯具有双重属性。一方面，作为矿井瓦斯，会给煤矿安全生产及矿工生命财产安全带来巨大威胁；另一方面，作为煤层气，又是一种绿色高效的清洁能源。我国煤层瓦斯总含量丰富，一半以上的煤层富含瓦斯，矿井瓦斯资源总量与天然气储量相当，可采资源量 10 万亿 m^3 左右，居世界第三位。我国每年与采煤工作同时排入大气的瓦斯为 200 亿 m^3 左右，若能科学合理地开采并充分利用这些瓦斯资源，则可发电 600 亿 $kW \cdot h$，几乎与三峡水电站一年的发电量相当，同时至少可减少 70 万 t 温室气体排放，这与 20 多万辆汽车一年的尾气排放量相当。但是，目前我国的煤矿瓦斯抽采利用率仅为 30% 左右，这就不仅造成了巨大的能源浪费，还导致了严重的大气污染。虽然对瓦斯抽采加以利用既能保护环境，又能从一定程度上减小能源需求压力，但是世界各国对瓦斯的抽采与利用率均较低。我国煤层普遍具有"两低一高"的特点，即煤层的透气性较低，煤层瓦斯压力较低，煤对瓦斯的吸附能力很高，这就导致了煤层瓦斯抽采效率很低，经济效益也很差，尤其在单一低透厚煤层中，瓦斯抽采十分困难。

随着煤炭开采工作向地层深部推进，煤层瓦斯含量显著增大，实现煤与瓦斯共采是深部煤炭资源开采的必然途径。深部煤与瓦斯共采的实现不仅能够满足我国经济高速发展对能源的需求，还将进一步为我国煤矿安全高产高效生产提供保障，在优化我国能源结构、减少温室气体排放等方面也有重大的意义。在单独的瓦斯抽采研究方面，其理论和技术研究历经了高透气性煤层瓦斯抽采、低透气性煤层瓦斯强化抽采、邻近层卸压瓦斯抽采和立体瓦斯抽采等多个阶段的发展，但是由于多将抽采过程和采煤过程完全分离开，这就导致采煤过程受限于瓦斯抽采的效果。另外，煤炭开采对瓦斯抽采质量和效果有着重要影响，开采活动会对一定范围内的围岩和煤层卸压增透，加速煤岩层裂隙发育、扩展及吸附在煤介质中的瓦斯解吸，并成倍地提高煤层渗透率，从而提高井下瓦斯抽采效率，减少安全隐患。

由于煤层构造及瓦斯放散机理的复杂性[10,11]，目前诸多研究仍对煤岩体瓦斯放散的机理和煤层内瓦斯所处的解吸吸附动态平衡规律的认识不清，煤岩体内部孔隙、裂隙结构研究及其对煤层内瓦斯的放散特性研究不明确，煤与瓦斯共采技术的实践应用仍处于经验层次，缺乏科学系统的理论指导，这些都制约了瓦斯灾害防治和经济、有效地抽采及利用瓦斯。所以应当加大对煤层内孔隙、裂隙分布与瓦斯运移规律的研究力度，进一步探究煤岩体孔隙、裂隙分布与煤层内瓦斯放

散流动的耦合关系，集中解决煤层内部结构对煤层瓦斯的赋存、解吸、扩散、渗透、放散特性的影响，从而清楚地掌握煤层内瓦斯运移的规律，完善煤与瓦斯共采的理论与技术体系。

2.1 煤层瓦斯解吸吸附影响因素与分析

在煤体的瓦斯解吸特性影响因素方面，国内外学者进行了大量研究，取得了丰硕的研究成果。他们均认为煤体内瓦斯的吸附平衡压力、煤的破坏类型和变质程度、煤颗粒的粒径[12~15]、水分和试验环境温度等方面对瓦斯解吸规律会产生明显的影响。

1) 吸附平衡压力

在不同瓦斯吸附平衡压力下，煤的瓦斯解吸特性有很大不同，随着吸附平衡压力增大，煤的瓦斯解吸速度、累积解吸量等参数都会产生相应的变化。文特和雅纳斯在对煤的瓦斯解吸规律的研究中发现，煤的瓦斯累积解吸量取决于吸附平衡压力、时间、温度和粒度等因素；王兆丰等通过进一步研究得到了其他条件相同时，吸附平衡压力增大时累积瓦斯解吸量也将增大的规律，认为处于不同吸附平衡压力中的试样的累积瓦斯解吸量均随解吸延续时间的延长而增大，且为单调递增的有限函数，瓦斯放散初速度与吸附平衡压力呈幂函数关系，并得到了其数学表达式。

2) 煤的破坏类型

在煤的破坏类型对瓦斯解吸规律的影响方面，众多学者普遍认为破坏类型是控制煤的吸附和解吸能力的主要因素。杨其銮在试验研究中发现，在瓦斯放散初始阶段，试样的瓦斯放散速度、扩散系数均随着煤的破坏程度的增加而增大；陈向军对不同破坏程度的煤进行了试验研究，并把试验所得数据与前人提出的经验公式进行拟合，认为博特式和孙重旭式与强烈破坏煤的瓦斯解吸规律更为相符；尚显光等根据煤样的硬度系数，对不同破坏类型构造煤样的瓦斯放散初速度进行了测定，发现构造煤的瓦斯放散初速度受到煤的破坏类型的影响较大，当煤体的破坏程度升高(f值减小，f值是普氏系数，指的是煤的坚固性系数)后，试样的瓦斯放散初速度显著升高，并认为构造煤的瓦斯放散速度较非构造煤更大。

3) 煤的变质程度

煤的变质程度对煤的吸附和解吸均有着重要影响，但在煤的变质程度对吸附能力的影响强度方面，仍存在着较大的争议，且变质程度对煤的瓦斯放散规律影响及瓦斯放散动力学参数影响的研究较少。Yee 认为煤吸附瓦斯的能力随着变质程度的升高呈"U"字形变化，且吸附能力在高挥发分烟煤阶段时达到最低；刘志钧通过测定分析我国数百个煤样的瓦斯解吸吸附情况，发现煤的瓦斯吸附量随着煤级由低到高呈下降趋势；刘高峰等对气肥煤和焦煤两种不同变质程度的煤样分别进行了平衡水煤样的甲烷、二氧化碳混合气体的等温吸附试验，发现焦煤比气肥煤对该混合气体的吸附能力更强；刘彦伟分别对气肥煤、烟煤、无烟煤三种煤样的瓦斯放散特性开展了研究，发现相同时间段绝对瓦斯放散量和瓦斯放散速度均随煤阶的增加而增大。研究表明，变质程度也对瓦斯扩散系数具有一定的影响，但影响规律并不是简单的随着变质程度的增加呈正比增加的规律。

4) 煤颗粒的粒径

在煤屑的粒径对瓦斯的解吸吸附影响方面，Ruppel 等用液氮吸附法测试了不同粒度的比表面积，并通过对不同粒径煤屑进行等温吸附试验发现：煤屑粒径对煤的瓦斯吸附量影响不大。王兆丰等的研究表明，煤屑的粒径存在一个极限值，当粒径大于这个极限值时，瓦斯放散能力和衰减系数随着煤屑粒径的增大而减小；而当粒径小于这个极限值时，煤样的瓦斯放散受粒径的影响则不大；张晓东等通过对不同粒径的干燥煤样和平衡水煤样的研究发现，随着瓦斯压力的升高，瓦斯吸附量升至一定程度后出现下降趋势，并且干燥煤样比平衡水煤样减小趋势更为明显，粒径较小的煤样瓦斯吸附量减小幅度更大；王然等在研究粒径在不同时间段对煤内瓦斯解吸的影响规律时发现，瓦斯解吸强度在一定时间内随着粒径的增大而减小，当超过该时间段后，这种变化规律将不再明显。另外，众多学者在不同粒径煤样极限吸附量方面的认识还存在分歧，渡边伊温认为极限吸附量随着粒径发生变化，并提出根据瓦斯解吸曲线的渐近线求煤样极限瓦斯解吸量的方法；杨其銮认为粒径对煤的极限瓦斯吸附量没有影响；王兆丰认为通过回归法求得的极限瓦斯解吸量在一定时间内均小于在理论条件下求得的极限瓦斯解吸量，并认为渡边伊温采用渐近线法求煤样极限解吸量的方法是不准确的。

5) 水分

在水分对煤解吸吸附瓦斯的影响研究方面，国外学者 Joubert、Levine 等进行了大量研究，研究发现煤样含水量对煤的瓦斯吸附影响存在一个临界值，煤对瓦斯的吸附量在临界值前随煤中水分的增加而显著降低，超出临界值后水分含量的多少对煤吸附瓦斯气体的能力影响不再明显，并认为最大平衡水含量为该临界值；而国内许多学者的研究成果也大都表明煤中水分的存在会降低煤对瓦斯的吸附量。

6) 温度

在温度对瓦斯的解吸吸附影响研究方面，普遍的认识是：温度是影响煤对瓦斯解吸吸附的主要外部条件，诸多学者的研究普遍认为随着温度的升高，煤对瓦斯的吸附量呈下降趋势。但是也存在着一些争议，如钟玲文等研究表明煤对瓦斯的吸附能力随着温度的升高而明显减弱，呈线性或二次函数关系降低；张天军等的研究也得到了温度对煤对瓦斯的吸附能力起负向作用，主要表现为吸附量随温度升高而减少；钱凯等认为在其他条件都相同的情况下，瓦斯吸附量随着压力的增大而增加，而温度在理论上不对极限吸附量存在影响；王兆丰等通过对低温环境下煤的瓦斯解吸特性进行试验研究，指出煤的瓦斯吸附量随温度的降低呈增大趋势，而煤的瓦斯解吸量却呈减小的趋势，且瓦斯吸附平衡压力增大将会减弱低温环境煤的瓦斯解吸抑制效果。

7) 孔隙、裂隙等微结构

煤层同时具有孔隙结构和裂隙结构[16~22]。煤在地下形成过程中通常会排出大量的气体和液体，最终在煤层中形成孔隙结构；由于地质运动作用，煤层被强大的地应力所挤压、错动而破碎产生层理、节理和裂隙，进而形成裂隙结构。掌握煤层的孔隙、裂隙结构与分布情况是研究煤层气解吸、扩散和渗流的基础，煤的孔隙结构特征不仅影响煤层中瓦斯和水的流动规律，而且对瓦斯的富集与放散运移也有重要意义。

煤基质内存在许多孔径大小不同的孔隙，不同孔径的孔隙分布随煤级而变化，煤的孔隙度随煤化作用程度的增高而降低，在不同尺寸的孔隙内，瓦斯赋存流动特点也是不相同的。学者 Connell 发现煤中微孔及过渡孔体积随孔隙率的增大而增大，孔隙率越大构成瓦斯扩散的容积越大，反之构成瓦斯渗流的容积越大；赵洪宝等试验研究了煤样初始内部结构对瓦斯流动规律的影响，发现煤样内部结构对其内瓦斯流动特性的影响规律呈非线性，瓦斯在煤样内的流动速度随全应力-应变过程总体呈"V"字形变化，且瓦斯流动速度在煤样初始状态小于破坏后的流动速度，瓦斯流动速度变化表现出明显的滞后性；罗维等通过对不同孔径级别下的孔隙对瓦斯流动影响的研究，发现煤的吸附容积由煤中微孔构成，瓦斯扩散空间由小孔构成，缓慢层流区间由中孔构成，强烈的层流区间由大孔构成；王月红等采用主成分分析法分析了孔隙结构对瓦斯放散初速度的影响，认为对瓦斯放散初速度影响较大的是比表面积和过渡孔孔容比，微孔孔容比对其影响与前两者相比较小，中孔孔容比对瓦斯放散初速度几乎没有作用，大孔不利于瓦斯放散。

煤层中的大量裂隙与孔隙相比虽然尺寸较大，但对瓦斯的储集能力不及发育的孔隙。煤体中的裂隙系统与基质中的孔隙相互连接，沟通了煤体各基质体系中的孔隙，使煤储层的孔隙、裂隙系统形成相互连通的网络状；另外，裂隙系统也是煤中瓦斯渗流的主要通道，而对煤中瓦斯等流体流动起作用的是煤中连通的孔隙和裂隙。在裂隙对煤层内瓦斯的流动研究方面，于永江通过采用煤层内随机裂隙的模拟方法，建立了随机裂隙煤的渗流应力耦合模型，指出对瓦斯运移造成影响的主要是与瓦斯抽采井筒相通的裂隙结构，而与抽采井不连通的裂隙结构则对瓦斯的运移影响不大；田智威等通过对瓦斯在煤体裂隙系统的渗流规律的数值模拟研究，得出瓦斯在裂隙内的流速明显高于在煤基质内的流速，与流向平行的裂隙比垂直流向的裂隙对瓦斯渗流更为有利。

8) 其他因素

不仅上述各因素会对煤内瓦斯解吸吸附产生影响，电磁场、电场和声场等因素的作用也会对煤体中的瓦斯解吸吸附造成影响。刘明举和何学秋研究了电磁场作用下突出煤样的瓦斯放散规律，发现电磁场作用对煤的瓦斯放散初速度影响明显，且对突出煤样的影响作用明显大于非突出煤样；雷东记等研究了静电场作用下含瓦斯煤体的放散特性和作用机理，结果表明瓦斯放散初速度随着电压的升高而变大，且煤的瓦斯放散速度在静电场作用下具有明显的粒径特征和时间记忆效应；李建楼等对声波场作用下的含瓦斯煤的瓦斯放散特征进行了研究，发现声波对煤体的周期性振动作用和机械损伤效应能够促进煤内瓦斯的解吸和放散。

2.2　煤层瓦斯流动影响因素与分析

煤是古代植物遗体经过复杂的物理化学作用过程生成的含碳有机岩。在漫长的成煤作用和地质构造过程中，煤体内将产生复杂的孔隙、裂隙结构系统[23]。这些微结构既是瓦斯赋存空间，又是瓦斯流动的通道。因微结构尺度不同导致瓦斯在煤层内存在两种流动状态，即在微孔隙两侧由于浓度梯度驱使的扩散效应和在裂隙内由压力梯度驱动的渗流效应。同时，我国煤层瓦斯资源丰富，据新一轮全国煤层瓦斯评价结果表明：全国埋深 2000m 以浅煤层瓦斯地质资源量为 $36.81 \times 10^{12} m^3$，可采资源量为 $10.87 \times 10^{12} m^3$，这是一笔巨大的能源资源。但制约中国煤层瓦斯开发的主要难题是渗透率较低（较美国低 2～3 个数量级），国内渗透率最大的抚顺煤田也仅为 $0.54 \times 10^{-3} \sim 3.8 \times 10^{-3} \mu m^2$，平均只有 $1.27 \times 10^{-3} \mu m^2$。随着浅部煤炭资源的逐渐枯竭，我国矿井正逐步向深部开采发展，随着开采深度的增加，地应力、瓦斯压力等因素的影响加剧，使煤层的渗透性进一步降低，导致煤与瓦斯突出事故发生的危险也在急剧增加。因此，研究煤层内瓦斯流动特性的影响因素对于煤矿安全开采和资源综合利用都具有十分重要的意义[24~27]。

1）地应力对煤层渗透特性的影响

（1）全应力对煤层渗透特性的影响。

煤层处于复杂的地球物理场和地质构造作用中，煤层开采将引起煤岩应力的重新分布，这将对瓦斯解吸、运移、富集等产生重要影响。尹光志等通过研究含瓦斯煤岩的全应力-应变过程中瓦斯渗流特性的变化规律，得到了煤试样渗流速率与应变的对应关系，在煤岩加载过程的初始压密阶段、线弹性阶段、塑性变形阶段和峰后阶段，煤样渗透率变化与煤样内孔隙、裂隙变化情况一致，这表明煤岩受载过程中的损伤演化决定着瓦斯在其内的流动规律。Knoecny 等对上西里西亚盆地煤样在固定围压下的三轴压缩试验条件下的瓦斯渗流特性进行了研究，得到了裂隙孔隙的萌生和发育成倍增加煤样的渗透性，以及试样渗透性对于应力的敏感性较高的结论。Zheng 等研究了渗透率、孔隙度和有效应力之间的关系，提出了孔隙度的变化是连接渗透率与有效应力的桥梁。受载煤样在线弹性中段达到渗透率最低值，而并非是通常认为的初始压密阶段的末段，赵洪宝等对此做出的解释是：在加载初期煤岩内原始的孔隙裂隙开始闭合，体积应变增大，但所受载荷并未引起煤岩固体颗粒的收缩，而当进入弹性阶段，虽煤岩内的孔隙裂隙有了新的发展，但固体颗粒发生了压缩变形，故体积应变继续增大；而杨永杰等认为应变-渗透率曲线随应力-应变曲线变化表现出相对"滞后"的特点，这种现象的发生是煤体通过其内部裂隙的渗透需要一定的时间所致。煤样在峰后阶段的渗透率将急剧增大且通常要增大数倍，这是因为在峰值强度后煤岩的应变软化阶段，破裂煤岩沿着破裂面发生错动，裂隙的张开度和连通程度随变形扩展而提高，裂隙的连通性充分发育，此时煤岩试样的渗透率达到峰值。

（2）围压对煤层渗透特性的影响。

井下瓦斯突出事故的发生地点与所处煤层的瓦斯含量、瓦斯压力梯度、所处地质环境及煤层渗透性密切相关[28~32]。煤层被开挖后，煤岩体将发生明显的变形，从工作面向内将依次形成瓦斯压力释放区、瓦斯压力加强区、瓦斯压力原始区。瓦斯压力释放区将有效释放瓦斯含量并降低瓦斯压力梯度；同时，瓦斯压力升高区的瓦斯含量和瓦斯压力梯度也会明显增加；而由于卸压区卸载作用，煤体内裂隙发育，导致煤岩物理力学强度降低，从而导致煤层的瓦斯突出事故发生的可能性增加。因此，研究卸围压作用对煤层的瓦斯流动特性影响具有重要意义。

围压的存在将对煤岩的初始孔隙结构产生压密作用并对裂隙的扩张起到一定的限制作用。在应力达到峰值前，随着围压的增加煤样的渗透性逐步减小。蒋长宝等进行了含瓦斯煤岩卸围压时瓦斯流动特性试验，并将卸围压过程中煤岩的应力-应变分成 3 个特征阶段：屈服前阶段、屈服后阶段、破坏失稳阶段，三个阶段内将分别发生初始裂隙还原扩张、新生裂隙扩展和微裂隙萌生扩张作用，渗透率持续增大。尹光志和潘一山都进行了不同卸围压速度对含瓦斯煤岩力学和瓦斯渗流特性影响试验研究，并得到相似的结果，即卸围压速度越大煤岩的渗透率增大得越快。随着围压卸荷速率的提高，煤岩内部大量微观裂纹扩展，进而促进煤岩变形损伤；同时，围压的卸载导致煤岩环向所受限制作用的弱化，增加了煤岩内部新的导气通道，煤岩渗透率增大。

(3)有效应力对煤层渗透性的影响。

有效应力是一种等效应力，它作用于多孔介质时，与内、外应力同时作用于多孔介质所产生的力学行为一样。有效应力最早由 Terzaghi 于 1923 年提出，并给出如下公式：

$$\sigma = \sigma_{\text{eff}}^{\text{T}} + P \tag{2.1}$$

式中，σ 为应力，MPa；$\sigma_{\text{eff}}^{\text{T}}$ 为太沙基有效应力；MPa；P 为孔隙压力，MPa。

式(2.1)在土力学的运用中准确性相对较高。但由于多孔介质的复杂性，因此有效应力的计算公式也做出了相应的调整。随着研究的深入，有效应力系数被引入，并将有效应力公式改为如下：

$$\sigma_{\text{eff}} = \sigma - \alpha P \tag{2.2}$$

式中，σ_{eff} 为有效应力，MPa；σ 为应力，MPa；α 为有效应力系数，无单位；P 为孔隙压力，MPa。

卢平等根据试验与理论计算，提出了煤岩变形受双重有效应力的影响，即控制本体变形的本体有效应力与控制煤体结构变形的结构有效应力，并认为有效应力系数取煤岩体的孔隙度。李闽通过试验证明有效应力系数 α 随围压和孔隙流体压力的变化而变化，且通过响应面法求得了围压和孔隙压力下的有效应力系数。

大量的研究表明，煤层的渗透率与有效应力呈幂函数关系：

$$k = \alpha e^{b\sigma_{\text{e}}} \tag{2.3}$$

式中，k 为渗透率，mD；α 为有效应力系数，无单位；b 为常数，无单位；σ_{e} 为有效应力，MPa。

通过式(2.3)，我们可以得到随着有效应力的增加煤层的渗透性将降低的结论。这是因为围压的增大将导致煤层的孔隙裂隙闭合；但在固定围压的瓦斯压力的加载试验中(煤样有效应力减小)，煤样的渗透率在瓦斯压力大于临界瓦斯压力时是降低的，认为是此过程中煤基质吸附作用占主导，并导致煤样内的裂隙闭合。

2) 瓦斯压力对煤层渗透性的影响

煤层中赋存着大量的瓦斯,其赋存状态主要包括游离态和吸附态两种,且二者处于一特殊的动态平衡之中。煤层开采引起的应力调整与重新分布和瓦斯气体的涌出将导致煤层内瓦斯孔隙压力的变化,从而破坏煤层内瓦斯的解吸吸附平衡;煤层内有效应力的增大将导致瓦斯流动通道的闭合,即煤基质吸附的瓦斯解吸引起煤基质收缩导致瓦斯流动通道的扩张,上述两种作用将共同影响煤层的渗透性。Wei 等通过将两种作用耦合建立了预测煤层瓦斯开采的数值模型,模型中将煤内孔隙定义为三类:微孔隙、大孔隙和裂隙,提出了有效应力作用和基质的收缩作用主要影响微裂隙而对其他两类微结构影响很小的观点。

大量的研究表明:在固定围压时的变瓦斯压力试验中,煤样的渗透率随着瓦斯压力的增大呈“V”字形变化,存在渗透率最低时的临界瓦斯压力点。赵阳升等提出煤样在煤基质吸附变形效应与有效应力共同作用下的结果是使渗透系数随孔隙压力变化存在着一临界值,且吸附作用表现为渗透系数随孔隙压力呈负幂函数规律变化;变形作用表现为渗透系数随有效体积应力呈负指数规律变化。冯增朝认为在临界瓦斯压力两侧存在不同的瓦斯流动机制并给出了科学解释,认为当瓦斯压力小于临界瓦斯压力时,渗流以滑脱效应为主;当瓦斯压力大于临界瓦斯压力时,气体流动以线性流动为主。袁梅等对渗透率随瓦斯压力增加表现出的“V”字形变化给出了相应的科学解释,认为瓦斯压力增大时瓦斯压力对煤基质的压缩效应,以及煤体孔隙吸附产生的膨胀效应对煤渗透率起主导作用,当瓦斯压力低于临界瓦斯压力时,气体压力升高对于煤体孔隙扩张作用小于煤层增厚阻碍瓦斯渗流的程度,吸附作用为渗透率的主控因素;当气体压力大于临界瓦斯压力时,有效应力起主导作用。尹光志等通过进行的固定轴压和围压情况下变瓦斯压力时突出煤瓦斯渗透试验,得到了突出煤样的瓦斯渗透速度随着瓦斯压力增大而增大的规律,且得到了煤层渗透率随着瓦斯压力的增大呈幂函数规律变化的结论。若将瓦斯渗流速度除以各瓦斯压力值对应的瓦斯压力梯度,将得到随着瓦斯压力的增大煤样渗透率下降的规律,与 11.2 节所述此试验的临界瓦斯压力≥1.5MPa 一致,故此规律仅对瓦斯压力小于临界瓦斯压力时适用,并认为此阶段瓦斯压力导致孔隙扩张的作用大于煤基质吸附作用导致的孔隙收缩的作用。

3) 滑脱效应对煤层渗透性的影响

低渗煤层中普遍存在滑脱现象,其实质是气体分子与孔道固壁的作用使得气体在孔道固壁附近的各个气体分子都处于运动状态,且贡献一个附加通量,从而在宏观上表现为气体在孔道固壁面上具有非零速度而产生滑脱流量。该现象由 Klinkenberg 于 1941 年发现,并给出了如下气体渗透率公式:

$$k_{\mathrm{g}} = k_{\infty}\left(1 + \frac{4c\lambda}{r}\right) = k_{\infty}\left(1 + \frac{b}{p_{\mathrm{m}}}\right) \tag{2.4}$$

$$b = \frac{4c\lambda p_{\mathrm{m}}}{r} \tag{2.5}$$

式中，p_{m} 为平均孔隙压力；k_{∞} 为绝对渗透率；k_{g} 为考虑 Klinkenberg 效应的气体渗透率；λ 为压力 p_{m} 下气体的平均自由程；r 为平均孔隙半径；b 为气体滑脱因子；c 为接近 1 的比例常数。

陈代珣等通过采用多孔介质的毛束管模型，并将气体流量定义为两类，一类是气体与气体之间的黏滞作用流量 Q_{p}，另一类是气体与管道固壁之间的滑脱流量 Q_{k}，在此前提下，推导出两者的计算公式分别为

$$Q_{\mathrm{p}} = \frac{n_0 A\pi D^4}{128\mu}\frac{\Delta p}{\Delta z}; \quad Q_{\mathrm{k}} = \frac{n_0 A\pi D^4}{12\mu}\frac{\Delta p}{\Delta z} \tag{2.6}$$

式中，A 为试样截面积；D 为毛管直径；Δz 为单元长度；n_0 为试样单位截面上的毛管数；Δp 为试样两段压差；μ 为流体的动力黏度。

气体在多孔介质中流动时，当气体的自由程大于孔径时，气体与孔壁的碰撞加剧，此时可认为只有这部分气体产生滑脱流量。若设其所占比例为 α，则

$$\alpha = \mathrm{e}^{-D/\bar{\lambda}} \tag{2.7}$$

式中，$\bar{\lambda}$ 为气体分子平均自由程，其他符号含义与式 (2.6) 相同。

故气体渗流的总流量 Q 为

$$Q = (1-\alpha)Q_{\mathrm{p}} + \alpha Q_{\mathrm{k}} \tag{2.8}$$

则考虑滑脱效应的渗透率 k_{g} 为

$$k_{\mathrm{g}} = k_0(1 + c\mathrm{e}^{-D/\bar{\lambda}}) \tag{2.9}$$

式中，k_0 为多孔介质的绝对渗透率；c 为常数，通过计算可得其值为 29/3。

由式 (2.6) 可知，气体在多孔介质中运移时，不只要和气体分子发生碰撞，同样也会和孔隙壁发生碰撞。当气体分子的自由程小于孔径时，气体分子与孔隙壁的碰撞加剧，随着碰撞作用的增大，滑脱效应也将增大。因此在低渗煤层中，由于气体运移通道普遍较小，滑脱作用也相对较强。

Tanikawa 等通过试验得到了当渗透率小于 $10^{-18}\mathrm{m}^2$ 及在较低孔隙压力下时滑脱效应尤为显著的结论；肖晓春等则通过对低渗煤样进行的滑脱试验找到了滑脱效应对不同低渗储层气测渗透率的有利影响的围压范围，进而实现通过控制围岩压力利用滑脱效应对低渗煤层内的瓦斯进行开采的目的。

4) 煤基质变形对煤层渗透性的影响

煤储层渗透率的变化来自多种应力因素的综合作用，包括上覆岩层重力、构造应力、地下水动力[33~36]、热力场等动力条件。这些应力的变化均会引起煤基质的变形，诸多应力耦合将导致煤储层裂隙的开合程度发生变化，从而导致煤储层渗透率不断变化。在煤层气的抽采过程中，游离瓦斯气体被逐渐排出，游离瓦斯量的下降将引起吸附在煤基质表面的瓦斯产生解吸，并引起煤基质收缩，此时产生的变形量近似符合 Langmuir 吸附变形公式。煤岩吸附变形公式的研究对于建立用于模拟煤岩在多因素耦合作用下的数值模型帮助很大。

当瓦斯气体接触煤体(不含瓦斯)时，首先将在煤体内较大尺度的裂隙进行吸附，且吸附速率较快；随着瓦斯压力的增大，瓦斯气体将楔入煤的大分子内部，并且吸附将导致煤表面能降低，产生吸附膨胀变形，吸附速度放缓；并最终使煤体内瓦斯逐渐达到吸附平衡[37~39]。而煤样在同一瓦斯压力下的吸附变形也分为快速增长、缓慢增长和平衡三个阶段，这与吕祥锋等和梁冰等通过试验得到的结论一致。曹树刚则认为煤样吸附膨胀变形值与瓦斯压力的关系对二次函数和 Langmuir 方程均具有较好的拟合效果；煤样解吸收缩变形值与原始瓦斯压力呈很好的幂函数关系和二次函数关系。周动等进行了煤吸附瓦斯微观机理的研究，研究结果表明：煤的体积膨胀变形规律符合 Langmuir 方程，且煤体骨架体积膨胀会导致煤体孔隙体积减小与外观体积膨胀，煤体骨架膨胀变形时更倾向于通过挤压煤体原始孔隙来获得膨胀空间。

当煤内瓦斯外溢时，尺度较大的裂隙中的瓦斯将首先排除，煤体内瓦斯气体压力下降，煤体将产生膨胀变形；随着煤内吸附瓦斯从煤体内不断解吸出来，煤体将开始收缩，并且经历快速解吸、缓慢解吸和平衡三个阶段[40,41]。随着瓦斯解吸所造成的煤基质的收缩，一部分瓦斯将没来得及释放而被阻隔在煤岩微孔隙内，导致煤的解吸吸附全过程产生残余变形，这些变形同样与在煤岩的解吸吸附过程中受瓦斯压力影响产生的塑性变形有关。

5) 温度对煤层渗透性的影响

随着开采深度的增加，地层温度将逐渐升高，温度对煤层渗透特性的影响将增大[42~45]。温度对煤层渗透特性的影响主要包括以下四个方面：

①温度引起煤基质的体积变化；

②温度影响煤层气体的动力黏度；

③温度引起煤层气体的解吸吸附平衡失衡；

④温度改变裂隙内气体的状态方程。

在围压和孔隙压力不变的前提下，进行温度对瓦斯解吸吸附产生影响的试验研究后发现：随着温度的升高，煤基质将首先受热膨胀，导致其内气体流通通道被劣化，煤样的渗透率将随之降低。虽然温度的升高将导致吸附态瓦斯获得更多的能量后而发生解吸，并且瓦斯气体动力黏度减小同样有利于瓦斯的流动，但由于之前的膨胀导致的流动通道劣化，这仍将导致瓦斯解吸受阻，故此阶段内煤基质膨胀变形占主导，这与杨新乐等和于永江等在较低试验温度下所得到的结论是一致的。但随着温度的继续升高，煤内的水分和矿物内的水分都将挥发，这将显著改善煤样的孔隙度，优化瓦斯流动的通道。因此，胡耀青等通过试验得到了煤渗透率随温度变化的规律，认为室温对褐煤的渗透率产生的影响规律为先下降再急剧增大。胡雄等在试验温度为 50～250℃ 的范围内，认为随着温度升高煤样的渗透率持续升高。此试验的初始温度设置较高，故未出现煤基质膨胀变形与主导的阶段；此外，通过对加热后煤样进行扫描电镜观察认为：煤在经历高温后矿物脱水及所含水分汽化将改变其孔隙率，大孔被压缩，但微孔更加发育。因此，煤样的初始孔隙结构对试验结果的影响同样值得研究。

上述学者虽对各自的试验做出了准确的解释，但对煤样的渗透率影响的温度变化区间并未取得一致结论，但总体趋势相同：即在较低温度时，随温度升高渗透率下降；在较高温度时，随温度升高渗透率上升。

6) 研究中存在的问题

虽然业内广大学者进行的大量卓有成效的研究工作和取得的丰硕成果[46~48]，均对指导矿井瓦斯灾害防治和煤层瓦斯资源的开发起到了有效的指导作用，但在此领域仍存在尚需完善之处与可进一步深入研究的内容。例如：

①目前关于瓦斯解吸、放散特性的研究，集中于不同粒径和不同外界条件下的煤粉开展，没有考虑煤体内的内部微结构(孔隙、裂隙、断层)对瓦斯解吸、放散特性的影响。

②若煤层含有夹矸，夹矸的透气性将明显影响工作面瓦斯的放散规律。目前此类研究多集中于现场实际监测，但监测条件的复杂性导致人们若要清楚掌握夹矸对瓦斯解吸吸附造成的影响几乎不可能，且系统的此类实验室研究尚未见报道。

③在应力对煤层渗透特性的影响方面，所关注的应力均为宏观应力，而由于煤层内微结构的复杂，宏观应力对煤内各部分的影响是否一致，这些影响对煤层渗透特性的影响又如何，尚需从微观或细观角度深入研究。

④外界条件改变将影响煤的内部微结构，微结构的变化不但影响瓦斯运移通道，也将对瓦斯的有效吸附面积产生影响，微结构的变化究竟如何影响运移通道与吸附面积，影响程度如何，尚需深入研究。

⑤瓦斯运移通道变化时，特别是尺度、方向发生变化时，瓦斯流动形式、流动速度如何变化，尚需在微观或细观尺度上进行深入研究。

2.3　煤层瓦斯放散特性影响因素与分析

1) 煤的瓦斯放散机理研究现状

　　对煤的瓦斯放散机理的研究是研究煤的瓦斯放散理论模型、运移模式的关键所在，研究成果将对煤矿安全生产和瓦斯抽采中抽采参数的确定具有重要的指导意义。目前，对瓦斯放散机理的研究主要集中于小质量煤样的瓦斯解吸吸附机理研究和瓦斯扩散特性研究方面，对瓦斯放散整个过程的系统研究鲜见报道。煤的瓦斯放散是一个复杂的过程，诸多学者认为瓦斯在煤储层的放散过程是解吸扩散-渗流的过程；而对于煤粒，瓦斯放散过程是解吸扩散过程，并由此通过大量的试验和数学模型研究，提出了一系列的瓦斯放散模型。煤的瓦斯解吸吸附过程是互逆的，且煤吸附瓦斯是物理吸附，解吸在理论上可瞬间完成，耗时很短，为 $10^{-10} \sim 10^{-5}$ s，与扩散和渗流过程相比，该过程用时可忽略不计。瓦斯扩散是指瓦斯在浓度梯度的驱动力下从高浓度区域向低浓度区域运移，直到浓度再次均匀分布的现象；瓦斯渗流是指瓦斯在压力梯度的驱动力下，游离瓦斯沿裂隙系统在煤层中的运移。瓦斯解吸吸附动态平衡被打破后，瓦斯在煤层中流动的同时存在沿孔隙结构流动的扩散场和沿裂隙系统流动的渗流场。

　　杨其銮和王佑安基于 Fick 扩散定律，通过理论计算、数值模拟和试验测定瓦斯放散量，并对试验结果和模拟结果进行对比，得到扩散模型更符合瓦斯放散规律的结论。何学秋等基于煤结构的实际特点和气体在多孔介质中的扩散模式，研究了孔隙气体在煤体中扩散的微观机理，发现瓦斯在煤体中的扩散主要存在 Fick 型扩散、诺森扩散、过渡型扩散、表面扩散和晶体扩散 5 种不同扩散模式，而过渡型扩散是瓦斯在煤层中的主要扩散模式；并对瓦斯在不同尺寸孔隙中的扩散模式的适用条件进行了探讨。

　　秦跃平等基于达西定律，通过数值模拟与试验研究，建立了煤粒瓦斯放散的数学模型，从理论上初步得到煤粒瓦斯放散符合达西定律的结论。为了进一步验证煤粒瓦斯放散更符合达西定律这一结论的可靠性，王健根据达西定律和 Fick 定律，分别建立了球形和圆柱形煤粒瓦斯放散的有限差分数学模型，并对所建立的数学模型进行数值模拟，通过对比数值模拟结果和试验结果，发现运用达西定律进行模拟所得的结果与试验结果的吻合程度更高；且通过对比圆柱形煤粒和球形煤粒的研究结果，发现累积瓦斯解吸量随时间的变化和煤粒形状无直接关系。王亚茹等根据 Fick 扩散定律建立了煤粒瓦斯放散数学模型，同时对根据达西定律建立的瓦斯放散模型进行修正，通过对比这两组模型的运算结果和试验结果，得出达西定律更为适合煤粒的瓦斯放散。

　　煤是一种具有孔隙、裂隙结构的多孔介质，煤层中的瓦斯放散不能认为是纯扩散过程或纯渗流过程，煤层中瓦斯放散的过程是煤体瓦斯解吸、扩散、渗流等多种物理现象动态耦合的过程。瓦斯(甲烷)的分子直径为 4.14Å[①]，其在孔隙孔径小于 10^{-7}m 的微孔中流动时属于扩散运动，服从 Fick 定律；当孔径大于 10^{-7}m 时呈层流运动，服从达西定律。富向等通过对构造煤瓦斯放散数学模型的理论研究和对瓦斯在煤中的放散速度的试验研究，认为瓦斯在煤层或煤粒中的放散受瓦斯浓度梯度、压力梯度共同控制，并非单纯的扩散或纯渗流，而是二者共同作用的结果。段三明以扩散、渗流理论为基础，推导了瓦斯在煤中的扩散公式，建立了瓦斯扩散-渗流方程，并通过数值模拟进行了进一步验证，其结果与现场实际较为相符。

　　综上所述，关于煤的瓦斯放散机理的研究，目前诸多学者主要有两种观点：一种认为瓦斯放散过程是瓦斯在微小孔隙中的流动，瓦斯的浓度梯度起主要作用，其流动应遵循 Fick 扩散定律，即纯扩散模型；另一种则认为瓦斯在煤裂隙中的流动由压力梯度所致，其流动符合线性达西渗流定律，即纯渗透模型；两者的本质区别主要表现在动力不同。但是，也有研究认为煤层或煤粒中的瓦斯放散并非纯扩散或纯渗流，而是两者同时作用的结果，但为了使研究的结果简洁实用，通常研究只考虑了最主要的因素来分析计算。

2) 煤粒瓦斯放散特性研究现状

　　关于煤粒的瓦斯放散特性，国内外诸多学者从煤矿瓦斯灾害防治和煤层气开采两个角度进行了大量关于煤粒的瓦斯解吸规律的相关研究，并给出了多个煤粒瓦斯解吸规律的经验公式，汇总表如表 2.1 所示。由于各个学者研究的手段与方法不尽相同，所以各个公式在表征煤的瓦斯解吸规律时均有不同程度的适用性和局限性。

　　①巴雷尔式适用于 $0 \leqslant \sqrt{t} \leqslant \dfrac{V}{2S}\sqrt{\dfrac{\pi}{D}}$ 时间域，随着时间推移，当 $\sqrt{t} \geqslant \dfrac{V}{2S}\sqrt{\dfrac{\pi}{D}}$ 时，煤的瓦斯解吸规律偏离 $\sqrt{t}$ 规律会越来越明显。

　　②在瓦斯解吸的前期，文特式的计算值与实测值差别不大，但随着时间 t 的推移，计算值会越来越偏离实测值。

　　③艾黎式是以富含裂隙结构的块煤为研究对象并基于达西定律提出的，对强烈破坏的软分层或粉煤是不适用的。

　　④博特式在 $t=0$ 时，$Q_t = Q_\infty(1-A) \neq 0$，这显然与实际不符。

　　另外，通过对各经验公式的对比计算分析，可以得到巴雷尔式、文特式、艾黎式、孙重旭式及均方根式在时间趋于 0 时，瓦斯解吸速度 V_t 趋于无穷大，而在瓦斯的解吸初始瞬间，解吸速度即使再大也应是一个定值，不可能是无限大；巴

---

① 1Å=10^{-10}m。

雷尔式、文特式、乌斯基诺夫式、孙重旭式在时间趋于无穷大时，瓦斯的极限解吸量 Q_t 趋于无穷大，而煤对瓦斯的最大可解吸量是非无穷大的定值，等于极限吸附量，这显然与实际不符。

表 2.1　各经验公式分类汇总表

序号	类型	经验公式	解吸量 Q_t	解吸速度 V_t	适用条件
1	巴雷尔式	$\dfrac{Q_t}{Q_\infty}=\dfrac{2S}{V}\sqrt{\dfrac{Dt}{\pi}}$	$Q_t=K\sqrt{t}$	$V_t=\dfrac{K}{2\sqrt{t}}$	$\sqrt{t}\leqslant\dfrac{V}{2S}\sqrt{\dfrac{\pi}{D}}$
2	文特式	$\dfrac{V_t}{V_a}=\left[\dfrac{t}{t_a}\right]^{-K_t}$	$Q_t=\dfrac{V_1}{1-K_t}t^{1-K_t}$	$V_t=V_a\left[\dfrac{t}{t_a}\right]^{-K_t}$	$0<K_t<1$
3	乌斯基诺夫式	$Q_t=V_0\left[\dfrac{(1+t)^{1-n}-1}{1-n}\right]$	$Q_t=V_0\left[\dfrac{(1+t)^{1-n}-1}{1-n}\right]$	$V_t=aV_0(1+t)^{-n}$	$0<n<1$
4	王佑安式	$Q_t=\dfrac{ABt}{1+Bt}$	$Q_t=\dfrac{ABt}{1+Bt}$	$V_t=\dfrac{AB}{(1+Bt)^2}$	
5	孙重旭式	$Q_t=at^i$	$Q_t=at^i$	$V_t=iat^{i-1}$	$0<i<1$
6	艾黎式	$\dfrac{Q_t}{Q_\infty}=\left[1-\mathrm{e}^{-\left(\frac{t}{t_0}\right)n}\right]$	$Q_t=Q_\infty\left[1-\mathrm{e}^{-\left(\frac{t}{t_0}\right)n}\right]$	$V_t=\dfrac{n}{t_0^n}Q_\infty t^{n-1}\mathrm{e}^{-\left(\frac{t}{t_0}\right)n}$	$0<n<1$
7	博特式	$\dfrac{Q_t}{Q_\infty}=1-C\mathrm{e}^{-\lambda t}$	$Q_t=Q_\infty(1-C\mathrm{e}^{-\lambda t})$	$V_t=\lambda CQ_\infty\mathrm{e}^{-\lambda t}$	
8	均方根式	$\dfrac{Q_t}{Q_\infty}=\sqrt{1-\mathrm{e}^{-KB_0t}}$	$Q_t=Q_\infty\sqrt{1-\mathrm{e}^{-KB_0t}}$	$V_t=\dfrac{A\mathrm{e}^{-KB_0t}}{\sqrt{1-\mathrm{e}^{-KB_0t}}}$	
9	指数式	$V_t=V_0\mathrm{e}^{-K_t}$	$Q_t=\dfrac{V_0}{K}(1-\mathrm{e}^{-K_t})$	$V_t=V_0\mathrm{e}^{-K_t}$	$K>0$ $Q_\infty=\dfrac{V_0}{K}$
10	秦跃平式	$Q_t=\dfrac{AB\sqrt{t}}{1+B\sqrt{t}}$	$Q_t=\dfrac{AB\sqrt{t}}{1+B\sqrt{t}}$	$V_t=\dfrac{AB\sqrt{t}}{2(1+B\sqrt{t})^2}$	

注：Q_t 为由初始时刻到时间 t 时的累积吸附或解吸瓦斯量，mL/g；Q_∞ 为极限吸附或解吸瓦斯量，mL/g；S 为试样的外比表面积，cm²/g；V 为单位质量试样的体积，cm³/g；t 为吸附或解吸时间，min；D 为扩散系数，cm/min；V_0、V_a 分别为时间 t_0、t_a 时的瓦斯解吸速度，cm³/(min·g)；K_t 为瓦斯解吸速度变化特征指数；n 为取决于煤质等因素的系数；A 为极限累积瓦斯解吸量，cm³/g；B 为解吸常数；a、i 是与煤的瓦斯含量及结构有关的常数；C、λ 为经验常数；K 为瓦斯解吸速度随时间衰变系数；B_0 为扩散参数。

3) 煤层瓦斯放散特性研究现状

瓦斯在煤层中的放散是一个相当复杂的过程，多数学者认为煤层的瓦斯放散过程是解吸-扩散-渗流过程的集合。煤基质和微孔中的吸附态瓦斯首先解吸，使瓦斯由吸附态转化为游离态；解吸后的游离瓦斯从微孔向较大孔和裂隙扩散，瓦斯的浓度梯度起主要作用，其流动规律服从 Fick 扩散定律；游离瓦斯在较大孔隙和裂隙中的流动属于渗流，由瓦斯压力梯度所驱动，其流动规律遵循达西渗流定律。美国矿业局在其进行的瓦斯流动研究中，把煤层内瓦斯流动过程分为两步，即第一步瓦斯以 Fick 扩散方式从煤基质微孔隙中扩散到裂隙中，第二步以达西定律的形式从裂隙系统渗流运移至矿井采掘空间；我国周世宁对煤层中瓦斯的流动机理进行了深入的研究，基于瓦斯在煤层裂隙及大孔隙中的渗流和在微孔中的扩散，建立了瓦斯在煤层中的流动方程体系，并通过与按单纯达西定律建立的方程式进行比较，确定了达西定律的适用范围。

在瓦斯在煤层微孔中的扩散方面，国内外学者在 20 世纪中期开始进行了大量的研究。Smith 等指出煤层内瓦斯扩散分为努森扩散、体扩散和表面扩散三种，煤的孔隙结构和瓦斯压力对具体扩散模式起决定作用；杨其銮和王佑安在煤的瓦斯扩散研究中，根据扩散传质理论建立了煤粒瓦斯扩散的微分方程，提出了极限煤粒假说和煤层球向瓦斯扩散运动的数学模型，并把瓦斯扩散理论应用到了煤层瓦斯的流动中；聂百胜等根据瓦斯气体在煤层中的扩散模式分析，指出瓦斯气体的平均自由行程和微孔隙的尺寸分布情况对瓦斯气体在煤层中的扩散模式起主要作用；何学秋等对瓦斯在煤体中的扩散模式和微观机理进行了研究，并从微观分子角度探讨了温度和压强对瓦斯分子平均自由程的影响，认为分子微观参数的改变是引起瓦斯气体在煤微孔中扩散宏观参数的根本原因；张登峰等基于 Fick 第二定律，通过研究不同煤阶煤体内瓦斯的吸附扩散，指出有效扩散系数受温度影响，具体表现为温度升高会导致有效扩散系数变大；李相方等的研究考虑了煤基质孔隙中的水分和煤层气的多组分因素，发现解吸气溶解于水是发生单相浓度扩散的前提，自由气不能发生浓度扩散；解吸气在没有达到溶解饱和之前，溶解于水中的甲烷分子将发生溶解相扩散，可用 Fick 第一定律来表征。

关于瓦斯在煤层大孔和裂隙中的渗流方面，苏联学者首先基于达西渗流定律描述了煤层内瓦斯的运动；随后，我国周世宁在苏联学者研究的基础上，把煤层看成均匀分布的虚拟多孔连续介质，在我国首次提出了线性瓦斯渗流理论，为我国煤层瓦斯流动理论研究和煤矿瓦斯灾害防治工作奠定了基础。20 世纪 80 年代以来，广大学者聚焦对瓦斯流动方程的修正，修正和完善了瓦斯流动的理论模型。例如，郭勇义结合相似理论，求解了一维煤层瓦斯渗流微分方程的近似解析解，提出了修正的瓦斯流动方程式；孙培德等进一步发展了非均质条件下煤层瓦斯流动的数学理论模型，并通过数值模拟对模型进行了计算比较，认为建立的模型比前人建立的模型更符合实际；Reeves 和 Pekot 针对低阶煤提出了三孔双渗理论，认为低阶煤基质孔隙较大，瓦斯解吸后在煤层孔隙与裂隙系统中的流动均符合达西流动；赵洪宝等对突出煤的渗透特性与应力耦合关系进行了研究，建立了应力-渗透系数方程，发现瓦斯在煤体中的渗流存在一个渗流困难应力点，该参数可用于指导预防煤与瓦斯突出事故和提高煤层瓦斯抽采效率；杜云贵和孙培德通过对地球物理场作用下煤层气的渗流特性进行研究，建立了地应力场、温度场、电场作用下的煤层气渗流理论。

综上所述，许多学者在煤层瓦斯的放散特性方面已做了大量的研究工作，并取得了丰硕的成果，然而大多研究集中在煤层的瓦斯放散过程和对放散过程中扩散、渗流阶段的理论研究，所建立的理论模型也多为纯扩散模型或纯渗透模型，对煤层瓦斯放散整个解吸-扩散-渗流过程的理论模型研究鲜见报道；另外，由于试验条件和设备的限制，对煤层瓦斯放散特性的具体实验室试验研究较少；以往研究中，试验对象也多为煤粒，大质量块煤很少，而块煤更接近于煤矿煤层真实情况，因此对块煤瓦斯放散特性的研究很有必要。

2.4　本章小结

本章主要从煤中瓦斯的解吸、流动、放散特性三部分展开论述，详细介绍了影响煤内瓦斯解吸、煤层内瓦斯流动，以及煤层瓦斯放散的因素等，并介绍了各个领域的最新研究进展和主要成果。最后，指出了在此几个研究领域内尚存在的问题。

第3章 研究设备的完善与开发

"工欲善其事，必先利其器"，试验设备的先进性、完备性和适用性是保证开展科学研究并获得可靠数据、规律的最重要的保障；同时，试验设备对试验效果、试验数据的可靠性也起决定性作用。因此，为了适应本书所涉及的试验研究，研制了可制备方形型煤试样的"方形型煤制备装置"、可作为动力冲击源的针对软弱煤岩体的"落锤式煤岩冲击加载试验装置"、可实现煤样在不同受载条件下的试验研究的"多向约束摆锤式冲击动力加载试验装置"、可同时对煤样3个面进行表面裂隙观测的"煤岩细观观测系统"和可完成散碎煤瓦斯解吸、流动特性、含夹矸煤样瓦斯放散、流动特性试验的块煤瓦斯放散特性试验系统，以及可实现非均匀载荷作用下钻孔周围煤体内部微结构演化模拟研究的"非均匀载荷施加试验装置"。

3.1 方形型煤制备装置

1)技术背景

煤样作为煤岩力学特性研究的直接研究对象，试样加工与成型及其精确度至关重要。由于天然煤体强度低、脆性大、煤体内部层理和节理发育，所以对原煤进行水钻取心直接制作原煤样难度巨大，且即使成功制成的煤样也是个别筛选后的特殊完整煤样，其代表性值得怀疑。故该类煤样不能全面准确地表征煤样取心地点煤层煤体的真实力学特性，所以在研究煤的力学性质时通常采用二次型煤试样来代替原煤样进行试验研究。周世宁等学者的相关研究表明：试验时采用型煤试样进行力学试验所获得的试验规律与采用原煤试样时具有较高的一致性，其主要差别体现在数值大小方面(原煤的杨氏模量、强度等参数普遍大于同等条件下型煤的参数 1 至几个数量级)。此外，相比于原煤，型煤试样离散性更小(详见第 9 章的试验研究)，各个试样之间的差异更小，从而使试验规律性更为明显。

现有的型煤制备装置存在着制备所得成型煤样强度低(难以施加高压力，甚至无压力，仅靠自然成型)、煤样尺寸误差大、制备煤样时间长、脱模不方便等缺点，难以快速制备满足试验尺寸误差要求的强度较高的方形煤样；而本书涉及的试验中，很大一部分必须采用符合国际岩石力学学会试验建议标准的试样，故研制开发方形型煤制备装置非常必要。

2)设备主要结构组成

研制的方形型煤制备装置主要包括煤粉称重机构、机架、加载机构、试件成型室及脱模室等[49]，如图 3.1 所示。

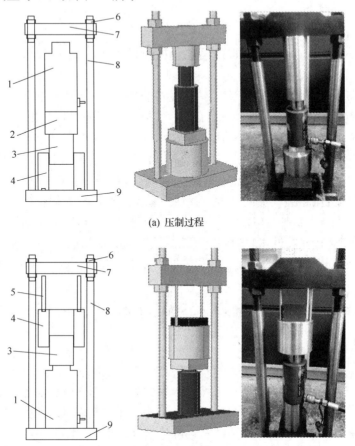

(a) 压制过程

(b) 脱模过程

图 3.1　型煤制备装置

1-加载机构；2-传载柱；3-滑动压块；4-成型模具；5-脱模辅助柱；6-螺母；7-承压顶板；8-支撑杆；9-底座

①机架：机架包括承压顶板、支撑杆、承压底座。承压顶板通过螺栓与支撑杆相连接，支撑杆与承压底座依靠螺纹相连接。

②加载机构：加载机构由分离式液压千斤顶、液压油泵和液压表等组成。其中，分离式液压千斤顶型号为 FCY-20100，承载 20t，行程为 100mm；液压油泵型号为 CP-700；液压表为 Breidy 压力表，最大量程为 60MPa，如图 3.2 所示。

③试件成型及脱模室：试件成型及脱模室由成型模具、滑动压块、脱模辅助柱等组成。成型模具是外形为圆形、内部为方形的圆柱体刚性件，方孔贯通成型模具，与滑动压块相配合。在成型模具上表面有对称分布的螺纹孔，与脱模辅助柱相配合；滑动压块为装配有刻度的长宽相等的长方体刚性件，可指示成型模具

图 3.2　加载机构

与滑动压块之间的相对距离，并与煤粉称重机构配合，以降低制得煤样的几何尺寸误差，以便制作出符合尺寸标准要求的煤样。

④脱模辅助柱：脱模辅助柱为一端含有螺纹的圆柱体刚性件，且螺纹尺寸与成型模具上的螺纹孔尺寸相匹配。

⑤煤粉称重机构：煤粉称重机构为一架高精度数码电子天平，单独外设对降低煤样尺寸误差起辅助作用，与滑动压块上的刻度配合使用，以便制备出尺寸符合要求的煤样。

3）应用流程

①压制过程：提前用天平称取适量的煤粉、水泥（或其他黏结剂）、水，并将三者均匀混合，而后将上述煤粉混合物放入成型模具内，加载机构通过推动传载柱使滑动压块在成型模具的上下贯通孔内向下滑动，以使煤粉混合物经过高压而成为型煤，且加载装置的压力达到要求的值后应保持一定量的时间，一般为10min，以使制备的煤样具有较高的强度。

②脱模过程：将脱模辅助柱安装在成型模具对应的螺纹孔内，脱模辅助柱与承压顶板相接触支撑，依靠加载机构推动滑动压块在成型模具的上下贯通孔内向上滑动而使煤样被均匀缓慢推出。

4）特点

通过加载机构与滑动压块施加高压力，可制备高强度煤样；通过滑动压块上的刻度指示线与煤粉称重机构的配合作用，可使煤样尺寸误差显著降低；通过脱模辅助柱，可实现简单、快速脱模。因此，该装置结构简单、操作方便，可实现快速制备高强度、低误差煤样的功能。该装置已获得国家实用新型专利授权，如图 3.3 所示。

图 3.3　实用新型证书

3.2　落锤式煤岩冲击加载试验装置

1）技术背景

由于动态加载速率比静态加载速率高几个数量级，导致岩石动力学试验装置的研发相对于常规静态试验装置更为困难，所以试验装置成为制约岩石动力学发展的瓶颈之一。现有的岩石动力学试验装置主要为基于 SHPB（霍普金森压杆试验系统）、轻气炮、落锤三大类的试验装置。SHPB 装置虽然是目前应用最为广泛的动力学试验装置，并能获得较理想的动态全程应力-应变曲线，但是难于实现对岩石应变的直接测量；轻气炮装置虽然可实现高及超高应变率加载，但设备成本高且体积庞大，在脆性岩石的动力试验中使用并不广泛；落锤装置虽然可实现直接加载，能量利用率高，设备成本低且使用方便，但难于实现恒定的应变率加载。因此，现有的各类装置都有各自的缺陷，非常有必要对其进行改进与提高。

煤是一种普通似岩石材料，它是比岩石更复杂的脆性材料且具有强度低的特点，导致以普通岩石材料为主要研究对象的动力试验装置对煤进行试验难于获得比较理想的效果，而需要研发针对性强的、以煤为研究对象的试验装置。由于落锤装置可对试样实现中低应变率直接加载，所以在煤的中低应变率加载范围内的试验中，落锤相比于 SHPB、轻气炮等具有一定的优越性。因此，研发针对煤为研究对象的落锤式煤岩冲击加载试验装置具有重要意义。

2) 主要结构组成及工作原理

该装置(图 3.4)由固定架、落锤等组成。落锤悬吊在煤样垂直上方,利用其自由下落的重力势能对煤样产生冲击载荷,通过调节落锤的下落高度而产生不同大小的冲击能量。

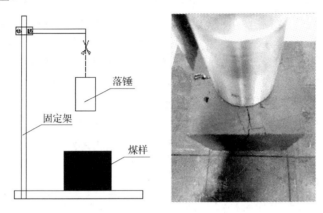

图 3.4　落锤式煤岩冲击加载试验装置

落锤的形状为圆柱形,质量 m 为 0.6134kg,直径 D 为 40mm。令落锤下落高度为 h (mm),则煤样单位面积上作用的冲击能量 q_1 (MJ/mm^2) 为

$$q_1 = \frac{mgh}{0.25\pi D^2} \tag{3.1}$$

假定落锤与煤样碰撞时,煤样的冲击能量吸收系数为 α,则煤样单位面积上吸收的冲击能量 q_2 (MJ/mm^2) 为

$$q_2 = \alpha q_1 \tag{3.2}$$

式中, α 取值范围为 $0 < \alpha < 1$。

在现有理论条件下无法得到 α 的准确值。由于落锤的弹性模量远大于煤样的杨氏模量,可认为落锤碰撞前的动能大部分被煤样吸收,所以 α 的值接近于 1。另外, α 的值随煤样初始损伤程度、冲击能量等变化而变化。

3) 特点

该便携式煤岩冲击加载试验装置针对煤为研究对象,具有结构简单、操作容易、便于携带等优点。

3.3　多向约束摆锤式冲击动力加载试验装置

1) 技术背景

经典的冲击载荷施加系统为霍普金森压杆系统、爆破和氢气炮等，这些冲击载荷的施加均为无约束条件下的单向动力冲击载荷，无法通过改变试样所处的应力条件实现试样所处应力环境的模拟研究；而自然界中的煤岩体多处于单向约束、双向约束或三向约束的应力环境中，甚至有些情况是处于逐渐增加或逐渐衰减的动载荷约束条件之中。此外，现有设备存在精度低，自动化程度不高，数据采集不能实现连续化、实时化、动态化的缺点，造成试验结构受人为因素影响较大，给数据采集、处理和分析造成极大干扰，无法满足试验需要。因此，研究既可实现动力冲击载荷，又可实现应力环境改变模拟的动力加载试验装置非常必要。

2) 主要结构组成及工作原理

该装置由多维约束加载机构、摆轴测角机构、摆锤冲击机构、动态观测装置和机架等组成。多维约束加载机构设在机架的中部，摆锤冲击机构设在机架的前部，摆轴测角机构设在摆锤冲击机构的上方，而动态观测装置设在多维约束加载机构的前方，如图 3.5 所示。

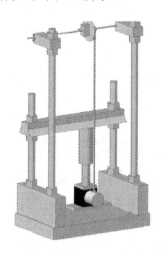

图 3.5　多向约束摆锤式冲击动力加载试验装置

摆锤为圆柱体，通过摆杆与轴承连接，计算摆锤对煤样的冲击能量时需要考虑摆锤与摆杆的等效质量(摆杆对等效质量影响较大，而对设备其他构件影响较小)。通过实测可知，摆杆有效长度 $L=0.73\text{m}$，摆杆质量 $m_2=0.457\text{kg}$，摆锤质量

m_1=1.303kg，摆锤直径 d=0.06m。

摆杆惯量：

$$I = \frac{1}{3}m_2 L^2 = 0.0812\text{kg}\cdot\text{m}^2 \tag{3.3}$$

等效质量：

$$m = m_1 + \frac{I}{L^2} = 1.455\text{kg} \tag{3.4}$$

假定摆锤与煤样试样之间为完全弹性碰撞，并且认为不同高度的摆锤下落后对煤样试样的冲击作用时间相等，由于目前的测试手段无法准确测得摆锤对煤样试样的冲击作用时间，因此通过冲量来表示冲击能量更有代表意义。根据冲量和能量定理，在忽略耗能的条件下，可认为摆锤的重力势能完全转化为对煤样试样的冲量，则单位面积上作用的冲量 I 为

$$I = \frac{m\sqrt{2gh}}{0.25\pi d^2} \tag{3.5}$$

即

$$I = 1139.696\sqrt{h} \tag{3.6}$$

3）特点

该多向约束摆锤式冲击动力加载试验装置具有可模拟应力环境多、动力冲击载荷施加方便、测量准确和稳定的特点，可以满足本书涉及的试验要求。

3.4　煤岩细观观测系统

1）技术背景

煤岩细观观测系统一直是煤岩细观力学发展的瓶颈之一，尽管已经取得了丰硕的成果，但是由于煤岩材料的难观测性，适用于煤岩的理想细观观测系统一直未取得实质性进展。煤岩体的破坏实质上是其内部微裂隙萌生、扩展、成核直至贯通的过程，由于煤岩的实体存在性和其内部的封闭性造成其内部裂隙具有较强的隐蔽性，直接观测其演化、发展非常困难；但是，煤岩内部孔裂隙结构变化与表面裂隙演化密切相关，所以人们又可以通过观测煤岩表面裂隙的发展来间接推测其内部裂隙的演化。从本质上而言，可以认为煤岩表面裂隙发展是其内部孔裂

隙结构演化在一定程度上的反映。因此，掌握煤岩表面裂隙的演化规律将有助于探究煤岩内部孔裂隙结构的演化机理。故而，研制可从细观角度直接观测煤岩表面裂隙演化规律的煤岩细观观测系统非常必要。

现有细观试验系统的移动方式存在稳定性差、精度不足、操作复杂等缺点，给试验研究的开展带来极大不便。此外，现有细观试验系统不能实现观测仪器的定位、导向及实时动态监测功能，难以达到高精度、高自动化地对煤岩类材料的裂隙演化过程、试样的渐进破坏过程进行实时监测。

2）主要结构组成

研制开发的煤岩细观观测系统主要由三维自动测控试验台、观测仪器、配套监测软件等组成，如图 3.6 所示。

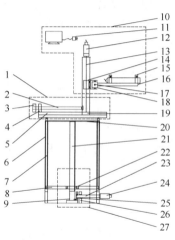

图 3.6　煤岩细观观测系统

1-测距微调机构；2-微调螺杆；3-微调旋钮；4-微调螺孔板；5-微调导轨；6-机架；7-升降顶柱；8-连接杆；
9-水平传动轮；10-测控定位系统；11-计算机定位器；12-纵向电机；13-纵向刻度丝杆；14-纵向滚珠螺母；
15-仪器固定架；16-仪器支撑杆；17-横向刻度丝杆；18-横向滚珠螺母；19-顺槽滑块；20-顶梁；21-升降螺柱；
22-升降螺母；23-传动杆；24-升降电机；25-垂直传动轮；26-传动杆固定架；27-升降机构

①三维自动测控试验台：三维自动测控试验台主要由测控定位机构、测距微调机构等组成。测控定位机构由计算机定位器、纵向电机、纵向刻度丝杆、纵向滚珠螺母、仪器固定架、仪器支撑杆、观测仪器、横向电机、横向刻度丝杆、横向滚珠螺母、顺槽滑块等组成。横向电机和纵向电机均为 57 两相混合型步进电机，步进角为 1.8°，精度为 ±5%，与之配合工作的横向、纵向刻度丝杆均为 16-5 型丝杆，其导程为 5mm，配合步进电机而与之同步转动，可实现观测仪器的高精度自行移动，定位精度为 ±0.025mm；计算机定位器可以控制横向、纵向电机的转动，进而控制观测仪器的三维移动，进行定位和导向；与配套监测软件相配合，可实

现煤岩表面裂隙的动态扫描与动态跟踪识别。

测距微调机构由微调螺杆、滚珠螺母支撑座、固定座、微调旋钮、连接板、微调导轨和滑块等组成。微调螺杆为滚珠丝杠，导程为 5mm，调节分度值为 0.025mm，重复定位精度为±0.02mm，由支撑座和固定座固定在顶板上，保证其稳定旋进；微调旋钮为带有角度、长度刻度的圆盘，可记录和测量丝杆的推进距离，对其进行测距定位，以保证观测装置的清晰度；微调导轨为 SBR 圆柱直线导轨，和方形滑块配合使用，以支撑上面的测控机构，并通过滚珠螺母与滚珠丝杠同步运动，而保证测控机构与观测对象之间的距离符合要求，导轨截面为三角形，可使测控定位系统稳定平移。

②观测仪器：观测仪器为可放大 1～500 倍的高清电子显微镜，可连续放大，镜头速率为 30f/s。

③配套监测软件：配套监测软件由 C# 语言进行编程，共包括用户登录、基本信息、宏观采集、动态显示、细观识别、数据处理、裂纹识别图七大模块，可实现试验的三通道数据和三通道图像的采集、整理、处理、展示和保存及裂纹识别报警等功能，其界面如图 3.7 所示。

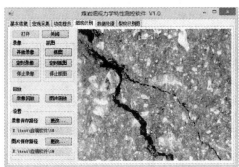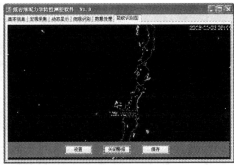

图 3.7　配套监测软件界面

3）特点

该系统可同时对煤样的 3 个方向进行表面裂隙演化规律的观测研究，可实现观测仪器的定位、导向及实时动态监测等功能，可高精度、高自动化地对煤岩表面裂隙演化过程进行实时监测。

该设备已获得了国家实用新型专利，配套软件已获得国家软件著作权，如图 3.8 所示。

图 3.8   知识产权证书

3.5   块煤瓦斯放散特性试验系统

1）技术背景

瓦斯在煤体内的运移是一个复杂而又不易于描述的过程，而且在实际生产过程中，对煤体内各项瓦斯指标的观测与跟踪也比较困难，得出的数据往往不能直观地反映出煤体内瓦斯的解吸、放散规律，导致清楚地掌握煤体的瓦斯放散特性几乎不可能。尽管国内外广大学者在煤的瓦斯解吸、吸附试验装置的研制上进行了大量卓有成效的研究工作，但开发的试验系统多适用于研究煤（煤屑）的瓦斯解吸、吸附及放散规律，而不能很好地实现对块煤的瓦斯放散特性的试验研究。与煤屑相比，块煤具有孔隙、裂隙等复杂的内部结构，更接近于煤矿井下煤体的实际情况。因此，为了研究块煤的瓦斯放散特性，自主研制开发了一种可靠的块煤瓦斯放散特性试验系统。

为了实现能够在实验室条件下研究块煤的瓦斯放散规律，并满足对煤体瓦斯放散参数的准确可靠测量，在设计设备过程中充分考虑各种因素，并在不影响试验效果的基础上，对试验系统进行一定的简化。按照如下几个主题思路进行设计和开发[50~52]：

①试验系统设有加载装置，可以实现对煤样施加载荷，使煤样成型满足试验要求，同时可实现模拟研究不同应力环境对煤体瓦斯放散特性的影响。

②试验系统要有良好的密封效果，密封效果的好坏直接决定试验是否成功，试验系统各元件和管路之间均采用可靠的密封手段，保证试验成功和数据可靠。

③试验系统设有瓦斯供给与控制系统，通过减压阀、管路开关和压力表控制

通入试样的瓦斯压力。

④试验系统能够实现对煤体的面通气和面放散瓦斯。分别在密封腔体的进气孔和出气孔处设多层组合金属筛网，能够在通入甲烷气体时实现对试验煤样的均匀"面通气"和试样放散瓦斯时面放散瓦斯。

⑤数据信息监测与收集工作的智能化。通过瓦斯流动特性动态检测系统和数据采集计算机对试验参数时时监测和收集。

2)试验系统功能和特点

该试验系统主要功能包括：设备可实现块煤瓦斯放散特性试验研究；对煤样施加稳定载荷，按试验要求制备试样；多次循环渐进对试样通甲烷，满足试验所需的瓦斯吸附平衡压力；调节试样吸附瓦斯及放散瓦斯时的温度；对试样"面通气"和"面放气"；时时动态监测瓦斯放散参数和智能采集数据；实现模拟研究不同应力环境对煤体瓦斯放散特性的影响。该系统具有密封方式简单、操作方便且密封性好、耐压强度高、施加载荷方便等特点，可以在高气压情况下实现很好的密封效果，是一种简单可靠、经济且实用性强的试验系统。

3)试验系统构成

块煤瓦斯放散特性试验系统主要包括密封腔体、加载系统、瓦斯供给与控制系统、瓦斯流动特性动态监测系统和数据采集计算机、恒温水浴装置及附属机构，如图 3.9 所示。

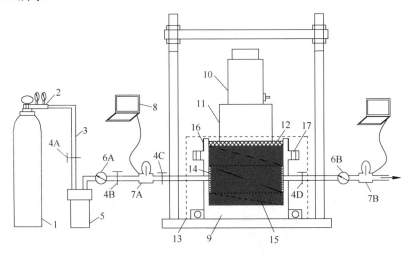

图 3.9　试验系统示意图

1-高压甲烷钢瓶；2-减压阀；3-管路；4-管路开关；5-充气罐；6-压力表；7-数控流量计；
8-数据采集计算机；9-恒温水浴装置；10-加载机构；11-传载柱；12-加载头；13-密封腔体；
14-组合金属筛网；15-试样；16-密封螺纹；17-连接螺栓穿孔

①密封腔体：密封腔体为在一底面直径 Φ=240mm，高 H=180mm 的圆墩，中间挖一 120mm×120mm×150mm 的方形腔体，腔体底座处两侧有两个对称的固定把手，如图 3.10 所示。腔体密封盖拧在密封腔体上端口，腔体密封盖上有两个对称钢环把手，可穿钢管拆卸盖子，密封橡胶圈镶嵌于腔体密封盖子内侧，通过密封螺纹预紧使密封橡胶圈被压在腔体上端口实现密封，同时和密封螺纹形成双重密封效果；腔体和盖子之间穿有安全螺栓，使盖子在高强度气压下不被冲开，保证安全，同时保护密封螺纹；密封腔体两侧面分别设有进气孔和出气孔，且进气孔和出气孔处都设有多层组合金属筛网，在试验过程中可以对试样"面通气"和"面放气"。

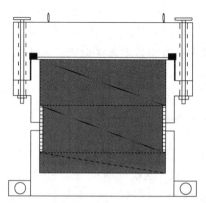

图 3.10　密封腔体

②加载系统：加载系统主要包括加压机构、传载柱、加载头和加载辅助机构，如图 3.11 所示。加压机构为高精度数控液压加载装置，包括分离式液压千斤顶、液压油泵、恒压锤和油压表。分离式液压千斤顶型号为 FCY-20100，承载 20.0t，

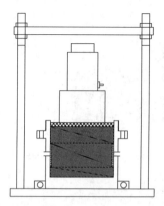

图 3.11　加载系统

行程 100.0mm，承载强度可以达到 73.0MPa；液压油泵型号为 CP-700，配合 FCY-20100 液压千斤顶；恒压锤连接在液压油泵的把手上，不同质量的恒压锤可实现不同压力的恒载。传载柱为半径 Φ=100.0mm，高 H=80.0mm 的刚性圆柱，加载头为 119mm×119mm×20mm 的正方形钢板，加载头与方形腔体内腔滑动连接。对腔体内煤样施加载荷时，通过升高加压机构，使之与加载辅助机构、传载柱紧密接触，滑块向腔体内部滑动，对腔体内部煤岩体施加载荷。

③瓦斯供给与控制系统：瓦斯供给与控制系统包括高压甲烷钢瓶、减压阀、充气罐、压力表和管路开关，如图 3.12 所示。甲烷钢瓶初始压力为 13.0MPa，甲烷纯度为 99.99%；减压阀由上海减压器厂有限公司生产，型号为 YQHE-370，减压阀的大量程为 0～25MPa、小量程为 0～6MPa；充气罐内尺寸为 Φ180mm×120mm；压力表量程为 0～4MPa，精度为 0.1MPa；管路开关采用管路专用双卡套针型截止阀。给试样充气时，采用由低压循序渐进升至试验所要求的压力的方式持续通入甲烷。其过程如下：首先打开高压甲烷钢瓶总阀门，先经减压阀减压后将甲烷通入充气罐缓冲气流，待充气罐中气流和压力稳定后，关闭高压甲烷钢瓶总阀门，打开充气罐开关向密封腔体中的试样通甲烷，同时查看压力表示数，一段时间后压力表示数稳定后关闭充气罐开关，打开高压甲烷钢瓶总阀门，再向充气罐冲甲烷，接着通过充气罐再向试样通甲烷，直至最后管路压力表示数稳定在试验所要求的压力，且 30min 之内示数不发生变化为止。

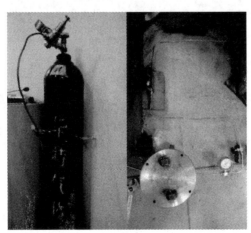

图 3.12　瓦斯供给与控制系统

④瓦斯流动特性动态监测系统：瓦斯流动特性动态监测系统由数控瓦斯流量计、数控监测软件及数据采集计算机组成，如图 3.13 所示。数控瓦斯流量计连接于密封腔体进气孔和出气孔管路上，数控瓦斯流量计通过数据线与计算机连接，并由数控监测软件控制瓦斯流量计和时刻监测瓦斯流量参数。

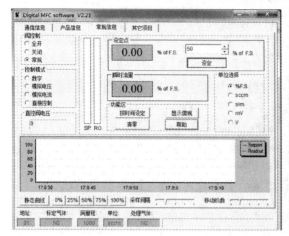

图 3.13　瓦斯流动特性动态监测系统

⑤恒温水浴装置：恒温水浴装置由保温水箱、温度计和循环控温管路组成，如图 3.14 所示。温度调节范围为室温至 90℃，偏差为±0.5℃。恒温水浴装置的主要功能是根据试验要求在试验整个过程中保持试样所处环境温度恒定不变。

图 3.14　恒温水浴装置

4) 试验系统装配及气密性检测

①试验系统装配：试验前期先用 ZNP-150 型破碎机将从煤矿现场采集的块状原煤粉碎，根据试验要求筛选出合适粒径的煤粉，并用托盘天平称量出一定质量的筛选好的煤粉备试验用，本书设计的瓦斯放散试验研究的用煤量为 1600.0g。

②制备试样时加载系统装配过程：首先将密封腔体内腔进气孔和出气孔处放设多层组合金属筛网，以实现对试样的"面通气""面放气"和防止小颗粒煤粉进入管路堵塞管路；然后将密封腔体放在加载平台上，把称量好的煤粉放入密封腔

体内，煤粉上方放入方形加载头，加载头上方中心处放传载柱，传载柱上方放加压机构，通过升高加压机构液压柱对密封腔体内的煤体均匀施加载荷至试验要求；最后将密封腔体中试样上方放入硅橡胶垫块，填满上方空余空间，盖上密封腔体盖，将钢管插入设在密封腔体底座和腔体密封盖上的把手中并拧紧腔体盖子，使密封"O"形橡胶圈压在腔体上端口实现腔体密封，并在密封腔体和密封腔体盖子外圈的连接螺栓穿孔中穿上连接螺栓，使盖子在高强度气压下不被冲开，保证安全的同时保护密封螺纹。

③其他元件装配：完成密封腔体装配和密封后，按照试验要求在高压甲烷钢瓶上连接减压阀，减压阀通过管路依次连接开关、充气罐、压力表、数控瓦斯流量计、密封腔体，密封腔体另一端连接气压表和数控瓦斯流量计，数控瓦斯流量计通过数据传输线与瓦斯流动特性动态监测软件连接，监测瓦斯放散参数并采集数据；试验系统管路采用外径 $\Phi=6mm$、内径 $\Phi=3mm$ 的铜质细管，密封腔体、开关、压力表、数控瓦斯流量计与管路的连接接头均为密封卡套接头。

试验系统气密性检测：整个系统装配完成后，检查系统各元件的可靠性和密封性，具体方法如下：先关闭管路放气开关，打开高压甲烷钢瓶总阀门向整个试验系统通入一定量的甲烷，使充气管路和放气管路中的压力表均有一定的示数，然后关闭密封腔体充气孔和放气孔处开关，检查管路上各元件的气密性，若压力表示数 15min 内不发生变化，则表明气密性良好，若压力表示数下降，则表明管路元件漏气；密封腔体气密性的检查则采用精密瓦斯检测仪检测，如图 3.15 所示。

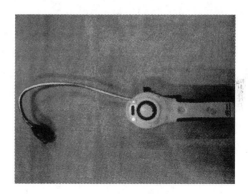

图 3.15　瓦斯检测仪

瓦斯检测仪型号为 GM8800A，灵敏度为 50ppm[①]，报警界限为 10%LEL(lower explosive limit，爆炸下限)的甲烷，响应时间为 2s。该瓦斯检测仪具有操作方便、灵敏度高、可快速定位查找漏气源等特点。检测系统气密性时，只需打开瓦斯检测仪，预热后调整好灵敏度，然后将传感探头伸至需要检测的位置 5~10s 即可，如果系统中元件或者管路发生漏气，检测仪报警灯(红灯)闪烁，并且检测仪会发出"滴答"声。

整个试验系统的密封好坏是试验成功的关键，尤其将甲烷气体作为密封对象时，稍有漏气不但试验无法完成，更有可能造成危险事故的发生。

———————————

① ppm 意为百万分之一。

5) 试验系统工作原理与测定数据处理

　　将装有试样的密封腔体通过管路接于试验系统中，并对整个试验系统按要求装配完成密封，确定系统密封完好后，首先打开所有管路开关，通入恒压瓦斯气体 5min，目的是排尽试样内的空气。然后关闭密封腔体出气孔处开关，打开进气管路上的数控瓦斯流量计和瓦斯流动特性动态监测软件，采用循序渐进的方法向密封腔体内的试样通入甲烷气体，达到试验所需瓦斯压力后，继续向试样通瓦斯 16h，直至密封腔体内的试样充分吸附瓦斯，即 30min 内压力表示数不发生变化为止。最后关闭密封腔体进气孔处开关，打开出气孔处开关，先放出密封腔体和管路中的游离瓦斯，待压力表示数为零时(在放游离瓦斯时，有很小部分从煤的大孔隙和表面迅速解吸出来的吸附气体被放掉，放掉的吸附瓦斯占煤样总吸附瓦斯量的 0.15%～1.19%。因此，将压力表降为零时作为测定瓦斯放散规律开始时间是准确可靠。)，再打开出气管路上数控瓦斯流量计和瓦斯流动特性动态监测软件，实时动态监测试样放散出的瓦斯参数，即瓦斯流动瞬时速度和累积流量，同时通过数据采集计算机记录瓦斯放散参数。

　　试验中瓦斯流动特性动态监测软件监测的试样瓦斯放散参数为试样在试验所处环境下的瓦斯放散瞬时速度(mL/s)和累积放散量(mL)。由于试验对象为型煤试块，出气孔处组合金属筛网和试样为面接触，这个接触面即为试样的瓦斯放散面，为了对比分析不同条件下试样的瓦斯放散特性，在处理各组试验数据时需将试验实测的瓦斯放散参数换算成标准状态下的单位放散面积的瓦斯瞬时放散速度 $[mL/(min\cdot cm^2)]$ 和累积放散量 (mL/cm^2)。根据理想气体状态方程，得其换算公式如下：

$$Q_t = \frac{P_1 T}{(T+t)P_0 S} Q_1 \tag{3.7}$$

式中，Q_t 为标准状态下试样单位放散面积的瓦斯累积放散量，mL/cm^2；Q_1 为试验环境下实测试样瓦斯解吸总量，mL；P_1 为试验时实测大气压力，Pa；P_0 为标准大气压力，$101325Pa$；T 为绝对温度，$273.2K$；t 为试验温度，℃；S 为试样瓦斯放散面面积，cm^2。

$$V_t = \frac{P_1 T}{(T+t)P_0 S} V_1 \tag{3.8}$$

式中，V_t 为标准状态下试样单位放散面积的瓦斯瞬时放散速度，$mL/(min\cdot cm^2)$；V_1 为试验环境下实测试样瓦斯瞬时放散速度，mL/s；P_1 为试验时实测大气压力，Pa；P_0 为标准大气压力，$101325Pa$；T 为绝对温度，$273.2K$；t 为试验温度，℃；S 为试样瓦斯放散面面积，cm^2。

3.6　非均匀载荷施加试验装置

1) 技术背景

　　煤岩的细观力学性质与其所受到的外力作用及其内部微结构密切相关，而煤岩在实际地质条件中常常受到非均匀载荷作用，传统试验设备很难实现非均匀载荷的施加，就导致研究煤岩在非均匀载荷下的内部微结构发育、发展、尺度扩张、力学性质变化等非常困难。由于以往对非均匀载荷认识不足，现有岩石力学试验设备在设计时未考虑实现非均匀载荷加载的功能，导致可实现非均匀载荷加载的试验设备极其匮乏，且存在设备精度低、自动化程度不高、数据采集不能实现连续化、实时化，进而造成试验结果受人为因素影响较大，导致数据采集、处理、分析干扰大。因此，在实验室实现非均匀载荷加载并观测其微结构的演化与发展，对扩展与丰富现有细观岩石力学试验具有重要意义。开发可实现非均匀载荷加载的岩石细观力学试验装置，并能在较好的实验室条件下模拟煤岩在实际地质条件下所受的真实应力，更加深入地认识煤岩体在实际地质条件下所受载荷作用下其微结构尺度、数量等的演化规律，这将极大地促进人们对真实地质条件下煤岩物理力学性质的认知。

2) 主要结构组成

　　该装置主要有变角设置机构、偏载设置机构、动态监测装置、加载装置等组成部分，主要通过偏载设置机构设置不同加载面积来实现非均匀载荷的加载[53]（图 3.16）。

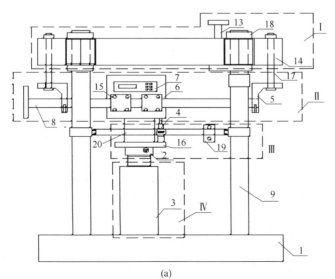

(a)

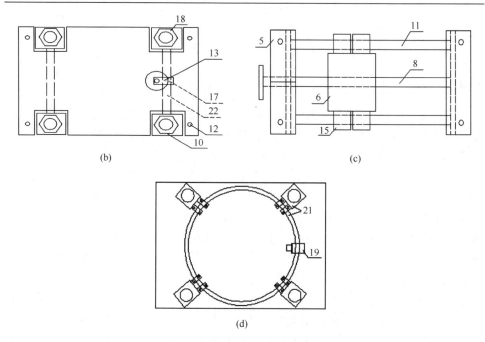

图 3.16　非均匀载荷加载装置

Ⅰ-变角设置机构；Ⅱ-偏载设置机构；Ⅲ-动态监测装置；Ⅳ-加载装置

1-下承压板；2-压力监测装置；3-分离式液压千斤顶；4-应变计；5-偏载连接件；6-偏载压头；
7-激光测角仪；8-偏载轴；9-立柱；10-变角连接套筒；11-偏载支撑轴；12-螺纹孔；13-变角轴；
14-上承压板；15-偏载辅助滑块；16-承压垫块；17-活动螺栓；18-螺母；19-观测仪器；20-试件；
21-观测支架；22-变角连接轴

①变角设置机构：变角设置机构包括激光测角仪、变角轴、变角螺母、变角连接套筒、变角轴辅助支座；变角轴是高精度滚珠丝杠，下端固定在变角轴辅助支座上，上端与变角螺母螺纹连接，变角螺母固定于变角连接轴中部，变角连接轴两端固定于变角连接套筒内侧，变角连接套筒套在立柱上。激光测角仪为一高精度测量水平角装置，固定于上承压板侧边，实时显示上承压板的水平角，实现角度的精确调整，从而实现不同角度的加载。

②偏载设置机构：偏载设置机构包括偏载连接板、偏载压头、偏载轴、偏载支撑轴、偏载辅助滑块、偏载螺母、偏载轴辅助支座、活动螺栓；偏载轴是高精度滚珠丝杠，两端由偏载轴辅助支座稳定于偏载连接板上，偏载连接板通过活动螺栓悬挂于上承压板上，偏载螺母为滚珠螺母，与偏载轴相配合，偏载螺母固定于偏载压头内部，偏载压头与偏载辅助滑块相连接，偏载滑块沿偏载支撑轴运动，偏载支撑轴为两根平行于偏载轴的光轴，两端连接于偏载连接板两侧，可实现偏载压头沿偏载轴的精确移动，以改变偏载距离或面积。

③动态监测装置：动态监测装置包括压力监测装置、压力转换器、压力固定

架、变形监测装置、变形固定架、变形转换器、细观监测仪器、细观监测支架；压力固定架支撑压力监测装置，压力监测装置为一套高精度的压力传感器，与压力转换器相连接，压力转换器可实时显示压力值，并可通过数据线与计算机相连接；变形固定架支撑变形监测装置与试样两端，变形监测装置为一套高精度应变计，与变形转换器相连接，变形转换器可实时显示和存储变形值；细观监测支架为一环形轨道支架，通过连接件固定于 4 根立柱上，环形轨道位于立柱内侧，可固定细观监测仪器，实现 360°平稳旋转观测，细观监测仪器为一套连续变焦的高像素数码显微镜，可对试样表面裂隙的演化进行实时动态的监控和存储。

④加载装置：加载装置包括分离式液压千斤顶、液压油泵、油泵控制器、承压垫块；分离式液压千斤顶与液压油泵相连接。分离式液压千斤顶型号为 FCY-20100，最大承载 20t，行程为 100mm；液压油泵型号为 CP-700；液压表型号为 Breidy 压力表，最大量程为 60MPa。

3）加载过程

试验前，调节变角设置机构（Ⅰ）的变角螺母，变角螺母带动变角轴转动，从而使与变角连接套筒、变角连接轴相连的上承压板绕着另一变角连接轴转动，达到变角设置机构所需转动的角度后，用变角螺母固定；通过偏载设置机构（Ⅱ）的偏载轴（8）（图 3.16）调节偏载压头的加载位置，然后通过活动螺栓（17）和螺母（18）将偏载设置机构固定在变角设置机构的上承压板上，贴合紧密使之成为一个整体。当需要更改试验参数时，需要松开活动螺栓（17）、螺母（18），重新调节变角设置机构和偏载设置机构所需的角度和偏载量。加载时，将试样放在承压垫块（16）上，通过加载装置（Ⅳ）加压托起试样，使之和偏载设置机构的偏载压头（6）下表面紧密接触，通过加载装置加载至所需载荷。

4）特点

该试验装置能实现一定角度、一定加载面积的加载，从而实现非均匀载荷加载，其结构简单，操作方便。

3.7　本 章 小 结

本章主要是根据试验研究的需要研制开发了诸如"方形型煤制备装置""落锤式煤岩冲击加载试验装置""多向约束摆锤式冲击动力加载试验装置""煤岩细观观测系统""块煤瓦斯放散特性试验系统""非均匀载荷施加试验装置"等试验设备，并分别从研制思路、设备组成、具体参数、适用条件和特点等方面进行了详细的介绍，这将为本书涉及的试验研究提供辅助设备保障。

第4章　动力冲击对煤的表面及内部微结构影响

煤层的不均匀性问题实际包含两大部分内容,一部分为煤层本身的不均匀性,而另一部分则为煤层受不均匀外界作用时表现出的不均匀性。动力冲击载荷是一种典型的不均匀动载荷,在受到其作用时煤层表现出的性质变化也必将具有明显的不均匀性。因此,研究动力冲击对煤的表面及内部微结构影响,是煤层不均匀特性研究的重要组成部分[54,55]。

冲击问题的实质是两个物体碰撞时由于外力急速变化引起结构物的短时响应,其控制方程式和一般振动的问题没有什么不同,但在碰撞过程中有应力波传播、局部区域的弹塑性变形、短时响应及局部破坏等现象,具有独特的振动特性,不同于静的问题及一般振动问题的分析方法。

4.1　冲　击　载　荷

具有一定速度的运动物体 A,向着静止的构件 B 冲击时,冲击物 A 的速度在很短的时间内发生了很大变化,即冲击物 A 得到了很大的负值加速度。这表明,冲击物 A 受到与其运动方向相反的很大的力作用。同时,冲击物 A 也将很大的力施加于被冲击的构件 B 上,这种力在工程上被称为"冲击力"或"冲击载荷",如图 4.1 所示。简而言之,也就是在很短的时间内(作用时间小于受力机构的基波自由振动周期的一半)以很大的速度作用在构件上的载荷,称为冲击载荷。

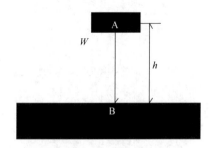

图 4.1　冲击载荷
h-重物下落高度;W-重物的重量

冲击载荷因作用时间极短、作用效果明显而表现出非常复杂的特性。在冲击过程中,构件 B 上的应力和变形分布非常复杂,要想精确地计算冲击载荷及被冲击构件 B 中由冲击载荷引起的应力和变形非常困难。

因此,需作以下假设:

①设冲击物的变形忽略不计，即认为冲击物 A 是刚体。从开始冲击到冲击产生很大位移时，冲击物 A 与被冲击构件 B 一起运动而不会发生回弹。

②忽略被冲击构件的质量，认为冲击载荷引起的应力和变形在冲击瞬间遍及被冲击构件，并假设被冲击构件仍处于弹性范围内。

③冲击过程中没有其他形式的能量转换，机械能守恒定律仍成立。

冲击载荷引起的最大位移记为 Δ_d，最大冲击载荷记为 F_d，则根据上述假设，可得以下关系：

$$F_d = k \cdot \Delta_d \tag{4.1}$$

冲击物的机械能由下式确定：

$$E = P(h + \Delta_d) \tag{4.2}$$

被冲击物的应变能可表示为

$$V_\varepsilon = \frac{F_d \cdot \Delta_d}{2} = k \cdot \Delta_d \cdot \frac{\Delta_d}{2} = \frac{k \cdot \Delta_d^2}{2} \tag{4.3}$$

若 $E = V_\varepsilon$ 成立，则

$$P(h + \Delta_d) = \frac{k \cdot \Delta_d^2}{2} \tag{4.4}$$

整理上式可得

$$\Delta_d^2 - \frac{2P}{k} \cdot \Delta_d - \frac{2P \cdot h}{k} = 0 \tag{4.5}$$

记 $\Delta_{st} = \dfrac{P}{k}$，则上式变化为

$$\Delta_d^2 - 2\Delta_{st} \cdot \Delta_d - 2\Delta_{st} \cdot h = 0 \tag{4.6}$$

求解上式可得

$$\Delta_d = \Delta_{st} \cdot \left(1 + \sqrt{1 + \frac{2h}{\Delta_{st}}}\right) \tag{4.7}$$

式中，Δ_d 为冲击引起的最大位移；F_d 为最大冲击载荷；k 为重物的刚度；E 为冲击物的机械能；P 为冲击物的静载荷；h 为重物下落高度；V_ε 为被冲击物受到的应变能；Δ_{st} 为被冲击物的静位移，其值为 P/k。

式(4.7)即为冲击载荷引起的最大位移。

最大冲击载荷可表示为

$$F_d = k \cdot \Delta_d = k \cdot \Delta_{st} \cdot \left(1 + \sqrt{1 + \frac{2h}{\Delta_{st}}}\right) = P \cdot \left(1 + \sqrt{1 + \frac{2h}{\Delta_{st}}}\right) \tag{4.8}$$

若记：

$$k_d = \left(1 + \sqrt{1 + \frac{2h}{\Delta_{st}}}\right) \tag{4.9}$$

$$\begin{cases} \Delta_d = k_d \cdot \Delta_{st} \\ F_d = k_d \cdot P = k_d \cdot F_{st} \end{cases} \tag{4.10}$$

式中，k_d 为动载系数；F_{st} 为静载荷。

则上述 k_d 为大于 1 的一个系数，称为动载系数或动荷因数，它表示构件受的冲击载荷是静载荷的若干倍。

4.2 超声波与其传播特性

1) 超声波

声波是由于某一质点开始的扰动所引起的、按照预定的方式传播或传输的质点运动，故声波属于一种弹性机械波。根据声波传播频率的不同，可将声波进行如下分类，如表 4.1 所示。

表 4.1 声波的分类

声波分类	频率/Hz
次声波	<20
声波	20～20000
超声波	>20000

根据质点振动方向与波传播方向的关系，可将超声波分为纵波、横波、表面波和板波。

①纵波：又称为 L 波，指的是质点振动方向和超声波传播方向一致的超声波，其产生和接收都比较容易，该类超声波可以在固体、液体和气体三种介质内传播。因发生、接收和传播范围广，故纵波在超声波检测中应用最为广泛。

②横波：又称为 S 波，是指质点振动方向和超声波传播方向垂直的超声波，横波无法在液体和气体内传播，仅仅能够在固体介质内传播。

③表面波：是指沿着固体表面传播的具有纵波和横波双重特性的波，该类超声波是在 1887 年由瑞利第一次证明其存在的。

④板波：又称为兰姆波，是指在板厚和波长相当的弹性薄板中传播的超声波。

导致该类波产生的质点振动的轨迹为一椭圆。

2) 超声波的传播特性

超声波在应用方面具有明显的优势，在日常生活中非常常见并被广泛应用。与一般普通声波比较，超声波具有以下优点。

①超声波的直射性好：超声波的频率相对较高而波长较短，衍射现象不明显，比较容易得到一定方向上的集中波束，且能够在一定距离内沿直线传播；若超声波遇到障碍时，会产生反射和折射，且遵循相关规律。

②声波的穿透力强：超声波在固体或液体中传播的衰减很小，但其在空气中传播的衰减较快。在不透明的固体中超声波能够无损穿透几十米的厚度，但无法利用超声波进行空中远距离的探测。

③超声波可传播能量的功率大：因超声波频率高、波长短，本身属于能量的传播形式，便于携带更强的能量。

④有界面时，将产生反射、折射和波型转换。正是利用这一性质，利用超声波才能够进行材料的探损和探伤。

在固体介质中传播时，纵波波速可按下式计算：

$$C_{\mathrm{L}} = \sqrt{\frac{E(1-\mu)}{\rho(1-2\mu)(1+\mu)}} \tag{4.11}$$

式中，E 为传播介质的弹性模量；ρ 为传播介质的密度；μ 为传播介质的泊松比。

由式 (4.11) 可见，超声波的纵波在固体介质内的传播速度仅与传播介质的弹性模量、泊松比和密度等物理参数相关[56,57]。当固体材料因受到外力作用而发生内部结构变化时，其密度、弹性模量和泊松比均会发生变化，这必将导致超声波的纵波传播速度的变化，这也是超声波纵波可以被用来进行超声波探伤、探损的基本原理。

在液体和气体介质中传播时，纵波波速可按下式计算：

$$C_{\mathrm{t}} = \sqrt{\frac{K_{\alpha}}{\rho}} \tag{4.12}$$

式中，K_{α} 为体积膨胀系数；ρ 为传播介质的密度。

4.3　超声波检测

超声波检测的方法有很多，可分为以下几种，如表 4.2 所示。

表 4.2　超声波检测的分类

分类依据	分类
按原理	脉冲反射法
	穿透法
	共振法
按显示方式	A 型显示
	B 型显示
	C 型显示
按波型	纵波法
	横波法
	表面波法
	板波法
按探头数目	单探头法
	双探头法
	多探头法
按耦合方式	接触法
	液浸法
按入射角度	直射声束法
	斜射声束法

①穿透法：通常采用两个探头，分别放置在试样两侧，一个将脉冲波发射到试样中，另一个接收穿透试样的脉冲信号，依据脉冲穿透试样后幅值的变化来判断试样内部缺陷的情况，如图 4.2 所示。此种方法主要用来研究煤岩体内部结构发生变化与否。

②脉冲反射法：该方法是由超声波探头发射脉冲波到试样内部，通过观察来自试样内部缺陷或试样底面反射波的情况来对试样进行检测，如图 4.3 所示。

进行超声波检测时，由于试样和探头之间经常有接触不够紧密的现象出现，故常用耦合剂对之进行耦合处理，常用的耦合剂有黄油、凡士林等。在选择耦合剂时，应注意：

a. 耦合剂应透声性好，声阻抗尽量和被探测材料的声阻抗相近；

b. 耦合剂应具有足够的润湿性，适当的附着力和黏度；

c. 耦合剂对试样应无腐蚀性，对人体无害，对环境没有污染；

d. 耦合剂还应该易于清除，不易变质。

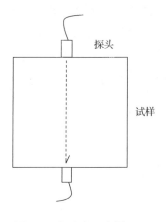

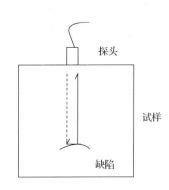

图 4.2　穿透法示意图　　　　　　　　图 4.3　脉冲反射法示意图

4.4　基于超声波检测的冲击载荷对煤岩内部结构影响研究

　　煤岩内部的微结构包括孔隙和裂隙。煤岩体内部的微结构不仅是瓦斯存储的空间，同时也是瓦斯运移的通道[58]。外界条件发生变化时，微结构的数量和几何尺度均会发生变化，可能向有利于瓦斯解吸和流动的方向发展，也可能向有利于瓦斯吸附而不利于瓦斯运移的方向发展。因此，想办法增加煤体内部微结构的数量和几何尺度，对于煤层内瓦斯解吸、瓦斯运移均意义重大。若对煤体施以动力冲击作用，不仅可以明显地改变煤体表面微结构的数量和几何尺度，还可以改变煤体内的微结构数量和尺度，但这一改变的测量必须借助其他测试手段予以表征。因此，本章主要以基于超声波纵波速度、核磁共振（nuclear magnetic resonance, NMR）T_2 谱等参数的指标来定量表征冲击载荷作用次数、单次冲击能量大小、冲击能量加载顺序、冲击能量的累计效果等对煤岩孔、裂隙结构的影响，以期为煤层增透、破岩等相关工作提供一定的理论支撑及相应的工程指导。

1）煤岩内部结构数量的定量统计描述

　　在现有技术水平下，对煤岩裂隙结构、孔隙结构的直接观测与计算极其困难，但可以对其进行统计描述，以统计描述作为连接细观上煤岩体内部微结构演化和宏观特性与表象之间的桥梁。鉴于对煤岩内部微结构的直接定量分析极其困难，故以其宏观容易测量的参数来间接定量统计描述煤岩内部微结构。煤岩内部微结构数量变化的试验依据主要来自煤岩体积应变、超声波速度、声发射信号等的测量。在损伤力学中，较为常用的损伤变量定义方法主要有三种，即按空隙面积定义损伤变量、按空隙配置定义损伤张量、按杨氏模量变化定义损伤变量。从上述定义可以看出，损伤因子可以在一定程度上体现材料内部微结构发生的变化，而在实际应用中通常是用杨氏模量、超声波速度等宏观特征量的变化来间接表征岩石的损伤程度。上述三个参数指标中，超声波波速最容易测量，且煤岩体的内部孔、裂隙结构变化将影响煤岩体内的超声波速度等弹性参数很早就被发现与证实，因此，可根据超声波速度变化来定义损伤变量，可表示为

$$D_{\mathrm{w}} = 1 - \left(\frac{V_i}{V_0}\right)^2 \tag{4.13}$$

式中，D_{w} 为基于超声波速度的损伤因子；V_0 为材料初始纵波速度；V_i 为材料承受第 i 次冲击载荷后其内的纵波速度。

如果从多孔介质的角度考虑材料的损伤演化，则可以用材料的孔隙度变化来描述材料的损伤，此时材料的损伤变量可表示为

$$D_{\mathrm{p}} = \frac{n_i - n_0}{n_{\mathrm{p}} - n_0} \tag{4.14}$$

式中，D_{p} 为基于孔隙度的损伤因子；n_0 为材料的初始孔隙度；n_{p} 为材料破坏时的孔隙度；n_i 为材料承受第 i 次冲击载荷后的孔隙度。

上述两种损伤定义中，超声波定义的损伤为点对点定义；孔隙度定义的损伤为体积类损伤定义，具有统计意义[59,60]。如果假设材料产生的损伤各处相同，以积分思想为基础，把点对点损伤扩展到微小体的范围内，再以具有代表意义的微小体为研究对象来研究损伤，最后以无数个微小体的算术平均值来代替微小体所组成的整体损伤，则当微小体无限趋近于 0 时，可认为该点对点间微小体的损伤约等于整体产生的损伤。所以，可假设基于波速变化的损伤因子 D_{w} 与基于孔隙度变化的损伤因子 D_{p} 相等，即

$$D_{\mathrm{w}} = D_{\mathrm{p}} \tag{4.15}$$

联立式 (4.13)～式 (4.15) 可得

$$n_i = n_0 + \left[1 - \left(\frac{V_i}{V_0}\right)^2\right](n_{\mathrm{p}} - n_0) \tag{4.16}$$

对于同一种多孔介质，在相同外界条件下其初始孔隙度、破坏时孔隙度为定值，则多孔介质内的波速变化实际上就直接反映其内部孔、裂隙结构的变化情况。

因此，本书拟以冲击前、后煤样中波速的变化来间接反映煤样内部微结构数量的变化，以期对煤岩内部微结构数量进行定量统计描述。定义 M_i 为第 i 次冲击煤样内部微结构数量变化因子，M 为煤样内部微结构数量累积变化因子，则

$$M = 1 - \left(\frac{V_i}{V_0}\right)^2 \tag{4.17}$$

$$M_i = \left(\frac{V_{i-1}}{V_0}\right)^2 - \left(\frac{V_i}{V_0}\right)^2 \tag{4.18}$$

式中，V_{i-1} 为材料承受第 $i-1$ 次冲击载荷后其内的纵波速度。

需要说明的是，煤岩体中波速是由煤岩的矿物成分，内部孔、裂隙结构及其所处的热力学环境(应力场、温度场、渗流场等)等所综合决定的，其中岩石的矿物成分与内部微结构为其内因，岩石所处的热力学环境为其外因。通过煤岩中波速来反演煤岩内部孔、裂隙结构的具体数量属于典型的反演问题。反演问题的最大特点是其具有多解性，这也是其难点所在。因此，想要单纯利用波速来反演煤岩内部孔、裂隙结构的具体数量与尺度十分困难。但是，在满足其他条件基本相同的前提下，从统计上利用煤岩中波速变化来反演煤岩内部孔、裂隙结构数量的整体变化，则是现有试验条件下最简单且最切实可行的方法之一。

2) 试验概况

图 4.4 为动力冲击对煤岩表面及内部微结构影响试验研究的主要装置，包括动力冲击施加装置和超声波检测设备。

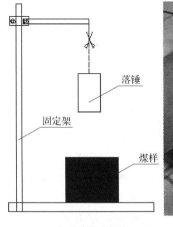

(a) 加载装置示意图　　　　　　　　(b) 试验装置整体实物图

图 4.4　落锤式煤岩冲击加载试验装置与超声波检测装置

①落锤式煤岩冲击加载试验装置：试验在自制的落锤式煤岩冲击加载试验装置上进行，该装置由固定架、落锤等组成。利用悬吊在煤样垂直上方的落锤自由下落对煤样产生冲击载荷，通过调节落锤下落高度而产生不同大小的冲击能量。装置介绍详见 3.2 节。

②基于超声波检测的煤岩内部微结构检测装置：超声波检测设备采用高精密度的型号为 ZBL-U510 的非金属超声检测仪（图 4.5）。该检测仪输出频率为 10～250kHz，声时测读精度为 ±0.05μs，幅度分辨率为 3.9‰，系统参数设置见表 4.3，探头与煤样之间用润滑脂进行耦合。

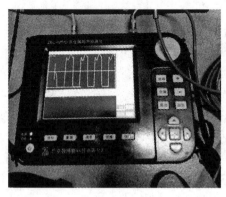

(a) U510　　　　　　　　　　　　　　　　(b) U520

图 4.5　超声波装置

表 4.3　超声波装置设置的系统参数

采样长度	采样周期/μs	发射电压/V	发射脉宽/ms	测距/mm	点数/个
512	0.2	125	0.04	70	20

③试样：试验用煤样如图 4.6 所示，为经过二次成型的型煤试样。制作时，将粒径为 1.0mm 以下的煤粉与水泥、水均匀混合后，放入自主研发的方形型煤制备装置的模具中，并利用液压千斤顶对上述混合物施加 5.0MPa 成型压力，压力恒定一段时间后进行脱模；而后将从模具内取出的煤样在室温、空气中静置两周左右的时间，便可得到试验所用煤样。制备型煤时，为了增煤粉间的黏结力，加入少量水泥，这样将使煤样的特性更趋近于原煤。型煤形状为立方体（为了便于超声波检测），尺寸约为 70mm×70mm×70mm，质量约为 480.0g。

④试验方案：试验共分为 7 组，其中前 5 组落锤下落高度分别设置为 50～250mm 共 5 个水平，其高度分别对应的单位面积冲击能量大小如表 4.4 所示。每组采用同一高度循环冲击，直至煤样破裂；后两组研究冲击能量加载顺序对煤样的影响，第 6 组煤样按冲击高度由小到大进行冲击试验，冲击高度依次为 100mm、

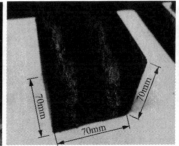

图 4.6 试验制备的煤样

150mm、200mm，第 7 组煤样按冲击高度由大到小进行冲击试验；提取前 5 组的不同数据用以分析冲击能量叠加后的累计效果。以上每次冲击加载前后均测定煤样波速，且每次均在沿冲击方向上与垂直冲击方向上进行波速测量。

表 4.4 落锤下落高度与单位面积冲击能量的关系

高度/mm	50	100	150	200	250
单位面积冲击能量/(MJ/mm^2)	0.24	0.48	0.72	0.96	1.20

3) 煤样初始波速

加载前，15 个型煤试样在两个方向上的初始波速(表 4.5，两个方向如图 4.7 所示)范围分别为 1074~1207m/s 与 1094~1211m/s。波速分布集中，离散性不明显，且两个方向上的波速分布非常相似，其较小的差异可能是由于煤样加工的差异、超声波检测误差等所造成的，可以认为煤样在受到冲击载荷前各个方向的波速是相同的，反映出其内部微结构在各个方向上也是相同的。煤样初始波速在两个不同方向的相对标准差均小于 4%，说明试验煤样的离散性低于包括原煤在内的广义类岩石材料试样，这为满足试验煤样尽可能相同(事实上，想找到两个完全相同的煤样几乎是不可能的)创造了条件。同时，也间接地说明了超声波检测误差在 4%以内，与其通常误差在 1%~2%的结论相吻合。

表 4.5 加载前煤样初始波速分布

方向	最小值/(m/s)	最大值/(m/s)	平均值/(m/s)	标准差/(m/s)	相对标准差/%
沿冲击方向	1074	1207	1131.4	43.8	3.9
垂直冲击方向	1094	1211	1141.4	36.3	3.2

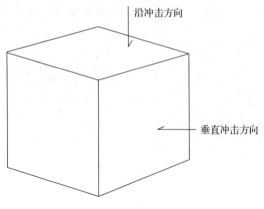

图 4.7　冲击方向与监测方向

4）冲击载荷与煤样内部孔、裂隙结构演化的耦合关系

（1）冲击次数对煤样内部微结构的影响。

①循环冲击次数：以落锤下落高度为 100.0mm 的 3#煤样为例进行分析，M 与循环冲击次数的关系如图 4.8 所示。两个方向上的 M 随着循环冲击次数的增加均具有累加性，且冲击使 M 值发生了明显的变化，说明冲击造成了煤样内部孔、裂隙结构的显著变化。M 呈"高速增大—平缓发展—急速增大"的非线性趋势变化，其形状为近似"倒 S 形"曲线。前两阶段"高速增大—平缓发展"说明前几次冲击对内部孔、裂隙结构产生了明显的影响，使其数量与尺度高速调整，而随着冲击次数的增加，由于缓冲吸能效应，煤样内部微结构变化逐渐平缓；后两阶段"平缓发展—急速增大"说明前几次冲击已经形成了累积损伤，而当冲击次数达到一定程度时，由于"一冲即溃"（与逾渗效应类似），其内部孔、裂隙结构又有了急速

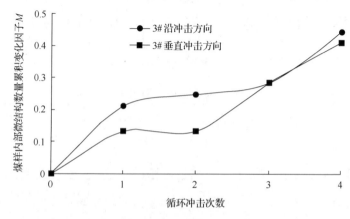

图 4.8　M 与循环冲击次数的关系

调整。以上间接地说明了同样大小的冲击能量对不同损伤程度的岩样所造成的影响是不同的，这与前人研究所呈现的规律略有不同，则可能是岩样初始损伤程度不同而造成冲击能量吸收率不同所致。

对图4.8中的数据进行拟合，可得到 M 与冲击次数之间关系的经验拟合公式：

$$\begin{cases} M_p = 0.0248x^3 - 0.1562x^2 + 0.3385x + 0.0007 & R^2 = 0.9997 \\ M_v = 0.0087x^3 - 0.0422x^2 + 0.1319x + 0.0066 & R^2 = 0.9693 \end{cases} \quad (4.19)$$

式中，M_p 为沿冲击方向的 M 值；M_v 为垂直冲击方向的 M 值；x 为冲击次数。

②沿冲击方向与垂直冲击方向的区别：从图4.8也可看出，两个方向上试样内部微结构演化规律不同，沿冲击方向的 M 值明显比垂直冲击方向的 M 值大。如第1次冲击后，沿冲击方向的 M 值为0.21，而垂直冲击方向的 M 值只有0.13，其他煤样数据也大致呈现类似规律，说明冲击载荷在沿冲击方向对煤样内部微结构的影响要比垂直冲击方向明显。这可能是因为沿冲击方向，冲击载荷对煤样直接产生压缩作用而改变煤样在该方向上的内部微结构，而垂直冲击方向的内部微结构受到非直接作用所致，其变化依赖于沿冲击方向产生作用的影响[61~64]。

(2) 单次冲击能量大小对煤样内部微结构的影响。

由于采用单位面积冲击能量为 1.2MJ/mm^2 进行冲击时，一个煤样遭受两次冲击后即完全破裂，所以选前两次冲击为研究方案，得到的 M 值与单次冲击能量关系如图4.9所示。第1次冲击后，M 值与单次冲击能量并非呈线性关系，而是呈指数函数关系，当冲击能量较低时，两个方向的 M 值均随冲击能量的增加而缓慢增大，而当冲击能量增大到一定程度时，M 值随冲击能量的增加急速增大；第2次冲击后，两个方向上的 M 值均随着冲击能量的增加而明显增大，亦呈指数函数关系，与第1次冲击后相比明显更具有规律性，这可能是第1次冲击后煤样内部微结构经历了一个较大的调整，进入了一个近似稳定增长期所造成的。上述非线性关系是由煤样初始损伤程度、冲击能量与煤样破坏所需能量之比、冲击能量吸收系数等因素所决定的。

对图4.9中的数据进行拟合，可得到第1次及第2次冲击后的 M 值与单次冲击能量之间关系的经验拟合公式：

$$\begin{cases} M_{1p} = 0.0229e^{3.0922y} & R^2 = 0.9447 \\ M_{1v} = 0.0129e^{3.5141y} & R^2 = 0.9250 \end{cases} \quad (4.20)$$

和

$$\begin{cases} M_{2p} = 0.0328e^{3.5789y} & R^2 = 0.9670 \\ M_{2v} = 0.0126e^{4.4584y} & R^2 = 0.9798 \end{cases} \tag{4.21}$$

式中，M_{1p} 为第 1 次冲击后沿冲击方向的 M 值；M_{1v} 为第 1 次冲击后垂直冲击方向的 M 值；M_{2p} 为第 2 次冲击后沿冲击方向的 M 值；M_{2v} 为第 2 次冲击后垂直冲击方向的 M 值；y 为单次冲击能量。

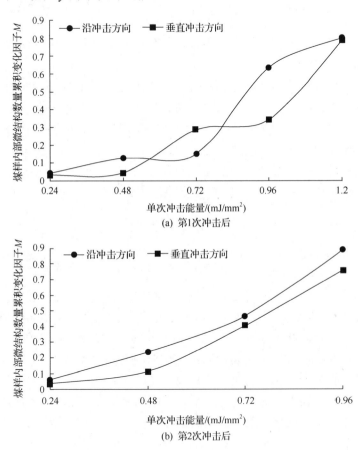

图 4.9　M 值与单次冲击能量的关系

(3)冲击能量的累计效果。

为了分析冲击能量的累计效果，将单位面积累计冲击能量为 1.92MJ/mm² 的数据放在一起，如表 4.6 所示。不同大小单次冲击能量的作用下，当冲击能量累积到相同大小时，冲击对煤样内部微结构造成的影响并不一致，而是随单次冲击能量的增加先增大而后减小。这说明当单次冲击能量低于造成微结构迅速发育的最低冲击能量阈值时，M 值随着单次冲击能量的增加而增大，而一旦超过阈值后，M 值就会随着单次冲击能量的增加而减小，即当满足单次冲击能量大于造成内部微结构迅速发育的最低冲击能量阈值条件后，累计次数越多时对煤样内部微结构造成的影响越大。表现出上述规律可能是由于冲击能量阈值与冲击能量吸收系数两个相反因素的耦合作用。当单次冲击能量过小时，能量阈值起主导作用；当单次冲击能量大于其阈值后，能量吸收系数起主要作用，其随单次冲击能量的增加而逐渐减小，且应变率效应也会导致高冲击能量下微结构不易发育。综上所述，大于造成煤样内部微结构迅速发育的最低冲击能量阈值的较小动力冲击能量的累计效果，对煤样内部结构造成的影响要大于相等大小的单次较大动力冲击能量对煤样内部结构造成的影响，冲击能量的累计不能简单等效为冲击能量的增加。

表 4.6　冲击能量累计为 1.92MJ/mm^2 的煤样的波速与 M 值

单次冲击能量/(MJ/mm^2)	0.24		0.48		0.96	
冲击次数	8		4		2	
方向	沿冲击方向	垂直冲击方向	沿冲击方向	垂直冲击方向	沿冲击方向	垂直冲击方向
初始波速/(m/s)	1174	1155	1094	1115	1179	1203
冲击后波速/(m/s)	1048	1118	816	856	943	951
M 值	0.20	0.06	0.44	0.41	0.36	0.38

需要说明的是，"最低冲击能量阈值"与测量技术紧密相关，就如同"起裂应力"这样一个概念。例如，在测量精度较低条件下定义为"未起裂"的情况，到了测量精度较高条件下(如放大倍数提高)可能就定义为"起裂"情况了，即"起裂应力"等概念表面上看是个绝对的概念，而实质上是一个相对的概念。因此，本书"最低冲击能量阈值"是指在现有的测量技术条件下可测量到的煤样内部微结构总数量发生变化所需要满足的最小冲击能量，或者说可使煤样内部微结构发生较明显变化(相对而言，与不发生变化相比)所需要的最小冲击能量，其值与煤样初始损伤程度等有关。

(4)冲击加载顺序对煤样内部微结构的影响。

冲击能量的累积效应对煤样内部微结构的变化是具有明显作用的。那么，冲击能量的施加顺序是否对煤样内部微结构的演化也具有明显作用呢？这一问题非常值得思考与研究。研究时，先采用由小到大的顺序进行冲击加载，冲击能量加载顺序具体如下：第 1 次 0.48MJ/mm^2、第 2 次 0.72MJ/mm^2、第 3 次 0.96MJ/mm^2，冲击前后得到的波速与 M 值如表 4.7 所示。由于采用同样大小的能量由大到小进行冲击时，3 个煤样均发生了宏观破裂，所以最终波速无法得到。尽管未得到相关有效数据，但可以大胆推测，内部微结构对冲击能量由大到小进行加载更为敏感。当冲击能量按由大到小顺序进行加载时，对煤样内部微结构影响更大，更容易造成煤样宏观破裂，这在工程上可以利用改变能量加载顺序来达到高效破岩（煤）、提高煤层透气性等目的。

表 4.7　冲击能量由小到大进行加载下的波速与 M 值

方向	沿冲击方向	垂直冲击方向
初始波速/(m/s)	1152	1101
冲击后波速/(m/s)	546	799
M 值	0.76	0.47

5）煤样内部微结构演化与宏观现象的耦合关系

（1）煤样内部微结构演化与宏观破坏过程的耦合关系。

①煤样破坏过程及模式与其内部微结构演化的关系：以单次单位面积冲击能量为 0.24MJ/mm^2 的冲击载荷进行分析，随着冲击次数的不断增加，煤样的破坏过程如图 4.10 所示。煤样遭受冲击载荷作用初期，在试样内部表现出微结构数量增加的规律，在试样表面表现为产生了 4 条宏观可见的狭小裂纹；煤样遭受冲击载荷作用中期，在试样内部表现为微结构数量平缓增加，在试样表面表现为宏观可见裂纹宽度与长度均呈现出增大的规律；煤样遭受冲击载荷作用后期，在试样内部表现出微结构数量高速增加的规律，在试样表面表现出宏观可见裂纹宽度与长度均继续增大且出现交叉、贯通的规律，且后期表面破坏裂纹的局部化分布效应更为显著；试样遭受最后一次冲击时，在试样内部表现出微结构数量急速增加的规律，在试样表面表现出宏观可见裂纹宽度与长度均急速增大的规律，且宏观可见裂纹交叉、贯通达到破坏，破坏模式为典型的横向膨胀拉伸破坏模式，这可能是在高速冲击下，试样中心部位应变大而边缘部位应变小造成的。

②次冲击能量大小对煤样表面新生裂隙分布规律的影响：不同单位面积冲击能量作用后煤样的破坏模式如图 4.11 所示。当单次冲击能量为 0.24MJ/mm^2 时，煤样表面形成 4 条尺度相对均匀的裂纹，如图 4.11（a）所示；当单次冲击能量增加到 0.48MJ/mm^2 时，煤样表面仅形成了两条主要裂纹，如图 4.11（b）所示；当单次冲击能量继续增加到 0.72MJ/mm^2 时，仅煤样一侧出现了裂纹，如图 4.11（c）所示；当单次冲击能量达到 0.96MJ/mm^2 时，仅煤样一角形成密集裂纹带，如图 4.11（d）所示；当单次冲击能量增加到 1.2MJ/mm^2 时，仅在落锤与煤样作用面附近形成密集裂纹带，如图 4.11（e）所示。综上所述，煤样所受单次冲击能量越大，其受到的

冲击影响越不均匀，因而破坏形式也越复杂，冲击形成的破坏裂纹的局部化分布效应随着冲击能量的增加表现更为明显。

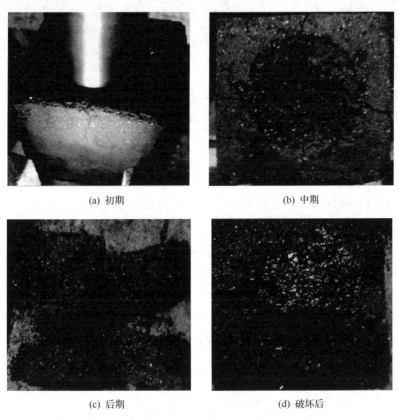

(a) 初期

(b) 中期

(c) 后期

(d) 破坏后

图 4.10　煤样破坏过程图

(a) 0.24mJ/mm^2

(b) 0.48mJ/mm^2

(c) 0.72mJ/mm²   (d) 0.96mJ/mm²   (e) 1.2mJ/mm²

图 4.11   不同单位面积冲击能量下煤样的破坏模式

(2)煤样内部微结构演化与其应力-应变曲线的耦合关系。

将煤岩体视为塑-弹-塑性体。在典型的煤岩应力-应变曲线中，当应力较低时，由于试样内部裂隙等微结构的闭合，煤岩表现出非线性，其变形为塑性变形，塑性耗散能不可逆；当应力增高时，由于试样内部微结构的调整已经不占主导地位，煤岩表现出近似线性，此阶段积聚的弹性应变能可以被释放掉而重新被煤岩吸收；而当应力继续增大到一定程度后，由于内部微结构的调整又重新占据主导地位，煤岩又重新表现出强烈的非线性，其变形为塑性变形(伴随有破裂局部化)，塑性耗散能不可逆。煤岩在第三阶段内表现出的强烈的非线性，可能是其宏观破坏前微结构急速调整而造成的，以上都充分说明可以通过应力-应变曲线特征间接地推测煤岩内部微结构的变化，是可行的、合理的。

在冲击作用过程中，设试样在三个阶段吸收的能量分别为 Q_1、Q_2、Q_3，且其吸收系数分别为 α_1、α_2、α_3，则冲击总能量 Q 与上述三个阶段的吸收能量、能量吸收系数的关系为

$$Q = \frac{Q_1}{\alpha_1} + \frac{Q_2}{\alpha_2} + \frac{Q_3}{\alpha_3} \tag{4.22}$$

能量吸收系数 $\alpha_i (i=1,2,3)$ 可能是变量，与冲击能量大小、试样应变率大小、试样杨氏模量与落锤的弹性模量的相对大小等有关，其关系式为

$$\alpha_i = f_i \left(Q, \dot{\varepsilon}, \frac{E_{煤}}{E_{锤}} \right) \tag{4.23}$$

式中，$f_i(\ )$ 为函数；Q 为由式(4.22)确定的冲击总能量；$\dot{\varepsilon}$ 为试样应变速率；$\dfrac{E_{煤}}{E_{锤}}$ 为试样吸收能量与冲击锤产生冲击能之比。

假定试样裂隙压密阶段末尾应力与屈服强度分别为 σ_{close} 与 σ_s,而第二阶段所吸收能量全部转化为弹性应变能,则由弹性力学可得

$$Q_2 = \frac{\sigma_s^2 - \sigma_{close}^2}{2E_{煤}} \cdot lS \tag{4.24}$$

式中,l 为试样的长度;S 为试样的面积。

由于 Q_1 可以通过应力-应变曲线近似求得。因此,只要假定出 α_1、α_2、α_3 的值(通常假定 α 值为1),便可求出第三阶段塑性耗散能 Q_3 的大小。试样是否进入塑性状态可由下式判断:

$$\begin{cases} Q_3 > 0 & \text{进入塑性失稳状态} \\ Q_3 < 0 & \text{不进入塑性失稳状态} \end{cases} \tag{4.25}$$

4.5 基于核磁共振(NMR)的动力冲击对煤岩内部微隙结构的影响

SEM(扫描电镜)和 CT(电子计算机断层扫描)等技术手段均已经被应用于煤岩细观力学试验研究中,液氮法、压汞法也已经被广泛应用于煤的孔隙度测量中。但是,由于 SEM 和 CT 等技术手段仅能对部分二维(而非三维立体)剖面的孔隙结构进行观测,液氮法仅能探测部分微小孔的信息,压汞法会引起局部高压,这将导致对煤产生弹性压缩效应等缺点,上述方法在研究煤的孔径分布时均存在较大的局限性[65~69]。因此,关于试验中煤岩孔隙度的增加究竟是由微裂隙数量增多所引起,还是由微裂隙尺度增大所引起,业内对此问题的认识至今并不十分清晰。NMR 技术由于其能无损地、直观地、定量地表征孔径分布,这就为弄清上述问题提供了一种新的技术途径,且该技术已经在煤的微裂隙结构研究中有所应用。但上述对 NMR 技术的应用多局限于不受力或在静载条件下,对动载后的弛豫时间 T_2 谱分布特征分析与研究等内容鲜有报道。为了弄清动载下煤岩变形与破坏的内在物理机制及掌握动力冲击对煤岩内部孔、裂隙结构的数量、尺度等的影响,本节从细观角度出发,利用 NMR 技术系统研究原煤、型煤试样在遭受冲击载荷作用前后的弛豫时间 T_2 谱分布的变化规律。

1)试验研究

(1)试验装置。

①落锤式煤岩冲击加载试验装置:试验在自制的落锤式煤岩冲击加载试验装置上进行,装置详见 3.2 节。

②真空饱和装置、NMR 装置及其基本原理：真空饱和装置由上海纽迈电子科技有限公司提供，利用其完成对煤样进行抽真空饱和，如图 4.12(a)所示。NMR 装置为上海纽迈电子科技有限公司生产的 MacroMR12-150H-I，如图 4.12(b)所示，仪器参数见表 4.8。该装置为低场核磁共振仪，相比于高场设备其背景场强低，具有信噪比低等优点。

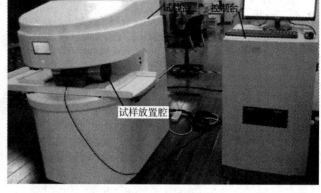

（a）真空饱和装置   （b）MacroMR12-150H-I

图 4.12   真空饱和装置与 MacroMR12-150H-I 核磁共振分析仪

表 4.8   MacroMR12-150H-I 核磁共振装置的参数

磁体强度/T	共振频率/MHz	磁体温度/℃	线圈参数/mm
0.3±0.05	12.798	31.99～32.01	100

③核磁共振基本原理：原子核的角动量(核的自旋)的进动是核磁共振的基础，借助 H 流体原子核在外加磁场作用下自旋能发生 Zeeman splitting，进而共振吸收某一定频率的射频辐射来测量多孔介质孔隙中含 H 流体的弛豫特征。

(2)煤样制备与加工。

原煤(raw coal)与型煤(moulded coal)试样均由从山西霍宝干河煤矿采煤工作面取回的长宽高为 300～500mm 的煤块加工而成。原煤加工时，利用切石机、磨石机等按照常规方法将一部分煤块加工成原煤试样；型煤加工时，将一部分煤块在粉碎机上粉碎，利用 60 目网筛进行筛选，然后将煤粉、水泥、水按照 10：1.2：0.8 进行混合，随后利用自制的型煤制备装置对上述混合物施加 5MPa 的成型压力(保持 10min)，之后脱模而成型煤试样，随后放置 20 天左右进行试验。加工成后的原煤与型煤试样尺寸均约为 70mm×70mm×70mm，质量分别约为 446g 与 487g，密度分别约为 1.30g/cm³ 与 1.42g/cm³，单轴抗压强度值分别约为 1.82MPa 与 0.94MPa，如图 4.13 所示。

(a) 原煤块

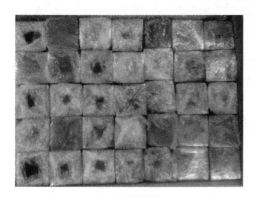

(b) 原煤试样

(c) 型煤试样

图 4.13　型煤和原煤样

（3）试验方案。

①动力冲击试验：试验时，将原煤分为 4 组，每组 3 个试样，其中 R1 为对照组，不进行冲击试验；R2、R3、R4 组落锤下落高度分别设置为 100mm、200mm、300mm 共 3 个水平，每组试样分别被冲击一次。将型煤分为 10 组，每组 3 个试样，M1 为对照组；M2～M6 组，落锤下落高度均设置为 50mm。为了研究冲击次数的影响，M2～M6 组试样依次分别被冲击 1～5 次；M7～M8 组，落锤下落高度分别设置为 100mm 与 150mm，每组试样被冲击一次；M9～M10 组研究冲击能量加载顺序的影响，M9 组由小到大依次承受落锤下落高度为 50～100mm 的冲击，分别被冲击 1 次，M10 组相反，由大到小进行冲击。上述分组信息详见表 4.9。

②NMR 试验：将进行动力冲击后的试样依次用纯水抽真空方法饱和 8h 后取出，然后依次进行弛豫时间 T_2 谱分布测试，测试时的 CPMG 序列参数见表 4.10。

③NMR 横向弛豫时间计算：煤岩孔隙中的流体存在三种弛豫机制，即表面弛豫、自由弛豫、扩散弛豫，所以弛豫时间 T_2(ms)可表示为

表 4.9　试验分组信息

试样	原煤				型煤									
组	R1	R2	R3	R4	M1	M2	M3	M4	M5	M6	M7	M8	M9	M10
冲击次数	0	1	1	1	0	1	2	3	4	5	1	1	1-1	1-1
高度/mm	0	100	200	300	0	50	50	50	50	50	100	150	50~100	100~50
单位面积冲击能量/(MJ/mm²)	0	0.48	0.96	1.44	0	0.24	0.24	0.24	0.24	0.24	0.48	0.72	0.24~0.48	0.48~0.24
单位面积累计冲击能量/(MJ/mm²)	0	0.48	0.96	1.44	0	0.24	0.48	0.72	0.96	1.20	0.48	0.72	0.72	0.72

表 4.10　CPMG 序列参数

组	TW/ms	RG1/dB	DRG1	PRG	SW/kHz	TD	NECH	TE/ms	NS
原煤	1000	20	3	1	333.33	3000	12000	0.18	4
型煤	4000	5	3	1	333.33	728092	12000	500.18	32

$$\frac{1}{T_2} = \frac{1}{T_{2表面}} + \frac{1}{T_{2自由}} + \frac{1}{T_{2扩散}} \tag{4.26}$$

式中，$T_{2表面}$ 为表面流体弛豫机制引起的 T_2，ms；$T_{2自由}$ 为自由流体弛豫机制引起的 T_2，ms；$T_{2扩散}$ 为分子自扩散弛豫机制引起的 T_2，ms。

由于当孔隙中仅饱和含有一种流体(本书为水)时，自由弛豫会比表面弛豫慢很多，所以可将自由弛豫忽略；又，当磁场均匀且回波间隔足够短时，扩散弛豫也可以被忽略。因此，可得以下关系：

$$\frac{1}{T_{2表面}} \gg \frac{1}{T_{2自由}} + \frac{1}{T_{2扩散}} \tag{4.27}$$

所以，式(4.26)可近似简化为

$$\frac{1}{T_2} \approx \frac{1}{T_{2表面}} = \rho_2 \left(\frac{S}{V}\right)_{孔隙} \tag{4.28}$$

式中，ρ_2 为横向弛豫速率，与岩性有关(所有与材料有关的常数都包含于其中)，μm/ms；S 为孔隙表面积，μm²；V 为孔隙体积，μm³。

所以，由式(4.28)可知，当岩性一定，即 ρ_2 可认为不变时，弛豫时间 T_2 与孔隙比面 $\left(\dfrac{S}{V}\right)_{孔隙}$ (μm⁻¹)成反比，而孔径又与孔隙比面成反比。因此，弛豫时间 T_2 与孔径成正比，即核磁共振横向弛豫时间与煤岩中的孔隙尺寸呈正相关。所以，通常可利用测得的弛豫时间 T_2 谱分布经过合理的换算得出煤岩孔隙的尺寸分布，

并且由弛豫时间 T_2 谱曲线与横轴围成的面积与煤岩的孔隙度呈正相关。

由上面所述的核磁共振原理及横向弛豫时间计算公式可知,在弛豫时间 T_2 谱分布图中,横向上曲线往右移动,说明孔隙尺度在增大;反之,横向上曲线往左移动,说明孔隙尺度在减小。在纵向上,曲线往上移动,说明孔隙数量在增多;曲线往下移动,说明孔隙数量在减小。下面将基于上述原理进行分析,以期掌握动力冲击造成孔隙度变化的原因,即探明究竟是孔隙数量变化所引起,还是孔隙尺度变化所引起。

2)冲击次数对煤样弛豫时间 T_2 谱分布的影响

为了研究冲击次数对煤样弛豫时间 T_2 谱分布的影响,选取单次冲击能量相同的,分别承受过 0~5 次冲击的 M1~M6 组煤样放在一起进行分析,得到图 4.14。

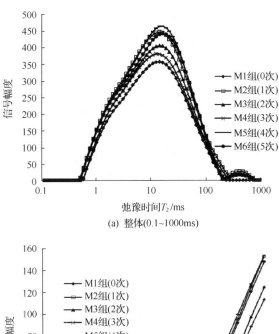

(a) 整体(0.1~1000ms)

(b) 前部(0.1~1ms)

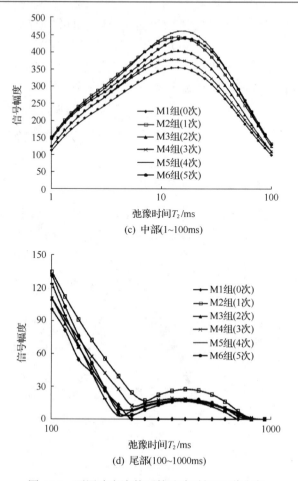

图 4.14　不同冲击次数下的弛豫时间 T_2 谱分布

从图 4.14 可以看出，M1~M6 组煤样的弛豫时间 T_2 值整体上分布范围在 0.1~1000ms，且峰顶点对应的弛豫时间 T_2 值为 14ms 左右。这说明冲击载荷作用并没有对煤样造成特别剧烈的影响作用，产生的变化也不大。这可能与试验时设置的冲击能量较低有关（由于试验时为了防止冲击造成的损伤过大而不能进行真空饱和处理，以至于进行随后的弛豫时间 T_2 谱测试，故试验时不可能将单次冲击能量值设置得过大，否则后续试验将无法完成，当然这也是由煤脆性较大的特性决定的）。

M1 组弛豫时间 T_2 谱近似呈单峰分布。说明型煤试样孔、裂隙分布非常均匀，且孔径大小近似呈正态分布，这可能与人工压制有关。虽然尾部的小峰是由冲击导致的表面裂缝中可能存在可动水造成的，并不是试样内部孔、裂隙的真实反映，故局部上尾部的小峰相比于主峰可忽略不计。

第 1 次冲击后，M1 组弛豫时间 T_2 谱曲线向左右均有小幅度的调整，同时向上部有较大幅度的扩展，说明煤样内部微结构的数量有了较大幅度的增加，一方面冲击造成了新的小尺寸裂隙的萌生；另一方面，冲击又使原有小尺寸裂隙扩展而形成中等或大尺寸裂隙，即小尺寸裂隙的总数量一直处于一种既有增加又有减少的动态变化中；同时，由于曲线右尾部出现一新的单峰，说明冲击使原有中等或大尺寸裂隙扩展并贯通而形成了原来煤样表面没有的特大尺寸裂隙，但增幅不是很明显。第 2 次与第 3 次冲击后，M2 组与 M3 组弛豫时间 T_2 谱曲线相比第 1 次冲击有小幅度的变化，整体上呈向下扩展之势，说明煤样内部的裂隙在经历了第 1 次的高速调整之后，而进入到了稳定调整阶段，即煤样微结构的尺寸与数量进入到了平缓发展阶段；M2 组与 M3 组弛豫时间 T_2 谱信号幅度整体上低于第 1 次，这可能是由煤样的离散性造成的，尽管我们假设同一条件的煤样完全相同，但事实上在自然界中想找到两个完全相同的煤样是不可能的，煤样离散性不可避免。第 4 次与第 5 次冲击后，M4 组与 M5 组弛豫时间 T_2 谱曲线相比于第 2 次与第 3 次冲击后的曲线又有了向右、向上调整之势，且调整幅度剧烈，说明煤样内裂隙的数量与尺寸变化又重新进入到了新的调整阶段，即急速调整阶段。从小尺寸裂隙、中等尺寸裂隙、大尺寸裂隙数量变化的角度来看，小尺寸裂隙一直处于一种既有增加又有减少的动态变化中，中等尺寸裂隙增幅最大，大尺寸裂隙略有增加。因此，如果略去由于煤样的离散性造成的系统误差，随着冲击次数的增加，煤样内部微结构的数量、尺寸均呈非线性变化，整体上近似呈"倒 S 形"的"高速增加—平缓发展—急速增加"三段式变化。

3) 单次冲击能量大小对煤样弛豫时间 T_2 谱分布的影响

为了研究单次冲击能量大小对煤样弛豫时间 T_2 谱分布的影响，选取承受过 1 次冲击的 M2 组、M7 组、M8 组与对照组 M1 组的型煤试样放在一起分析；同理，选取 R2 组、R3 组、R4 组与对照组 R1 组的原煤试样放在一起进行分析，得到图 4.15。

从图 4.15(a) 可以看出，M2 组、M7 组、M8 组型煤试样的弛豫时间 T_2 谱曲线相比于对照组分别向上部、向左方扩展，说明冲击造成了微小裂隙的萌生，同时说明煤样内部微结构总数量随着单次冲击能量的增加而呈非线性趋势变化，即当冲击能量较小时，煤样内部微结构数量随着单次冲击能量的增加而缓慢增大，当冲击能量增大到一定程度时，其随着冲击能量的增加而急速增大。这可能与造成煤样内部微结构剧烈变化需要满足冲击能量大于最低冲击能量阈值的条件有关。

从图 4.15(b) 可以看出，R1~R4 组煤样的弛豫时间 T_2 值整体上均分布在 0.01~10000ms，曲线呈多峰分布，4 个主要峰顶点的 T_2 值依次分别为 0.14ms、

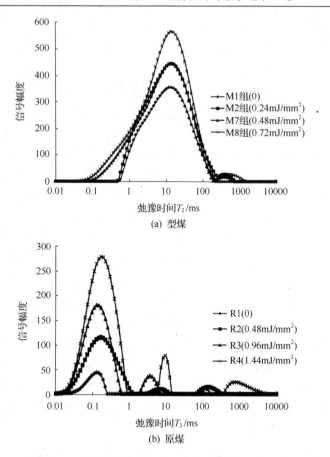

图 4.15　不同单次冲击能量下的弛豫时间 T_2 谱分布

10ms、100ms、1000ms，与呈单峰分布的型煤相比差异较大，说明原煤内部存在多种尺度的孔隙、裂隙，这表明原煤内部微结构与型煤相比更为复杂。同时，由于 0.14ms 对应的峰顶点所占的比例较大，说明原煤中的大多数微结构的尺寸与型煤相比要小，但由于在 100ms 与 1000ms 又出现了新的峰值，说明原煤中也存在数量较少的大尺寸原生孔隙、裂隙，这是人工压制出的型煤试样所不具备的，同时也间接地说明了煤是一种典型的天然多孔介质，且其孔径分布范围的跨度较大。

　　R2～R4 组的弛豫时间 T_2 谱曲线与对照组相比，分别向左、右及上部进行了大幅度的调整，调整幅度明显大于型煤试样，说明冲击使原煤试样内部微结构产生了剧烈的变化。从图 4.15(b) 可以看出，小尺寸、中等尺寸、大尺寸、特大尺寸裂隙的数量均有了明显的增加。小尺寸裂隙的增加，说明新萌生的小尺寸裂隙的增加幅度大于原来小尺寸裂隙由于扩展成中等或大尺寸裂隙所减少的幅度，即原煤小尺寸裂隙处于一种既有增加又有减少的动态变化中且其增加趋势占主导地位。同理，中等尺寸裂隙也经历了类似的变化。此外，原煤的内部微结构数量、尺寸也随着冲击能量的增加而呈非线性增加，与型煤相关规律相似，也与最低冲击能量阈值的条件有关。同时，原煤也呈现其特有的变化规律，即冲击作用导致试样形成了比原生裂隙尺寸大很多的表面新生裂隙，且其数量随冲击能量的增加呈更为明显的非线性增加趋势。

4) 冲击能量的累计效果

为了研究冲击能量的累计效果对煤样弛豫时间 T_2 谱分布的影响，将单位面积累计冲击能量为 0.48MJ/mm^2 的 M3 组和 M7 组放在一起进行分析；同理，将单位面积累计冲击能量为 0.72MJ/mm^2 的 M4 组和 M8 组放在一起进行分析，得到图 4.16。

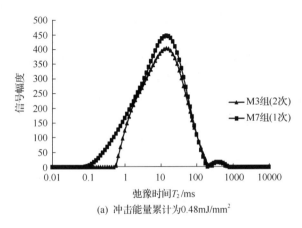

(a) 冲击能量累计为0.48mJ/mm^2

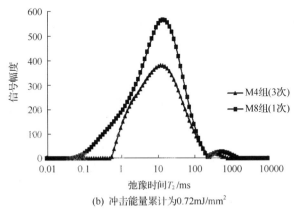

(b) 冲击能量累计为0.72mJ/mm^2

图 4.16　冲击能量累计为 0.48MJ/mm^2 或 0.72MJ/mm^2 不同冲击次数下的 T_2 谱分布

从图 4.16 可以看出，M3 组和 M4 组弛豫时间 T_2 谱的信号幅度分别低于 M7 组和 M8 组弛豫时间 T_2 谱的信号幅度。这说明在不同大小单次冲击能量的作用下，当冲击能量累计至相同大小时，冲击作用对煤样内部微结构数量、尺寸造成的影响并不一致，而是随着单次冲击能量的增加而增大，即当单次冲击能量低于造成煤样微结构迅速发育的最低冲击能量阈值时，煤样内部微结构数量、尺寸随着单次冲击能量的增加而增大。尽管试验结果呈现的是冲击能量的累计效果会随着单次冲击能量的增加而持续增大，但是作者猜测这种增加趋势可能并不会一直持续下去，也许试验结果只是客观规律的前一段体现(例如，实际客观规律是先增加后减小，而试验结果只是前一段体现)。做出上述猜测有两点依据：第一，从机理上来说，冲击能量阈值与冲击能量吸收系数两个相反因素在共同作用，当单次冲击能量过小时，能量阈值起主导作用；而当单次冲击能量大于其阈值后，能量吸收系数起主导作用，且应变率效应也会导致高冲击能量下微结构发育的阻力更大。第二，从试验设置上来看，可能与试验时设置的单次冲击能量值较低有关(试验时为了防止冲击造成的损伤过大而不能进行真空饱和处理，以至于不能进行随后的弛豫时间 T_2 谱测试，所以不可能将单次冲击能量值设置得过大)，即试验时设置的单次冲击能量可能小于冲击能量阈值，而使冲击能量阈值起主导作用，进而试验结果只是客观规律的前一段体现。需要说明的是，由于初始损伤程度的不同，煤样在承受不同能量、不同次数冲击时的最低冲击能量阈值并不相同，即最低冲击能量阈值随煤样初始损伤程度的不同而发生变化。综上所述，冲击能量的累计不能等效为冲击能量的增加，冲击能量的累计效果可能随单次冲击能量的增加呈先增加后减小的趋势。

5) 冲击能量加载顺序对煤样弛豫时间 T_2 谱分布的影响

为研究冲击能量加载顺序对煤样 T_2 谱分布的影响，将分别由小到大与由大到小承受冲击的 M9 组和 M10 组放在一起进行分析，得到图 4.17。

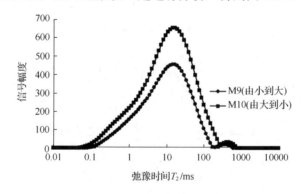

图 4.17　不同冲击能量加载顺序下的 T_2 谱分布

从图 4.17 可以看出，由小到大进行冲击加载的煤样弛豫时间 T_2 谱的信号幅度明显低于由大到小进行冲击加载的煤样弛豫时间 T_2 谱的信号幅度。说明当冲击能量由大到小进行加载时，对煤样内部微结构影响更大，由大到小进行冲击产生了数量更多的内部微结构，同时微结构的尺度变化对加载顺序更不敏感，两者产生的孔隙尺度几乎相同。内部微结构对能量由大到小进行加载更为敏感，是因为前后冲击时的最低冲击能量阈值不同，第 2 次冲击时最低冲击能量阈值较小（由于经受了前 1 次冲击，造成了损伤），而能量由大到小进行加载巧妙地使能量递减与最低冲击能量阈值递减的变化规律相吻合，高效地利用了能量。因此，煤样内部微结构对冲击能量由大到小进行加载更为敏感，由大到小进行加载可导致更多数量的微结构变化。

4.6　冲击载荷下煤岩表面裂隙演化特征细观试验

煤岩体的破坏，实质上是其内部微裂隙萌生、扩展、成核直至贯通的过程。由于煤岩内部的封闭性造成其内部裂隙具有较强的隐蔽性，又加之内部孔、裂隙结构变化与表面裂隙演化密切相关，所以人们通过观测煤岩表面裂隙的发展来间接推测其内部孔、裂隙结构的演化。从本质上而言，煤岩表面裂隙起裂、扩展是其内部孔、裂隙结构等演化的总体反映[70,71]。基于此，掌握冲击载荷作用下煤岩表面裂隙的演化规律是掌握其内部孔、裂隙演化特征的关键。

1）试验概况

（1）试验装置。

①落锤式煤岩冲击加载试验装置：冲击试验在自制的落锤式煤岩冲击加载试验装置上进行，装置介绍详见 3.2 节。

②煤岩细观裂隙观测系统：该系统（图 4.18）主要由三维自动测控试验台、观测仪器、配套监测软件等组成。

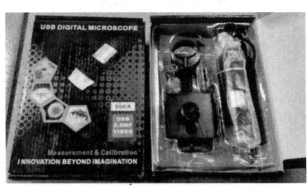

(a) 三维自动测控试验台　　　　　　　　(b) 可放大500倍的数码显微镜

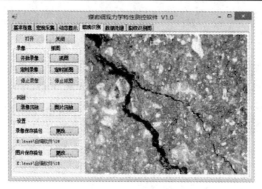

(c) 软件界面

图 4.18　煤岩细观观测系统

(2)试验用煤样。

原煤与型煤试样均由从山西霍宝干河煤矿采煤工作面取回的煤块加工而成。形状均为立方体(为了便于表面裂隙观测);尺寸均约为 70mm×70mm×70mm;质量分别约为 446g 与 487g;单轴抗压强度分别约为 1.82MPa 与 0.94MPa。试样外观如图 4.19 所示。

图 4.19　试验用原煤与型煤样

(3)试验方案。

试验共分为 8 组，每组 3 个煤样。进行试验时，落锤下落高度分别设置为 4 个水平，其高度分别对应相应的单位面积冲击能量，如表 4.11 所示。每组采用同一高度循环冲击直至煤样破裂，每次冲击前后对其表面裂隙进行观测。为了方便分析，根据出现新生裂隙的先后顺序，将与冲击方向平行的 4 个面依次定义为 1 面、2 面、3 面、4 面，如图 4.20 所示。

表 4.11　落锤下落高度与单位面积冲击能量的关系

煤岩种类	型煤				原煤			
组	M1	M2	M3	M4	R1	R2	R3	R4
高度/mm	50	100	150	200	300	400	500	600
单位面积冲击能量/(MJ/mm^2)	0.24	0.48	0.72	0.96	1.44	1.92	2.40	2.88

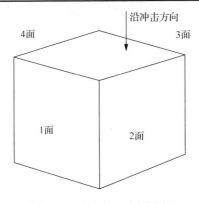

图 4.20　定义的 4 个面编号

试验完成后，根据分析需要，对得到的不同位置、时刻的裂隙显微图片进行拼图处理，以便于观测整条裂隙的演化与发展特性。

图 4.20 中各面的命名并不是固定不变的，而是以冲击载荷作用后最优先出现可见裂隙的面定义为 1 面，而后续出现可见裂隙的面则依次命名为 2～4 面。进行分析观测研究时，分别把各面出现的可见裂隙沿裂隙发展方向连接起来，以观察研究整条裂隙的演化特征，分析其表现出的规律。

2)不同冲击次数下煤岩裂隙时空演化特征

(1)型煤试样表面裂隙演化特征与冲击次数的关系。

以单次冲击能量为 0.48MJ/mm^2 的 M2 组煤样为例，分析不同冲击次数(以 1～5 次为例)下的型煤表面裂隙演化特征。

1 次冲击：第 1 次冲击后，仅在与冲击方向平行的 4 个面中的一个面上出现新生裂隙，定义该面为 1 面，如图 4.21 所示。

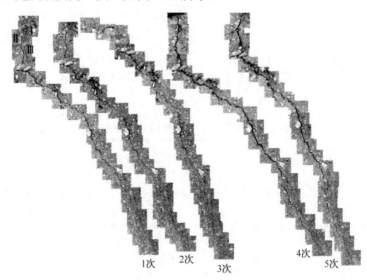

1次　2次　3次　4次　5次

图 4.21　型煤试样 1 面表面裂隙演化特征

1 面上，裂隙 I 起裂位置在煤样最上部，其萌生形态呈锯齿状，为明显的拉伸作用所致裂隙。这一裂隙起裂位置的出现是由于煤样最上部最先接触到冲击载荷所致。裂隙 I 初始方向与冲击方向呈 14°夹角，裂隙初始方向与冲击方向不完全一致可能是由煤样的非均质性造成的。裂隙 I 扩展路径呈"S 形"拐折形发展特性，并出现多次微细分岔。裂隙 I 在扩展过程中，穿晶扩展与绕晶扩展相结合，当坚硬颗粒的强度大于胶结物的强度时，以绕晶扩展为主，反之以穿晶扩展为主。这与静载荷下绕晶扩展为主的规律不一致，可能是由于在高速冲击作用下裂隙没有充足的时间来选择最优扩展路径，而只能被迫选择耗能较大的穿晶模式扩展所致。裂隙 I 扩展一段距离后出现明显分岔，萌生出裂隙 II 与裂隙 III。

裂隙 II 与冲击方向呈 72°夹角，与裂隙 I 夹角为 58°；裂隙 III 与冲击方向呈 9°夹角，与裂隙 I 夹角为 23°。裂隙 II 与裂隙 III 相比，尺度较小，扩展距离较短，为分支裂隙，但扩展路径仍呈"S 形"拐折发展趋势。裂隙 III 为主裂隙，宽度与裂隙 I 相当，在扩展一段距离后，遇到坚硬颗粒，扩展方向发生明显变化。裂隙 III 绕过坚硬颗粒后，方向与冲击方向呈 57°夹角，其扩展方向明显改变是由于裂隙在扩展时遇到两个大型坚硬颗粒，被迫选择改变扩展方向。裂隙 III 在接下来的演化过程中，裂隙扩展方向未发生大幅度变化，一路呈"S 形"拐折扩展；裂隙宽度在保持一段距离的恒定后逐渐变小，一直持续到裂隙尖端。与裂隙 I 不同的是，裂隙 III 越往下发展，绕晶扩展模式越占主导，即穿晶扩展比例变小。这可能是由于裂隙Ⅲ越往下扩展，能量相比于裂隙Ⅰ越小，对应的应变率也越小，以至于其有相对充足的时间而选择耗能较小的路径扩展。

2次冲击：第2次冲击后，又在与冲击方向平行的4个面中的另一个面上出现新生裂隙，定义该面为2面，如图4.22所示。

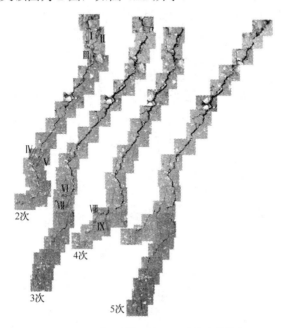

图4.22　型煤试样2面表面裂隙演化特征

1面上，裂隙与第1次冲击后相比，未发生明显变化。

2面上，在煤样上部出现裂隙Ⅰ与裂隙Ⅱ。裂隙Ⅰ初始方向与冲击方向呈2°夹角，裂隙Ⅱ初始方向与冲击方向呈24°夹角；裂隙Ⅰ与裂隙Ⅱ初始宽度相当。裂隙Ⅰ与裂隙Ⅱ往下扩展时，裂隙宽度有小幅度变化，整体保持恒定；裂隙Ⅰ与裂隙Ⅱ扩展方向有明显变化，尤其是裂隙Ⅱ扩展方向变化特别剧烈，呈多台阶拐折扩展。上述裂隙呈多台阶拐折发展且裂隙扩展方向反复剧烈变化规律的出现可能是由于在高速冲击载荷下，裂隙来不及选择耗能较小的直线路径扩展，而被迫选择耗能较大的多台阶拐折路径扩展所致。裂隙Ⅰ与裂隙Ⅱ往前扩展一段距离后，合并而萌生出裂隙Ⅲ。

裂隙Ⅲ初始方向与冲击方向几乎一致；裂隙Ⅲ宽度分别大于裂隙Ⅰ与裂隙Ⅱ的宽度，且比两者之和还要大。裂隙Ⅲ宽度之所以大于裂隙Ⅰ与裂隙Ⅱ的宽度之和，可能是由于两裂隙合并后，裂隙扩展局部化效应更为明显，更多的冲击能量往裂隙尖端集中。裂隙Ⅲ往下扩展时，裂隙宽度保持非线性台阶式变化，整体上呈"恒定—(遇坚硬颗粒)突然减小—恒定—(遇坚硬颗粒)突然减小"的趋势变化；

裂隙扩展方向呈低频率台阶拐折发展，与裂隙Ⅱ方向变化相比，其变化频率明显较低。裂隙Ⅲ扩展方向整体上逐渐演化为与冲击方向呈 40°夹角，之后保持这一方向不变继续往下扩展，直至分岔而萌生出裂隙Ⅳ与裂隙Ⅴ。

裂隙Ⅳ、裂隙Ⅴ初始方向与裂隙Ⅲ尖端方向大体一致，即与冲击方向仍呈 40°夹角；裂隙Ⅳ与裂隙Ⅴ初始宽度相当，均小于裂隙Ⅲ宽度。裂隙Ⅳ保持近似恒定方向拐折往下扩展，扩展一段距离后终止。裂隙Ⅴ往下扩展时，裂隙宽度刚开始保持不变，之后稍微变小直至裂隙尖端；裂隙方向沿初始方向拐折扩展一段距离后发生明显变化，变化后方向与冲击方向整体上呈 12°夹角。裂隙Ⅴ扩展方向呈高频率小幅度近似"S形"反复剧烈变化，即裂隙Ⅴ为典型的变方向裂隙。

3 次冲击：第 3 次冲击后，又在与冲击方向平行的 4 个面中的另一个面上出现新生裂隙，定义该面为 3 面，如图 4.23 所示。

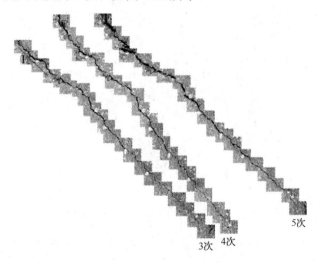

图 4.23　型煤试样 3 面表面裂隙演化特征

1 面上，裂隙与第 2 次冲击后相比，未发生明显变化。

2 面上，裂隙Ⅳ与第 2 次冲击后相比，在裂隙尖端停止扩展"消失"一段距离后，在煤样表面重新出现，方向与裂隙Ⅳ原方向大体一致。裂隙Ⅳ在扩展时，表面出现一段"消失"的空白，可能是由于表面裂隙扩展虽然是内部裂隙演化的综合反映，但表面裂隙形貌与内部裂隙形貌并不完全一致，一些内部裂隙并不能影响到表面所致。裂隙Ⅴ分岔而萌生出裂隙Ⅵ与裂隙Ⅶ。裂隙Ⅵ初始方向与冲击方向呈 74°夹角，保持恒定宽度扩展一段距离后终止。裂隙Ⅶ初始方向与冲击方向呈 11°夹角；裂隙Ⅶ初始宽度小于裂隙Ⅴ宽度。裂隙Ⅶ往下扩展时，裂隙宽度整体上保持不变；裂隙扩展方向经历一次较大变化后整体上保持不变；裂隙扩展路径与裂隙Ⅳ类似，表面也出现一段"消失"空白。

3 面上，在煤样上部出现新生裂隙Ⅰ。裂隙Ⅰ初始方向与冲击方向呈 53°夹角。裂隙Ⅰ往下扩展时，扩展方向与初始方向整体一致，但在上部呈高频率小幅度近似"S 形"反复剧烈变化，下部反复变化趋势减弱；裂隙Ⅰ宽度整体上呈"恒定—(遇坚硬颗粒)突然减小—恒定—(遇坚硬颗粒)突然减小"的趋势变化。裂隙Ⅰ宽度呈台阶突变式变化，与静载荷下裂隙宽度渐进式变化略有不同，可能是由于高速冲击下，裂隙宽度没有充足的时间来进行渐进式变化，而被迫选择突变式变化。由上往下，裂隙宽度减小，裂隙方向变化频率降低，可能是由于上部最先接触到冲击载荷，所以上部裂隙能量较大，又加之上部煤样应变率较高，进而导致裂隙在上部选择耗能较大的路径扩展，在下部反之。

　　4 次冲击：第 4 次冲击后，又在与冲击方向平行的 4 个面中的另一个面上出现新生裂隙，定义该面为 4 面，如图 4.24 所示。

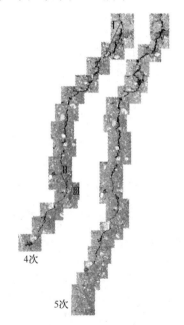

图 4.24　型煤试样 4 面表面裂隙演化特征

　　1 面上，裂隙Ⅰ与裂隙Ⅱ方向不变，宽度增大。裂隙Ⅲ与第 3 次冲击后相比，宽度明显增大，且在第 3 次冲击后的裂隙尖端起裂，往下延伸扩展，延伸扩展裂隙的宽度逐渐变小，直至裂隙末端。裂隙Ⅲ的扩展路径由上往下，方向变化减弱，方向变化频率降低；裂隙形态由锯齿状过渡为平滑形态，粗糙度减弱；裂隙分岔频率降低，微细分岔数量减少。裂隙扩展耗能与裂隙方向变化频率、裂隙形态粗糙度、裂隙分岔频率呈正相关。

　　2 面上，裂隙Ⅳ分岔而萌生出裂隙Ⅷ与裂隙Ⅸ。裂隙Ⅷ初始方向与冲击方向近似垂直，扩展一段距离后方向发生明显变化，变化后方向与冲击方向呈 31°夹角，之后整体上保持该方向扩展一段距离后终止。裂隙Ⅸ与第 3 次冲击后裂隙Ⅸ的方向、宽度几乎一致，往前稍微延伸一段距离。

3 面上，裂隙与第 3 次冲击后相比，未发生明显变化。

4 面上，在煤样上部，出现裂隙Ⅰ。裂隙Ⅰ与冲击方向呈 20°夹角。裂隙Ⅰ往下扩展时，裂隙宽度减小，裂隙方向变化频率减弱。裂隙Ⅰ扩展一段距离后，产生微细分岔，萌生出裂隙Ⅱ与裂隙Ⅲ。裂隙Ⅱ初始方向与冲击方向呈 139°夹角，之后保持恒定方向、恒定宽度扩展一段距离后终止。裂隙Ⅲ初始方向与冲击方向呈 2°夹角，扩展一段距离后方向与冲击方向呈 47°夹角，之后保持这一大致方向扩展，直至终止。与 1 面上的裂隙Ⅲ相似，4 面上的裂隙Ⅲ由上往下，方向变化频率降低，形态粗糙度减弱。

5 次冲击：1 面上，裂隙与第 4 次冲击后相比，未发生明显变化。2 面上，裂隙Ⅵ、裂隙Ⅶ、裂隙Ⅷ、裂隙Ⅸ汇聚，形成密集损伤带，裂隙呈现明显的局部化分布。3 面上，裂隙与第 4 次冲击后相比，方向未发生明显变化，裂隙宽度明显增加。4 面上，裂隙与第 4 次冲击后相比，方向未发生明显变化，裂隙宽度稍微增加，裂隙尖端稍微向下扩展。

煤样宏观裂纹形态如图 4.25 所示。围绕着落锤作用区域，细观裂隙演化后形成的宏观裂纹在与冲击方向平行的 4 个面均有分布，最终 4 个面上的裂隙综合作用而形成宏观破坏。

图 4.25　煤样宏观裂纹形态

(2)原煤试样表面裂隙演化特征与冲击次数的关系。

以单位面积冲击能量为 1.92MJ/mm^2 的 R2 组煤样为例，分析不同冲击次数(以 1～3 次为例)下的原煤试样表面裂隙演化特征，拼图处理后得到图 4.26。

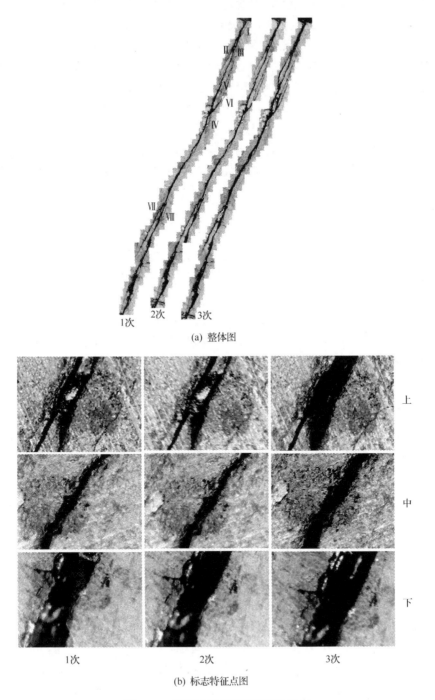

(a) 整体图

(b) 标志特征点图

图 4.26　原煤试样表面裂隙演化特征

1 次冲击：第 1 次冲击后，在煤样最上部出现裂隙Ⅰ。裂隙Ⅰ初始方向与冲击方向呈 30°夹角，之后保持方向不变扩展，直至分岔而萌生出裂隙Ⅱ与裂隙Ⅲ。裂隙Ⅱ与裂隙Ⅲ初始方向与裂隙Ⅰ几乎一致；裂隙Ⅱ与裂隙Ⅲ宽度均小于裂隙Ⅰ，裂隙Ⅱ宽度稍小于裂隙Ⅲ宽度。裂隙Ⅱ形态光滑，保持方向不变扩展一段距离后终止。裂隙Ⅲ保持方向不变扩展一段距离，直至遇坚硬颗粒产生分岔，萌生出裂隙Ⅳ、裂隙Ⅴ、裂隙Ⅵ。裂隙Ⅴ、裂隙Ⅵ初始方向与裂隙Ⅲ扩展方向相反，宽度小于裂隙Ⅲ，整体上保持方向不变向上扩展直至终止。裂隙Ⅳ初始方向与裂隙Ⅲ方向几乎一致，宽度也与裂隙Ⅲ相当。裂隙Ⅳ扩展时，方向不变直至遇坚硬颗粒产生分岔，萌生出裂隙裂Ⅶ与隙Ⅷ。裂隙Ⅶ与裂隙Ⅷ初始方向均与裂隙Ⅳ方向大体一致，即与冲击方向呈 30°夹角。裂隙Ⅶ宽度小于裂隙Ⅵ，保持初始方向往下扩展一段距离后终止。裂隙Ⅷ初始宽度与裂隙Ⅵ宽度相当，在扩展过程中宽度逐渐变大，保持初始方向扩展一段距离后终止。

2 次冲击：与第 1 次冲击相比，无显著变化。这可能是由于第 1 次冲击作用使煤样表面裂隙发生了剧烈变化，而后进入平缓发展期有关，即 4.4 节提到的缓冲吸能效应。

3 次冲击：与第 2 次冲击相比，裂隙宽度发生显著变化。这可能是由于前 2 次冲击已经造成了累积损伤，当第 3 次冲击时裂隙又有了急速调整，即 4.4 节提到的"一冲即溃"效应。

综上所述，对原煤试样与型煤试样进行循环冲击作用后，每次冲击对煤样表面裂隙扩展路径的影响均不同。随着冲击次数的增加，煤样表面裂隙方向变化频率、裂隙形态粗糙度、裂隙分岔频率、穿晶扩展比例等整体上呈减小趋势。同一次冲击作用后，从上往下，裂隙宽度、裂隙方向变化频率、裂隙形态粗糙度、裂隙分岔频率、穿晶扩展比例等整体上呈减小趋势。煤样表面裂隙扩展与内部裂隙演化不完全一致，表面裂隙在扩展时出现一段"消失"空白。

原煤试样与型煤试样相比，裂隙变化频率、裂隙形态粗糙度、裂隙分岔频率、穿晶扩展比例均较低，原煤试样整体上是一条主裂隙贯穿上下，而型煤试样则会形成多个微细分岔。这可能是由于原煤试样相比于型煤试样非均质性更强所致，原煤试样内包含较多的原生裂隙(弱面)、坚硬颗粒，而使冲击过程中能量往试样原生裂隙(弱面)、坚硬颗粒等处汇聚，进而沿着耗能较小的路径扩展所致。

4.7　单次冲击能量大小与煤岩裂隙演化的关系

将 R1 组、R2 组、R4 组一次冲击后的裂隙拼图放在一起得到图 4.27。从图 4.27 可以看出，R1—R2—R4，裂隙宽度呈增大趋势，裂隙形态粗糙度亦变大，表现为平滑状裂隙在减少、锯齿状裂隙在增加且微结构壁面的凹凸性更明显。裂隙方向变化越来越频繁，分岔越来越明显，即裂隙宽度、裂隙方向变化频率、裂隙形态粗糙度、裂隙分岔频率整体上随着单次冲击能量的增加而增大。裂隙宽度、裂隙方向变化频率、裂隙形态粗糙度、裂隙分岔频率的增加，表明扩展路径耗能的增加，也就说明了单次冲击能量越大，造成煤样应变率越大，从而导致裂隙演化时没有充足的时间选择耗能较小的路径扩展，而只能选择耗能较大的高频率"S形"拐折路径扩展。同时，这也可以用来从细观上粗略解释为何应变率越高，强度、杨氏模量、断裂韧度等对应越大。

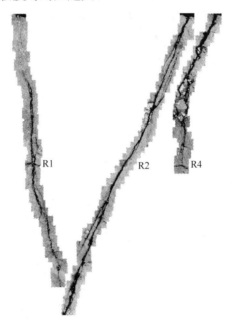

图 4.27　不同单次冲击能量下原煤试样表面裂隙演化特征

需要说明的是，由于煤岩的非均质性造成煤岩的裂隙扩展具有很强的随机性，又加之煤样之间的离散性，所以想要对不同煤样的裂隙演化特征进行精确无误的定性与定量对比较为困难，定量对比更是难之又难。尽管不少学者尝试采用分形等数学理论对煤岩裂隙演化进行定量研究探索，但是至今仍没有实现真正意义上的直接定量对比分析研究，且没有给出任何两个试样间裂隙演化的精确定量对比规律。另外，动载下的表面裂隙演化特征可能更为复杂，所以想要对动载下不同煤样之间的裂隙演化特征进行对比分析也十分困难。故上述结论只是整体上的认识，局部的实际规律可能并不与本试验结论完全吻合。

但是，这并不意味着本试验结论是个案的独立表述，事实上上述结论仍是基于多组试验的具有较为普遍意义的认识。

4.8　递增式冲击对煤岩损伤的影响

　　自然界中的煤岩体多处于围压与动载荷综合作用的复杂应力环境中，其中部分煤岩体还处于单向约束(一维静载)作用下。岩石动力学是采矿工程、岩土工程的重要研究领域，动力冲击一方面可以高效破岩(煤)、增加瓦斯运移通道而提高煤层透气性等，另一方面还可以防止由动力冲击诱发冲击地压、煤与瓦斯突出、煤岩体透水突水等矿山灾害。目前，关于单向约束条件下的动力冲击对煤岩体破坏损伤的研究尚不多见，尤其是单向静载约束、冲击载荷与煤岩体内部结构损伤演化规律的研究尚不充分。以煤岩为对象，对煤岩施加大小不同的一维静载及能量递增的冲击载荷，研究单向约束条件下的煤岩受到递增式动力冲击作用后的损伤演化规律，分析了一维静载、冲击载荷的共同作用对煤岩体造成的损伤影响规律，并与固定大小冲击载荷作用后的煤岩损伤影响进行对比研究，对于掌握更多有效破岩、煤层增透手段，以及丰富岩石动力学基本内容均有积极的理论意义和实用价值。

　　本书采用的单向约束动力冲击模型如图 4.28 所示。

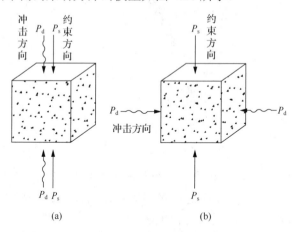

图 4.28　单向约束动力冲击模型

　　从图 4.28 可知，单向约束动力冲击模型有两种：静载 P_s 与冲击载荷 P_d 同一方向，静载 P_s 与冲击载荷 P_d 相互垂直。本书采用静载与冲击载荷相互垂直的单向约束动力冲击模型。

1) 煤岩损伤量的统计描述

　　煤岩类材料的宏观灾变表现源于其内部结构的细观损伤，煤岩类材料损伤量可以反映煤岩类材料在受到载荷作用时煤岩破坏的程度，煤岩在一定载荷作用下会导致其内部缺陷逐步演化成微裂纹并形成宏观的灾变，从而导致煤岩的弹性模量、超声波波速等参数的改变。煤岩类材料细观损伤特性主要表现为声、光、电、磁等信号，这些信号可以反映煤岩类材料内部损伤的演变过程。

根据煤岩类材料破坏时的细观损伤特性，煤岩类材料损伤特性研究方法有以下几类：

①基于超声波探测技术统计煤岩的损伤量；

②基于核磁共振技术的煤岩损伤研究；

③基于声发射的煤岩损伤定位研究；

④基于红外热成像技术的煤岩温度场演化研究；

⑤基于 FLAC 等数值软件模拟煤岩受冲击载荷时的损伤情况；

⑥煤岩破坏的数字散斑技术研究和冲击载荷下煤岩破坏的本构模型研究。

现有技术条件下难以对煤岩损伤进行直接观测与定量统计分析，因此需要对损伤量进行定义。目前，损伤量的定义方法主要有：按孔隙面积定义的损伤标量、按孔隙配置定义的损伤张量及按弹性模量变化定义的损伤变量三类。对孔隙面积或孔隙配置进行直观的描述和测量难度较大，而按弹性模量变化定义的损伤变量可通过超声波波速来定义煤岩的损伤变量。为研究单向约束条件下动力冲击对煤岩损伤的影响，记煤岩在初始约束条件下的初始波速为 V_0，在煤岩受到第 n 次冲击载荷后，煤岩在相同约束条件下的波速为 V_n，则煤岩的损伤量为

$$D_n = 1 - \left(\frac{V_n}{V_0} \right) \tag{4.29}$$

式中，D_n 为定义的损伤变量；V_n 为变化后的超声波传播波速，m/s；V_0 为变化前的超声波传播波速，m/s。

煤岩类材料受到冲击载荷后会产生不同程度的损伤，不同程度的损伤产生过程将伴有不同程度的声学特性和超声波传播参数，通过建立超声波速与煤岩类材料损伤变量的关系，计算煤岩类材料每次受到冲击时的内部结构数量变化因子，进而间接对煤岩类材料损伤变量进行统计，从而使煤岩类材料损伤的研究既宏观又直观，既方便又简洁。

2) 试验设备与方法

(1) 试验设备。

本书采用的主要设备为自行研制的"多向约束摆锤式冲击动力加载试验装置"，如图 4.29 所示。

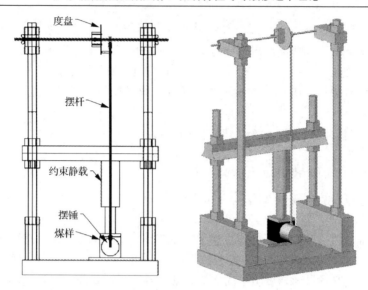

图 4.29　多向约束摆锤式冲击动力加载试验装置

超声波检测采用 HC-U81 混凝土超声波检测仪，其采样周期为 0.05～2.0μs，声时测读精度为 0.05μs，幅度测读范围为 0～170dB，试验系统参数如表 4.12 所示，传感器与煤样试样之间采用凡士林作为耦合剂。

表 4.12　超声波装置系统参数的设置

采样周期/μs	发射电压/mV	测点间距/mm	测试面测试方式
0.5	500	70	表面对测

(2)试样制备。

由于天然煤体节理裂隙发育且不易加工，型煤与原煤的变化规律具有相当好的一致性，且型煤易加工，制备成功的型煤试样个体差异性较小，因此广大学者通常采用与原煤力学性质相近的型煤作为试验对象。本试验采用型煤作为研究对象，通过型煤制作装置将型煤制备成边长为 70mm 的立方体，并采用原煤试样作为对比样进行研究。试验用样如图 4.30 所示。

试验前，先运用称重、超声波检测和核磁共振检测三种手段对型煤和原煤试样进行检测。检测结果表明：原煤试样的平均质量在 440g 左右，单轴抗压强度约为 5.82MPa；而型煤试样的平均质量在 490g 左右，单轴抗压强度约为 5.64MPa；超声波检测结果显示，原煤试样内超声波平均传播速度约为 1800m/s，而型煤试样的超声波平均传播速度为 1700m/s；由核磁共振检测结果可知，型煤试样孔隙度为 15%左右，孔隙半径在 0.01～100μm，孔隙半径主要集中在 1～10μm，最大峰值在 1μm 左右；原煤试样孔隙度为 5%左右，孔隙半径在 0.001～10μm，孔隙半径主要集中在 0.001～0.1μm，最大峰值在 0.01μm 左右。核磁共振检测结果如图 4.31 所示。

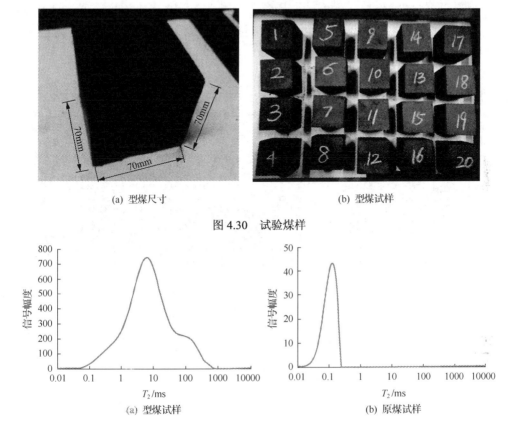

(a) 型煤尺寸　　　　　　　　　　　　　(b) 型煤试样

图 4.30　试验煤样

(a) 型煤试样　　　　　　　　　　　　　(b) 原煤试样

图 4.31　核磁共振检测结果

上述进行的三种研究结果均表明，型煤试样和原煤试样之间的差异主要表现在强度、孔隙结构数量、孔隙结构尺度三个方面；但是从超声波传播速度、孔隙度及孔隙分布特点来看，型煤试样和原煤试样之间仍存在较大的相似性。

(3)试验方案。

通过多向约束摆锤式冲击动力加载试验装置对煤样进行预设初始静载加压，使煤样处于单向约束条件下，利用装置上的摆锤作为动力源头对煤样进行冲击加载，改变摆锤高度，利用各个梯度的冲量对处于一维静载约束下的煤样进行动力冲击试验。

试验共分为 7 组，前 5 组采用正交试验法：根据煤样的单轴抗压强度 σ_t 对每组煤样分别施加 0、20%σ_t、60%σ_t、70%σ_t、80%σ_t 单向静载轴压，对每一组静载轴压约束条件下的煤样通过摆锤加载装置施加循环递增冲击载荷,摆锤的重心高度分别为 25%h、50%h、75%h、100%h,其中 h 为煤样不发生明显破坏时摆锤的重心高度,本次试验 $h=1.095\mathrm{m}$;后两组为对煤样分别施加 0、60%σ_t 单向静载轴压,并对每一组煤样施加相同大小的循环冲击载荷,摆锤高度为 50%h,直至煤样破坏。试验效果如图 4.32 所示。

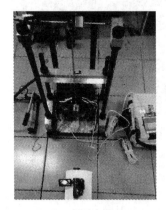 

　　　　　(a) 试验全局　　　　　　　　　　　　　　(b) 摆锤冲击局部

图 4.32　试验效果

试验载荷情况如表 4.13 所示。

表 4.13　试验载荷情况

高度 h/m	单位面积冲量 I/(N·s/m²)
0	0
0.274	596.30
0.548	846.75
0.821	1037.56
1.095	1192.60

(4)冲击载荷与煤岩损伤量的关系。

①递增冲量循环冲击与煤岩损伤量的关系:根据设计的试验方案进行了相关试验,获得了不同条件作用后的煤试样内部超声波波速变化特性规律,将超声波波速分别代入到式(4.29)中,可计算各条件下煤试样内部产生的损伤量,即 D_n 值。

图 4.33 为典型的煤岩损伤量与递增冲量之间的试验关系。本书以 3.38MPa 静载约束作用下递增冲量循环冲击拟合关系曲线说明,根据统计学可知拟合度 R^2 越接近于 1,拟合效果越好,图 4.33 中拟合曲线的拟合度 R^2 为 0.9626,可较好地

描述单向约束条件下煤岩损伤量 D_n 与递增冲量 I 的关系。从图 4.33 中可以看出损伤量 D_n 在递增冲量 I 的作用下随着循环冲击次数的增加逐渐增大，这是由于损伤量具有累积效应，并且每次冲击作用都产生有效冲击作用，因此损伤量 D_n 是随着冲击次数累积的。图 4.33 显示拟合关系曲线的形状总体上呈现上凹型，表明煤岩损伤量在递增冲量作用下有加速破坏的趋势，这是因为煤岩在外部载荷作用下其内部微裂隙开始扩展，形成裂隙簇，并发生裂隙贯穿，最终形成宏观破坏。煤岩损伤量随着煤岩从微观到宏观的破坏过程产生变化，采用递增冲量作用于煤岩时，煤岩的破坏过程加速变化，从而导致损伤量速率加快。

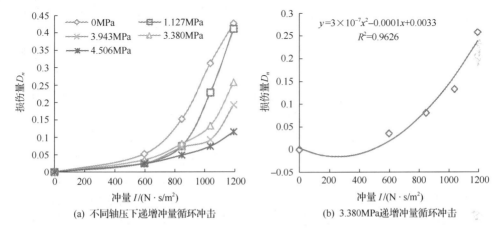

(a) 不同轴压下递增冲量循环冲击　　　(b) 3.380MPa递增冲量循环冲击

图 4.33　损伤量与递增冲量的关系

②煤岩损伤量与一维静载的关系：不同轴压下煤岩损伤量与递增冲量的关系曲线如图 4.33(a) 所示。根据煤岩的全应力-应变曲线可知：当静载小于煤岩单轴抗压强度时，煤岩强度随着一维静载的增大而增大，本试验所采用的一维静载分别为 0MPa、1.127MPa、3.380MPa、3.943MPa、4.506MPa，均小于煤岩试样的单轴抗压强度，并认为 0MPa、1.127MPa 为低压约束，3.380MPa、3.943MPa、4.506MPa 为高压约束。从图 4.33(a) 可以看出，在第一次以 596(N·s/m²) 的冲量冲击试样后，不同轴压下煤岩试样产生的损伤量较为接近，随着冲量逐渐增大，不同轴压下的煤岩损伤量分化逐渐增大，且随着轴压的增大煤岩损伤量变化总体上是趋向减小的。低轴压约束条件下，煤岩试样受到循环递增冲量作用后破坏趋势上升较快，累计损伤量均大于 0.41，煤岩试样明显产生宏观破坏；高轴压约束条件下，煤岩试样受到冲击后破坏趋势相对低轴压约束条件明显缓和，累计损伤量最大为 0.25，煤岩试样未发生明显宏观破坏，且在轴压为 4.506MPa 约束条件下，煤岩试样损伤量变化趋势拟合曲线为近似斜率较小的直线，最终煤岩损伤量仅为 0.11。通过对图 4.33(b) 不同轴压下的煤岩累计损伤量比对可知：每一组煤岩遭受相同的冲量作用后，煤岩试样累计损伤量表现为随着轴压的增大而逐渐减小的特性。上述结

果说明煤岩试样受到相同的递增冲量时，静载轴压大小对煤岩试样损伤量的变化影响较大。这是因为煤岩试样内部微裂隙在轴压作用下逐渐闭合，使煤岩试样在递增冲量作用时微裂隙数量较少且扩展困难，煤岩试样宏观破坏临界点较难达到，且轴压越大煤试样内部微裂隙闭合效果越好。因此，随着轴压越大煤岩损伤量增速越小，累计损伤量越小，煤岩抗冲击能力越大。

③恒定冲量循环冲击与煤岩损伤量的关系：将恒定大小冲击载荷作用时试验测得的超声波波速代入式(4.29)中，可得到煤样处于一维静载轴压条件下恒定冲量循环冲击作用后煤试样的损伤量 D_n，对数据分析可得到一维静载轴压条件下恒定冲量循环冲击后的煤岩损伤量 D_n 与冲击次数的拟合关系，本书以3.38MPa 静载约束作用下恒定冲量循环冲击拟合关系曲线说明，如图 4.33(b)所示。从图中可以看出，损伤量 D_n 在递增冲量的作用下随着冲击次数的增加逐渐增大，这是由于煤岩损伤量具有累积效应，煤岩内部微裂隙在循环冲击作用下会逐步扩展直至发生宏观破坏；微裂隙在恒定冲量作用下扩展速度逐渐放缓，但在多次循环冲击后，煤岩累计损伤量达到 0.674，宏观损伤明显，而拟合关系曲线的形状总体上呈现下凸型，表明煤岩损伤量在恒定冲量作用下有减速破坏的趋势，这可能是因为煤岩内部微裂隙在多次冲击作用后数量明显减少，导致微裂隙形成新的裂隙簇且贯穿裂隙更为困难，使得煤岩破坏速度逐步降低，但由于微裂隙具有连续扩展性，在循环冲击作用下原有裂隙簇继续扩展成贯穿裂隙，而微裂隙又形成新的裂隙簇，从而导致煤岩破坏程度加剧，从宏观上即表现为煤岩损伤量的变化。

损伤量与一维静载轴压的关系：根据试验数据分析得到不同轴压下煤岩损伤量与递增冲量的关系曲线综合比对图，如图 4.34 所示。从煤岩累计损伤量及增速来看，无约束条件下煤岩损伤量增速较大，且累计损伤量达到 0.78MPa、3.38MPa约束条件下煤岩累计损伤量增速相对偏小且累计损伤量为 0.67，两者宏观损伤均较为明显，但无约束条件下损坏程度更明显，表明轴压越大煤岩累计损伤量越小，增速相对较慢，这是因为轴压增大导致煤岩内部微裂隙逐步闭合，使煤岩在递增冲量冲击时初始微裂隙数量较少且扩展困难，煤岩破坏过程较难形成，且轴压越大内部微裂隙闭合效果越好，因此轴压越大煤岩损伤量增速越小，煤岩抗冲击能力越大。从冲击次数来看，无约束条件下冲击 3 次即发生试样宏观破坏，3.38MPa轴压约束条件下冲击 6 次试样才发生宏观破坏，表明煤岩破坏时需要的冲击次数随轴压增大而减小，这是因为轴压越大煤岩内部微裂隙越少，煤岩破坏过程越困难，需要用更多的外部载荷对其作用。因此，当冲量相同时，约束越大煤岩完全破坏时所需要的冲击次数越多。

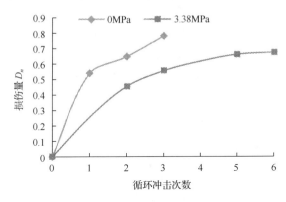

图 4.34　不同轴压下损伤量与恒定冲量的关系

(5)增冲量与恒定冲量循环冲击对煤岩损伤量的对比分析。

根据图 4.33(a)和图 4.34 可综合对比分析递增冲量与恒定冲量循环冲击对煤岩损伤量演化关系的影响。由两图可知递增冲量和恒定冲量冲击条件下，试样内部微裂隙的数量增加并且微裂隙的扩展都会导致煤岩损伤量的变化，而损伤量具有累积效应，故煤岩损伤量随着冲击次数增加均逐渐增大；而随着一维静载轴压的增大煤岩内部部分微裂隙闭合，微裂隙扩展困难，且轴压越大这一变化越明显，导致遭受相同冲击作用后煤岩损伤量均变小，这说明增加约束可有效增加煤岩的抗冲击能力，且约束越大抗冲击能力越强。受递增冲量冲击时，煤岩内部微裂隙扩展过程加速，煤岩损伤量拟合关系曲线的形状总体上呈现上凹型，表现为加速破坏的趋势；恒定冲量冲击时，煤岩内部微裂隙煤岩损伤量拟合关系曲线的形状总体上呈现下凸型，表现为减速破坏的趋势，这可能是因为煤岩内部微裂隙在多次冲击之后数量明显减少，导致微裂隙形成新的裂隙簇且贯穿裂隙更为困难所致。

(6)煤岩微裂隙损伤模型分析。

煤岩在外部载荷作用下发生破坏的根本原因是煤岩内部微裂隙的扩展，分析微裂隙的扩展问题可以发现煤岩在外部载荷作用下产生损伤的内在机理。根据格里菲斯强度理论可知，岩石类材料内部存在的众多微裂隙可分为垂直微裂隙和水平微裂隙，如图 4.35 所示。微裂隙简化为长短轴为 a、b 的椭圆形，椭圆轴长比 $m=a/b$，m 由材料的性质决定，可认为 m 是材料系数，σ_1 为静载，σ_2 为等效冲击载荷，θ 为所研究微结构壁面一点与微结构长轴间夹角，单位为 rad。煤岩发生破坏本质上是由微裂隙产生拉应力，从而导致微裂隙扩展及宏观破坏，且微裂隙尖

端 A 点拉应力绝对值最大，煤岩损伤量随着拉应力绝对值的增大而增大。

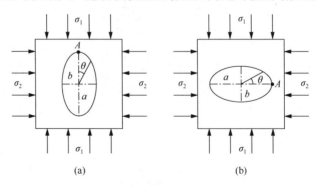

图 4.35　微裂隙损伤模型

①垂直微裂隙破坏模型：根据弹性力学知识可知，垂直微裂隙椭圆周边的切向应力计算公式为

$$\sigma_t = \sigma_1 \frac{m^2 \sin^2\theta + 2m\sin^2\theta - \cos^2\theta}{\cos^2\theta + m^2 \sin^2\theta} + \sigma_2 \frac{\cos^2\theta + 2m\cos^2\theta - m^2 \sin^2\theta}{\cos^2\theta + m^2 \sin^2\theta} \tag{4.30}$$

当 $\theta = 0$ 时，可得 A 点的切向应力：

$$\sigma_t = (1 + 2m)\sigma_2 - \sigma_1 \tag{4.31}$$

由于 σ_1 为静载，σ_2 为等效冲击载荷。在此假定 $\sigma_2 > \sigma_1$，由式(4.30)可知，$\sigma_t > 0$，故垂直微裂隙 A 点未出现拉应力，此时垂直微裂隙不会发生尖端起裂现象。

②水平微裂隙破坏模型：根据弹性力学知识可知，水平微裂隙椭圆周边的切向应力计算公式为

$$\sigma_t = (\sigma_1 + \sigma_2) - \frac{[(a-b)(\sigma_1 + \sigma_2) + (a+b)(\sigma_1 - \sigma_2)]}{a^2 \sin^2\theta + m^2 \cos^2\theta} \times (a\sin^2\theta - b\cos^2\theta) \tag{4.32}$$

当 $\theta = 0$ 时，可得 A 点的切向应力：

$$\sigma_t = (1 + 2m)\sigma_1 - \sigma_2 \tag{4.33}$$

假定 $\sigma_2 > \sigma_1$，由式(4.32)可知，当 $\sigma_2 > (1+2m)\sigma_1$ 时，切向应力 $\sigma_t < 0$，水平微裂隙 A 点出现拉应力，此时垂直微裂隙会发生尖端起裂现象。

③微裂隙综合破坏模型：煤岩内部同时存在众多垂直微裂隙与水平微裂隙，在外部载荷作用下微裂隙的尖端满足一定条件会发生起裂现象，根据微裂隙破坏模型可得到微裂隙尖端起裂的判据：

$$\sigma_2 > (1 + 2m)\sigma_1 \tag{4.34}$$

式中，σ_1、σ_2 为作用于对象的外部载荷；m 为材料系数。

当条件满足该判据时，根据式(4.33)可知微裂隙尖端 A 点拉应力 σ_1 绝对值随着冲击载荷 σ_2 增大而增大，随着静载 σ_1 增大而减小，这与煤岩损伤量随着冲击载荷增大而增大，随着静载增大而减小的规律具有一致性。

4.9　坚硬颗粒、原生裂隙、非均质性对煤岩表面裂隙扩展路径的影响

从上面的阐述中可以看出，煤岩坚硬颗粒、原生裂隙、非均质性对其表面裂隙扩展路径有重要影响，包括裂隙宽度、裂隙方向变化频率、裂隙形态粗糙度、裂隙分岔频率、穿晶扩展与绕晶扩展模式各自所占比例等，有时甚至是改变裂隙扩展路径的决定性因素，所以对其详细讨论非常必要。

煤岩坚硬颗粒、原生裂隙、非均质性对其裂隙扩展路径的影响在内在机制方面有很大的不同。

坚硬颗粒对煤岩裂隙扩展起阻碍作用。坚硬颗粒往往是裂隙沿"原定"路线扩展的阻碍，尽管裂隙可绕晶扩展或穿晶扩展，但每当裂隙演化过程中遇到坚硬颗粒时，裂隙均有可能被迫偏离"原定"路线扩展，即使不偏离"原定"路线扩展，也会损失掉一部分能量。

原生裂隙对裂隙扩展所起作用有利有弊。原生裂隙通常对裂隙扩展路径起"帮助"作用，甚至是裂隙"制定"扩展路线的主要决定因素。但当原生裂隙与"原定"扩展路线严重偏离时，如原生裂隙与新生裂隙垂直的情况，原生裂隙就对裂隙扩展起阻碍作用。

非均质性使裂隙起裂位置、裂隙扩展路径具有很强的随机性。正是由于煤岩的非均质性，煤岩裂隙扩展路径才具有很大的不确定性，这也给确定裂隙起裂位置、裂隙扩展路径带来了极大的挑战。事实上，坚硬颗粒、原生裂隙等也是非均质性的表现。

综上所述，煤岩裂隙扩展路径是坚硬颗粒、原生裂隙、非均质性等综合作用的结果。如果加上载荷、煤岩材料矿物成分等其他因素，则可以得出结论：载荷、坚硬颗粒、原生裂隙、非均质性、煤岩材料矿物成分等其他因素综合决定煤岩裂隙扩展路径。

可用如下公式表示：

$$PPF = f(F) * f(p) * f(e) * f(h) * f(o) \tag{4.35}$$

式中，PPF 为裂隙扩展路径(path of fracture propagation)；$f(F)$ 为载荷因素函数；

$f(p)$ 为坚硬颗粒因素函数；$f(e)$ 为原生裂隙因素函数；$f(h)$ 为非均质性因素函数；$f(o)$ 为其他因素函数；*为一种未确定明确关系的符号。

4.10　本章小结

本章主要以基于超声波检测、核磁共振弛豫时间 T_2 谱等参数为主要参数来定量表征冲击载荷对煤岩孔、裂隙结构数量、尺度的影响。从细观角度出发，系统研究了冲击载荷与煤岩表面裂隙时空演化特征的关系，并探讨了煤岩坚硬颗粒、原生裂隙、非均质性等对其裂隙扩展路径(包括裂隙宽度、裂隙方向变化频率、裂隙形态粗糙度、裂隙分岔频率、裂隙穿晶扩展所占比例等)的影响。主要结论如下：

①型煤与原煤试样的原生裂隙尺寸、数量存在一定的差异。加载前，型煤试样弛豫时间 T_2 值整体上为 0.1～1000ms，峰顶点对应的弛豫时间 T_2 值为 14ms，且弛豫时间 T_2 谱呈单峰分布，说明型煤试样裂隙、孔隙分布非常均匀；原煤试样的弛豫时间 T_2 值整体上为 0.01～10000ms，且弛豫时间 T_2 谱呈多峰分布，4 个主要峰顶点的弛豫时间 T_2 值依次分别为 0.14ms、10ms、100ms、1000ms，说明原煤内部存在多种尺度的孔隙、裂隙。加载前型煤试样初始波速分布非常集中，离散性不明显，且煤样初始波速在两个不同方向上的相对标准差均小于 4%。

②煤样内部微结构的扩展和表面新生裂隙的出现、发展均表现出明显的各向异性，沿冲击方向上比垂直冲击方向上变化显著。

③煤样内部微结构总数量随着冲击次数、单次冲击能量的增加均呈非线性变化。相同冲击载荷作用下，煤样内部微结构总数量随着冲击次数的增加整体上呈近似"倒 S 形"曲线的"高速增加—平缓发展—急速增加"三段式变化，而特例为仅有前(后)两阶段，可能是由煤样初始损伤程度不同所造成，且小尺寸裂隙在处于一种既有增加又有减少的动态变化中一直处于增加趋势；不同冲击载荷作用下，煤样内部微结构总数量随着单次冲击能量的增加呈指数函数关系增大。分别给出了冲击次数、单次冲击能量与煤样内部微结构数量累积变化因子 M 值之间关系的经验拟合公式。

④冲击能量的累计效果呈非线性，冲击能量的累计不能简单等效为冲击能量的增加。由于冲击能量阈值与冲击能量吸收系数两个相反因素在耦合作用，冲击能量的累计效果可能随着单次冲击能量的增加呈先增加后减小变化，存在累计效果最佳的单次冲击能量；煤样对冲击能量的吸收系数随着单次冲击能量的增加呈减小趋势，表现为当满足单次冲击能量大于造成内部微结构迅速发育的最低冲击能量阈值条件后，较小冲击能量的累计效果要大于等值单次较大冲击能量对煤样造成的影响。

⑤煤样内部微结构对冲击能量由大到小进行加载的顺序更为敏感。由于冲击

能量由大到小进行加载巧妙地使能量递减与最低冲击能量阈值递减的变化规律相吻合，在工程现场可通过调整施工顺序来达到高效破岩(煤)、改造储层渗透特性等目的。

⑥随着单次冲击能量、冲击次数的增加，煤样受到的影响越不均匀继而产生的破坏形式也越复杂，其表面新生裂隙局部化分布特点也越显著；煤样表面新生裂隙与其内部微结构数量、尺度动态演化过程整体一致；可通过应力-应变曲线间接地推测煤样内部微结构数量的变化，且给出了其为塑-弹-塑性体下的是否进入塑性失稳状态的判据。

⑦冲击载荷使原煤试样、型煤试样表面均产生了特征复杂的新生裂隙。裂隙起裂方向、裂隙扩展方向几乎全部由上往下并与冲击方向呈锐角分布；裂隙形态主要为锯齿状，粗糙度较大；裂隙扩展遇坚硬颗粒时穿晶扩展与绕晶扩展模式相结合并可能产生分岔，裂隙扩展整体上呈"S形"拐折往前发展。

⑧不同位置处煤样表面裂隙演化特征不同。从上往下煤样表面裂隙宽度、裂隙方向变化频率、裂隙形态粗糙度、裂隙分岔频率、裂隙穿晶扩展所占比例等整体上在减小，且煤样裂隙宽度整体上呈"恒定—(遇坚硬颗粒)突然减小—恒定—(遇坚硬颗粒)突然减小"非线性台阶式趋势变化。

⑨每次冲击对煤样表面裂隙演化特征的影响不同。循环冲击时，随着冲击次数的增加，煤样同一位置的裂隙宽度呈渐进式与突变式两种模式扩大，裂隙扩展方向更倾向于稳定，裂隙形态更倾向于光滑。裂隙演化整体上随着冲击次数的增加呈"高速变化—平缓发展—急速变化"三段式变化。

⑩单次冲击能量大小对煤样表面裂隙扩展路径有明显影响。单次冲击能量越大，煤样裂隙越可能沿着耗能更大的扩展路径发展，即选择裂隙宽度、裂隙方向变化频率、裂隙形态粗糙度、裂隙分岔频率、裂隙穿晶扩展所占比例等较大的路径扩展。

⑪煤样表面裂隙扩展路径与内部孔、裂隙结构演化形貌不完全一致。煤样表面裂隙在扩展过程中有时会出现一段"消失"空白，但出现的概率较低，说明可以通过煤样表面裂隙的演化特征间接地推测其内部孔、裂隙结构的变化，但两者不完全等同。

⑫原煤试样、型煤试样表面裂隙演化特征不完全一致。原煤试样与型煤试样相比，裂隙变化频率、裂隙形态粗糙度、裂隙分岔频率、穿晶扩展比例均较低，原煤试样整体上是一条主裂隙贯穿上下，而型煤试样则会形成多个分岔。原因可能是原煤试样相比于型煤试样的非均质性更强，包含更多的原生裂隙(弱面)、坚硬颗粒。

⑬递增冲量冲击时，拟合关系曲线的形状总体上呈现上凹型，煤岩在递增冲量作用下有加速破坏的趋势；恒定冲量冲击时，拟合关系曲线的形状总体上呈现

下凸型，煤岩损伤量在恒定冲量作用下有减速破坏的趋势。

⑭递增冲量或恒定冲量对煤岩冲击作用后，煤岩损伤量均随着冲击次数增加逐渐增大，且煤岩累计损伤量均随着轴压增大而变小，说明提高静载轴压可有效增加煤岩的抗冲击能力。

⑮建立的煤岩微裂隙破坏模型从理论上表明了煤岩损伤量随着冲击载荷增大而增大，而随着静载轴压增大而减小。

⑯煤岩坚硬颗粒、原生裂隙、非均质性对其裂隙扩展路径的影响在内在机制上有很大的不同。坚硬颗粒对煤岩裂隙扩展起阻碍作用；原生裂隙对裂隙扩展所起作用具有两面性；非均质性使裂隙起裂位置、裂隙扩展路径具有很强的随机性。给出了决定煤岩裂隙扩展路径的函数，函数包含载荷、坚硬颗粒、原生裂隙、非均质性、煤岩材料矿物成分共 5 个大类参数。

第5章　冲击载荷下煤岩表面裂隙扩展分形特征

为了更加明确地定量化描述动力冲击对煤岩微结构演化产生的影响，必须寻找到恰当的理论知识并应用之解决该问题。分形理论(fractal theory)自 1982 年被正式提出以来，在岩石力学领域逐渐引起广泛关注，已成为解决包括定量表征岩石细观裂隙特征等在内的非线性复杂问题的不可或缺的研究手段[72~74]。煤岩与岩石是非常相似的一种特殊材料，与岩石一样均具有多孔隙性、各向异性和非均质性的特点，并且在受到的外力发生变化时均会产生组成实体变形和孔、裂隙微结构变形。因此，运用分形理论研究冲击载荷对煤岩表面裂隙扩展产生的影响比较恰当。

5.1　分形与分数维

自然界中的所有形状和人类迄今所考虑的一切图形，大致可分为两类，即一种是有特征长度的图形，如圆具有固定大小的半径、矩形有固定的两个边长、椭圆具有固定的长短轴参数等；另一种是不具有特征长度的看似无规律可循的图形，如积雨云、海岸线、煤岩微结构壁面和断口边缘、Koch 曲线等。具有特征长度的最基本形状具有的共同属性是构成图形的线和面的平滑程度，也就是说图形的任何位置都是可微分的；而没有特征长度的图形的重要性质则是自相似性，也就是指若把要考虑的图形的一部分放大，其形状与全体具有较高的相似性，如图 5.1 所示。

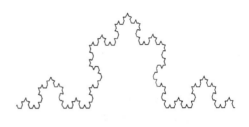

(a) 积雨云　　　　　　　　　　　　　(b) Koch曲线

图 5.1　积雨云与 Koch 曲线

分形是对没有特征长度(特征长度指的是所考虑的集合对象所含有的各种长度的代表者,如球的特征长度是其半径。),但具有一定意义的自相似图形和结构的总称。

分数维则是对这些没有特征长度的图形、构造及现象的总称。分维数(fractal dimension)这一语言,是 Mandelbrot 于 1975 年首创的,原意具有不规则、支离破碎等意思。分数维的出现完全否定了平滑程度,也就是我们此时考虑的图形任何地方都是用微分不能定义的。

定量地表示分数维的量,称为分数维维数,这来自于 Hausdorff 维数。Hausdorff 维数的定义如下:

假定相似性维数 $D>0$,用直径小于 $\varepsilon>0$ 的可数个数的球覆盖集合 E,此时若假定 $d_1, d_2, \cdots, d_k$ 为各球的直径,那么 D 维 Hausdorff 测度可用下式来定义:

$$M_D(\mathrm{E}) \equiv \lim_{\varepsilon \to 0} \inf_{d_k<0} \sum_k d_k^D \tag{5.1}$$

此量从 0 向无限大迁移时,则称 D 为集合 E 的 Hausdorff 维数,以 D_H 定义。这样的 D_H 对于随意给定的图形表示为唯一存在。

而目前的研究发现,由于测定维数的对象不同,原有维数的定义有的适用,有的不适用。严格地讲,应将不同定义的维用不同的名称将它们区分开来,但现在只能把这些取非整数值的维数统称为分数维维数。实用的分数维维数定义方法可有以下几种[75~77]:

①改变初始化程度求维数的方法;

②根据测度关系求维数的方法;

③根据相关函数求维数的方法;

④根据分布函数求维数的方法;

⑤根据光谱求维数的方法。

5.2　根据测度关系求维数的方法

上述方法中,又以根据测度关系求维数的方法最为常见和常用。

原理:若把立方体 1 边的长度扩大到 2 倍,那么 2 维测度的表面积即为 2^2 倍,3 维测度的体积即为 2^3 倍。因此,如把单位长度扩大到 2 倍,并假定它能成为具有 2^D 倍的量,那么此量也可称为 D 维数的。

举例:以图 5.1 中的 Koch 曲线为例,如将其扩大 3 倍,曲线长度实际上是原长度的 $4=3^{\log_3^4}$ 倍。也就是说,这一曲线的长度应具有 $\log_3^4$ 维的特性。

一般地，如假定长度为 L、面积为 S、体积为 V 时，则可得到如下关系式：

$$L \propto S^{\frac{1}{2}} \propto V^{\frac{1}{3}} \quad\quad\quad (5.2)$$

这一关系式的意义是：若把 L 扩大到 k 倍，那么 $S^{\frac{1}{2}}$ 和 $V^{\frac{1}{3}}$ 也都扩大到 k 倍。若把具有 D 维测度的量假定为 X，则可把式(5.2)变为一般的公式，即

$$L \propto S^{\frac{1}{2}} \propto V^{\frac{1}{3}} \propto X^{\frac{1}{D}} \quad\quad\quad (5.3)$$

实际求解时，可以按下述方式进行。

1)按覆盖面积

用细格子把上述 Koch 曲线部分覆盖，把包含曲线的小细格子涂黑，数量记为 S_N（N 为包含曲线的小细格子数量），把与之相接的白色小格子数记为 X_N，如果小格子足够小，则可认为 $S \propto S_N$、$X \propto X_N$ 成立，对于 Koch 曲线的不同部分可用此方法得到一组 S_N、X_N，如果存在能够满足下式的 D：

$$S_N^{\frac{1}{2}} \propto X_N^{\frac{1}{D}} \quad\quad\quad (5.4)$$

则 D 为该 Koch 曲线的分数维维数。

2)按长度

同样的问题，不去考虑覆盖格子数，而是考虑 Koch 曲线部分的两端点距离 L 和该段曲线的长度 X_N。如果曲线段变化，则可得到一系列的 L、X_N 组合。此时，如果 L、X_N 之间符合下述关系：

$$L \propto X_N^{\frac{1}{D}} \qu\quad\quad (5.5)$$

则 D 为该 Koch 曲线的分数维维数。

5.3　岩石力学中的分形问题与应用

1)岩石力学中的分形问题

现在研究发现，岩石力学涉及的领域里存在大量的分形问题。我国著名学者谢和平、鞠杨等指出了该研究领域的主要研究热点与扩展方向[78~81]。

(1)岩石内微结构的分形问题。

岩石类材料的基本特点是其内含有丰富的、随机的、形态各异的由微孔隙、裂隙组成的微结构，这些微结构的形态、分布及其结构特征对其基本力学性质具有决定性影响，尤其涉及岩石类材料内固-液-汽渗透规律，以瓦斯在煤内的运移为典型代表。因此，定量描述岩石类材料的孔隙结构基本特征、演化规律及与基本力学性质的关系的科学意义非常重大。运用分形理论后，该研究领域已提出了基于分形孔隙介质的模型、基于分形理论的孔隙测量方法，获得了岩石类材料内孔隙结构的分形性质和分形渗透规律。

(2)形粒子及分形模型。

大量研究发现，破碎的岩石类材料粒子颗粒一般具有自相似表面，粒子表面积明显非线性相关于粒子的平均半径，粒子表面积和粒子尺度的关系表现为分形。岩石类材料粒子分形研究对于定量描述岩石类材料颗粒表面构成、解析煤岩颗粒破碎特征和物理机制、深入研究煤岩粒子的物理化学特性具有重要意义。此方面的研究主要集中在：岩石类材料粒子表面构成及尺度关系的分形描述和分形模型，岩石类材料粒子分形表面与研磨机理关系等方面。

(3)岩石类材料断裂的分形性质和分形描述。

利用非线性理论研究岩石类材料的断裂问题是岩石力学理论和应用研究的重点和热点之一。大量的研究表明：岩石类材料的断裂和变形行为具有分形特征，定量地描述岩石类材料断裂机制、断口形貌、裂纹不规则扩展和分岔、破碎及能量耗散等一系列非线性力学行为，分形理论具有较强的优越性，这也为研究各类问题提供了新途径。目前，在岩石类材料断裂面的分形特征及自相似性、断裂与微结构的分形性质、断裂裂纹扩展的分形效应、分形裂纹尖端应力场和位移场、疲劳裂纹扩展的分形效应、岩石类材料裂纹分岔的分形效应、岩石类材料分形破碎与能量耗散等方面均有所研究。

(4)岩爆的分形特征和机理。

冲击地压，也称为岩爆；如当岩爆与瓦斯结合后，又形成了煤与瓦斯突出，这都是煤矿井下经常遇到的主要动力灾害，其实质是集聚于岩层或煤层中的能量的突然释放，是一种突然性大尺度断裂事件。研究表明：岩爆同样具有分形特征，这方面的研究主要集中于岩爆本身的分形特征和基于分形理论的岩爆发生的机理方面。

(5)岩石类材料损伤的分形性质和分形描述。

岩石类材料宏观断裂是材料内部微裂隙发育、扩展和汇聚的结果，岩石类材料内部损伤演化及其与岩石类材料的宏观力学响应间的关系是广大学者普遍关注的问题之一。大量的研究表明：大部分材料的损伤区是以自相似或统计自相似方式演化的。目前，分形理论已经被广泛地应用于定量描述岩石类材料的损伤区微裂纹的分布、扩展及损伤演化规律方面。

(6)岩石类材料分形统计强度理论。

岩石类材料强度和变形是材料不规则构成和微细观缺陷复杂变化的直接结果，如何恰当地描述这种不规则构成和微细观缺陷形态、分布及演化，建立微细观结构效应与岩石类材料强度、变形等力学量的关系，是岩石断裂和损伤力学应用的重点和难点。目前，对不规则构成、缺陷几何形态和物理机制变化的分形几何描述，岩石强度的分形统计特性、岩石强度的分形统计模型，岩石类材料的损伤演化和本构关系的分形模型，均有涉及。

(7)岩石节理力学行为的分形研究。

微结构和节理的存在是岩石类材料的主要特点，而节理是岩石类材料内具有一定形态、尺度、方向和特性的面、层、缝或带状地质界面或弱面。节理构形和力学性质直接影响岩石类材料的强度和稳定性。然而，由于节理构形的不规则性，传统的岩石力学方法难以合理地定量描述节理构形的几何形态和表面粗糙度。分形理论是研究节理面构形对节理力学性质影响的有效手段，已取得的研究进展和成果主要如下：节理面粗糙性的分形描述、粗糙节理面的分形特征与力学性质、粗糙节理面的多重性性质、分形节理力学行为的光弹试验研究。

2) 岩石力学分形研究的应用

在岩石力学的各研究领域中，广大科研工作者应用分形理论进行了大量的研究，且成果丰富。主要的研究进展和取得的成果表现在以下方面[82~85]。

①节理岩体开采沉陷规律的分形研究：节理岩体开采沉陷是一个极其复杂的岩石力学现象，以往常将断层看成平行板模型，无法考虑断层真实形态所产生的不同力学效应及其开采沉陷规律的影响。考虑真实断层的分形性质，发现分形断层面对采动断层活化、滑移规律及地表沉陷有重要影响。目前的研究和应用主要集中在：分形节理面或断层面构形的数值模拟方法、分形断层面对采动活化和地表沉陷规律的影响、开采沉陷和岩体破坏全过程的数值模拟。

②工作面顶板断裂的分形研究与预测：顶板来压表现为采动应力作用下顶板变形、断裂和垮落。预测顶板来压是岩石力学应当考虑和解决的重要采矿工程问题之一。考虑到岩石断裂和岩爆发生前分形维数突然降低，因此有可能通过考察顶板下沉和断裂过程的分形维数变化来预测采场的顶板来压。初步研究表明，来压前顶板下沉速度和声发射的关联维数出现明显降低，分形维数可作为预测顶板来压的参数。研究同时指出，使用不同的分形维数定义来描述顶板来压，分形维数变化趋势可能不尽相同。有的顶板来压的分形维数可能是一个升高过程。运用分形维数预测顶板来压时，必须使用统一的分形维数定义。

5.4　基于 MATLAB 的煤岩裂隙分形维数计算程序

分形岩石力学的出现为定量描述岩石裂隙特征提供了可能，加深了人们对岩石裂隙演化特征的认识，并取得了一大批研究成果[86~89]。但是，上述岩石裂隙分形特征研究多局限于静载条件下，动载条件下报道不多，且以煤为研究对象的试验更是少之又少。而掌握煤在动载下的裂隙扩展分形特征又是弄清煤岩变形与破坏内在物理机制的关键。基于此，本章以第 4 章从试验中获得的煤样裂隙图片为基础，利用自编的 MATLAB 分形维数计算程序，系统地研究了冲击载荷下煤岩裂隙扩展分形特征。

1) 煤岩裂隙提取方法

利用 MATLAB 提取裂隙，通俗地讲即抠图。煤样裂隙图片处理前，裂隙部分与非裂隙部分像素有很大差别，鉴于煤样裂隙图片中裂隙像素低于非裂隙部分的像素，所以可采用如下方法进行裂隙提取：对处理前煤样裂隙图片中的像素进行逐一读取，当某一点的像素低于设定值(裂隙阈值)时，就把该点当做裂隙，进而将该点像素设置为 0，最终可将裂隙逐一提取出来。

定义裂隙 RGB 的阈值分别为 $R_{threshold}$、$G_{threshold}$、$B_{threshold}$，则裂隙判定提取准则为

$$\begin{cases} R(x,y) < R_{threshold} \\ G(x,y) < G_{threshold} \\ B(x,y) < B_{threshold} \end{cases} \tag{5.6}$$

提取裂隙具体操作时，令 $TV = R_{threshold} = G_{threshold} = B_{threshold}$。TV 分别为 150、120、100、50、10 时的裂隙提取图片如图 5.2 所示。

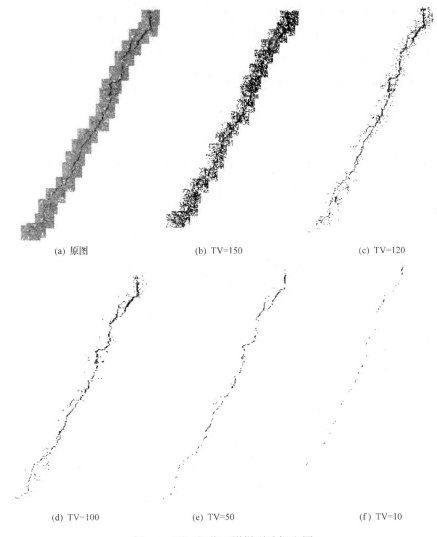

(a) 原图　　　　　　(b) TV=150　　　　　　(c) TV=120

(d) TV=100　　　　　　(e) TV=50　　　　　　(f) TV=10

图 5.2　不同阈值下煤样裂隙提取图

由图 5.2 可知，随着 TV 值的减小，提取出的点就越少。这就意味着，TV 值如果取值过大，则会将不是裂隙的点错误地判别为裂隙；TV 值如果取值过小，则会将部分是裂隙的点遗漏掉。因此，根据试验煤样表面裂隙像素的特点，将阈值 TV 值设置为 100，便可得到误差在允许范围内的裂隙图片。

2) 盒维数法分形维数计算

(1) 盒维数法的理论基础。

盒维数法(box-counting method 或 box-dimension method) 又称覆盖法(covering method），是岩石裂隙分形维数计算中最常用的方法之一。盒维数法是用不同尺寸的正方形格子（$\delta \times \delta$）去覆盖要测量的物体，得到不同尺寸下覆盖住测量物体的正方形格子数目 $N(\delta)$，然后利用正方形格子尺寸与格子数目之间的关系计算出分形维数。盒维数法举例如图 5.3 所示，具体公式为

$$\log N(\delta) = \log a - D \log \delta \tag{5.7}$$

式中，a 为常数；D 为分形维数。

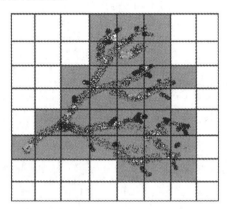

图 5.3　盒维数法例子

（2）MATLAB 编程步骤。

利用 MATLAB 编程计算分形维数的核心思想如下：

第一步，将提取出的长方形裂隙图片延长为边长为 2^n（n 为自然数）的正方形图片；

第二步，对正方形裂隙图片直接进行分形维数计算。

当然，也可利用其他图片处理软件来手动实现第一步的功能。

5.5　煤岩表面裂隙扩展分形特征

1）冲击次数与煤样表面裂隙分形维数的关系

（1）型煤。

利用 MATLAB 分形维数计算程序，对第 4 章中（图 4.14）的 M2 组煤样（单次冲击能量为 0.48MJ/mm²）1 面经受 1～5 次冲击作用后的裂隙图片进行处理，直接计算结果如图 5.4 所示。由计算结果可知，相关性系数 R^2 的值均大于 0.99，说明拟合效果非常好，也说明正方形格子尺寸的对数与其对应的覆盖住测量物体的正

方形格子数目的对数具有良好的线性关系，同时也说明冲击载荷下煤岩表面裂隙演化具有明显的分形特性。

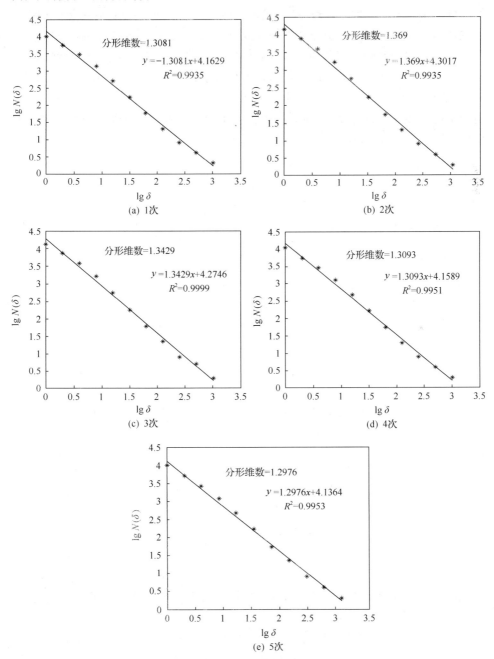

图 5.4　1 面裂隙分形维数的直接计算结果

1 面的裂隙分形维数与冲击次数的关系如图 5.5 所示。由图可知，经受 1~5 次冲击作用后的煤样 1 面裂隙分形维数均在 1.29~1.37；随着冲击次数的增加，裂隙分形维数呈非线性先增加后减小趋势且减小幅度逐渐降低；存在使分形维数达到最大的冲击次数。由于分形维数与裂隙复杂程度、分岔情况等呈正相关性，所以 1 面裂隙分岔频率随着冲击次数的增加呈先增大后减小趋势。这就意味着，随着冲击次数的增加，虽然煤样表面裂隙的尺度、数量整体上在增大，但并不意味着裂隙分岔频率也在增大。裂隙分岔频率在第 2 次冲击后开始不增反减，可能是由于后几次冲击将之前产生的微裂隙汇聚而形成尺度较大的裂隙所致，这间接造成了裂隙分岔程度减弱。

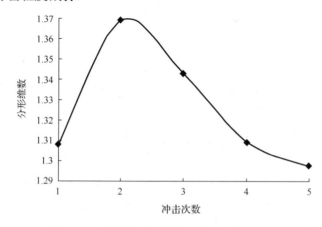

图 5.5　1 面裂隙分形维数与冲击次数的关系

在煤层气开发中，裂隙的局部化分布效应对煤层渗透率的提高起阻碍作用。当孔隙度(损伤因子)一定时，呈均匀分布的四通八达的微小孔裂隙网最利于瓦斯解吸、运移，而反之仅局部分布若干条尺度大的裂隙，则不利于瓦斯的解吸、运移。因此，存在使分形维数达到最大的冲击次数这一试验结果告诉我们：煤层渗透率随着冲击次数的增加并不一定一直增加下去。可作如下推断：可能存在利于提高煤层透气性的最优冲击次数。

为了分析不同面的裂隙分形维数的区别，将 M2 组 1~4 面的分形维数计算结果放在一起，得到如图 5.6 所示规律曲线。由图可看出，不同面之间的分形维数不同，但值均分布在 1.12~1.37；不同面之间的分形维数随着冲击次数的增加变化趋势不同；随着冲击次数的增加，1~4 面的裂隙分形维数之间的差距逐渐减小。2~4 面的分形维数变化趋势之所以与 1 面不同，可能在于 1 面是最先捕捉到产生裂隙的面，也是第 1 次冲击即产生裂隙的面，而 2~4 面均是后几次冲击才扫描到新生裂隙的面，由于对煤表面的裂隙观测极为困难，裂隙只有发育到一定尺度才可被捕捉住，也可能在前几次冲击中 2~4 面已经产生裂隙，只是后几次冲击才捕捉到而已。

所以，1 面数据的可靠性更高，前面对 1 面裂隙分形维数的分析依然有效。

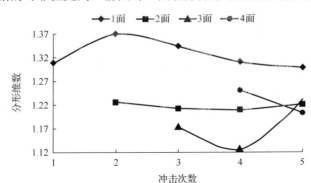

图 5.6　1～4 面裂隙分形维数

（2）原煤。

R2 组煤样（单次冲击能量为 1.92MJ/mm²）裂隙分形维数与冲击次数的关系如图 5.7 所示。由图可知，R2 组煤样的裂隙分形维数分布在 1.31～1.39；原煤试样的裂隙分形维数随着冲击次数的增加呈非线性先增加后减小趋势变化。原煤试样的裂隙分形维数整体上大于型煤试样的裂隙分形维数，说明原煤试样冲击后产生的裂隙相比于型煤试样更为复杂，原因可能在于原煤试样非均质性更强，包含更多的坚硬颗粒、原生裂隙。

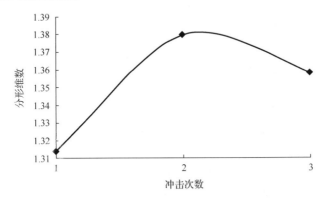

图 5.7　原煤试样裂隙分形维数与冲击次数的关系

2）单次冲击能量与煤样表面裂隙分形维数的关系

分析第 1 次与第 2 次冲击后的煤样裂隙分形维数与单次冲击能量的关系，如图 5.8 所示。由图可知，第 1 次与第 2 次冲击后的煤样裂隙分形维数分布在 1.15～1.5；无论是第 1 次还是第 2 次冲击，煤样裂隙分形维数均与单次冲击能量呈非线性关系，煤样分形维数随单次冲击能量的增加呈对数函数趋势变化。说明单次冲击能量越大，煤样产生的裂隙越复杂、分岔越普遍。

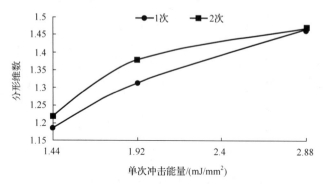

图 5.8   不同单次冲击能量下原煤试样裂隙分形维数

5.6 本章小结

本章以第 4 章煤岩表面裂隙细观试验中获得的煤样裂隙图片为基础，利用自编的基于 MATLAB 的盒维数法分形维数计算程序，系统研究了冲击载荷作用下煤岩裂隙扩展分形特征。得到了以下主要结论：

①提取裂隙阈值 TV 值的选取，对裂隙提取效果影响很大。随着 TV 值的减小，提取出的点就越少，即 TV 值如果取值过大，则会将不是裂隙的点错误地识别成裂隙，TV 值如果取值过小，则会将部分是裂隙的点遗漏掉。裂隙阈值 TV=100 时，煤样裂隙提取的效果最好。

②冲击载荷作用下煤样表面裂隙扩展具有明显的分形特性，自编的基于 MATLAB 的煤岩裂隙分形维数计算程序计算效果良好。

③每次冲击对煤样表面裂隙分形维数的影响不同。循环冲击时，随着冲击次数的增加，煤样裂隙分形维数呈非线性先增加后减小趋势变化且减小幅度在降低，存在使分形维数达到最大的最佳冲击次数。

④单次冲击能量大小与煤样裂隙分形维数呈非线性关系。煤样裂隙分形维数随着单次冲击能量的增加呈对数函数趋势增加。单次冲击能量越大，煤样产生的裂隙越复杂。

⑤冲击后原煤试样表面裂隙分形维数整体上大于型煤试样表面裂隙分形维数，原煤试样产生的裂隙更为复杂。

⑥同一次冲击作用对煤样不同表面的裂隙分形维数影响不同，但随着冲击次数的增加，不同表面的裂隙分形维数之间的差距在减小。

第6章 非均匀载荷对瓦斯钻孔稳定特性影响研究

煤体既是一种能源，在某种条件下又是一种工程介质，其组成成分、成煤过程及后期所处的受力环境的复杂性，最终造成煤体与岩石在物理力学性质方面存在很大区别。鉴于这方面的限制，国内外学者围绕煤岩展开了丰富且卓有成效的研究，取得了丰硕的研究成果。煤岩裂纹的演化最终将造成煤岩的破坏已经成为一条重要结论，而针对煤岩开展的精准且有针对性的研究则显得十分匮乏，特别是考虑到煤岩体在实际条件下受到的非均匀载荷作用。对于瓦斯抽采钻孔来讲，其受力条件及在所处应力环境下的变形、失稳、坍塌均可能导致严重的后果，表现为一方面导致钻孔有效影响半径的变化，另一方面导致封孔失败，甚至是塌孔而导致钻孔报废[90, 91]。因此，以非均匀载荷为研究受力条件，以煤体内含有孔洞模拟煤层瓦斯抽采钻孔，研究其周边裂纹的扩展行为，从而掌握裂纹在非均匀载荷作用下的萌生、扩展、贯通及抽采钻孔的失稳显得尤为重要。

6.1 含孔洞类煤岩多孔材料裂纹扩展量化表征

鉴于制备较大尺寸的原煤试样较为困难，通常可以借助类煤岩(coal-like)多孔材料代替煤样研究煤体在一定热力学环境下的物理力学性质。因此，借助高清数码相机、红外热成像仪并采用表面裂纹有效贯通速度、熵理论、方差，以及由试验获得的类煤岩多孔材料孔洞周围裂纹起裂位置、裂纹起裂应力5个常用指标来研究定量表征非均匀载荷大小对孔洞周围裂纹扩展行为的影响问题，是可行的。

1)非均匀载荷对类煤岩多孔介质孔洞裂纹扩展的量化

(1)类煤岩多孔介质裂纹扩展行为的量化表征方法。

在现有的技术水平条件下，对载荷作用下煤试样的裂纹扩展行为进行宏观描述较为困难，尤其是对煤体内部裂纹扩展行为的实时监测更极为困难[92~95]。鉴于此，国内外学者通常借助基于煤试样表面宏观易于测量的相关参数来直接表征煤试样在载荷作用下裂纹的整体扩展行为，并取得了较好的研究成果。其中，在表面裂纹瞬时有效贯通率、表面裂纹瞬时有效贯通速度、基于熵理论的表面温度场量化表征、基于方差分析的表面温度场量化表征等方面得到了较为广泛的应用，并取得了良好的试验效果。

①表面裂纹瞬时有效贯通率：将 t_i 时刻裂纹瞬时有效表面裂纹贯通量 a_i 与多孔介质试样轴向长度 b 的比值的百分数定义为表面裂纹瞬时有效贯通率 p_i，即

$$p_i = \frac{a_i}{b} \times 100\% \tag{6.1}$$

②表面裂纹瞬时有效贯通速度：将 t_i 时刻的瞬时有效表面裂纹贯通量 (a_i) 与前一时刻 t_{i-1} 的瞬时有效表面裂纹贯通量 (a_{i-1}) 之差与所经历的时间之比，定义为表面裂纹瞬时有效贯通速度 v_i：

$$v_i = \frac{a_i - a_{i-1}}{t_i - t_{i-1}} \tag{6.2}$$

③基于熵理论的表面温度场量化表征：熵通常用来表示任一种能量在空间中分布的均匀程度，能量分布的均匀程度和熵呈正相关性，能量分布越均匀，熵值越大，其表达式为

$$I = -\sum_{n=1}^{N} P_n \lg P_n \tag{6.3}$$

式中，I 为熵值；N 为系统的 N 个状态；P_n 为对应状态下 n 事件的概率。

对熵进行归一化处理，并用 $H(H = 0, 1)$ 表示，如下所示：

$$H = \frac{I}{\lg N} \tag{6.4}$$

对试样加载某个时间对应某个热成像，根据温度的最高差值进行等级划分，计算该幅热像在此等级下的熵值。不同加载条件可能会造成试样表面温度场产生变化，而在数值上主要体现为熵值的变化，当非均匀载荷加载到一定程度时，可能会导致变形集中带内温度的升高，红外热辐射场温度分布范围变广，试样表面能量差值有所抬升，而反映在数据上则表现为熵值的降低。

④基于方差分析的表面温度场量化表征：采用数理统计中方差的概念来反映煤体试样表面任一点温度值与数学期望的偏离程度，其表达式如下所示：

$$S^2 = \frac{1}{n} \sum_{1}^{n} (X_i - X_0)^2 \tag{6.5}$$

式中，S^2 为方差；X_i 为第 i 个像元（共 n 个像元）的辐射温度值；X_0 为 $X_i (i = 1, 2, 3, \cdots, n)$ 的平均值。

试验时，以不同加载面积对试样产生的作用模拟不均匀载荷作用，并将不同加载面积看成是影响试验的一个单一因素，利用单因子方差分析考察单一因素（不

同加载面积)对试验指标的影响程度。

(2)类煤岩多孔介质与原煤相似度分析。

试验所用类煤岩多孔介质为建筑用泡沫混凝土砖,泡沫混凝土砖是使用物理方法利用泡沫溶剂将溶液制成泡沫,再将泡沫加入到由水泥、骨料、掺和剂、外加剂和水制成的料浆中,经混合搅拌、浇筑成型、自然或蒸汽养护制成多孔混凝土砖。选取市面上配比为水泥∶骨料∶水∶发泡剂=540∶700∶620∶1 的泡沫混凝土砖为研究对象,泡沫混凝土砖经浇筑成型后自然养护 2~3 天后作为试验对象进行本书涉及的试验。

原煤试样为取自山西霍宝干河煤矿采煤工作面长宽高为 300~500mm 的煤块加工而成的标准方形试样。原煤加工时,利用切石机、磨石机等按照常规方法将一部分煤块加工成原煤试样。类煤岩多孔介质与原煤相关物理力学参数如表 6.1 和图 6.1 所示。

表 6.1　类煤岩多孔介质与原煤物理力学参数

材料	密度/(kg/m³)	弹性模量/MPa	单轴抗压强度/MPa	孔隙/%
泡沫混凝土	0.723	1140	3	35
煤体	1.312	8948	4.089	28

图 6.1　类煤岩多孔介质与原煤

为进一步验证类煤岩试样和原煤的多孔介质属性及相似性,利用上海纽迈电子科技有限公司的低场核磁共振仪对类煤岩试样及原煤试样分别进行弛豫时间 T_2 谱测试,试验研究结果见表 6.2。

表 6.2　CPMG 序列参数

组	TW/ms	RG1/dB	DRG1	PRG	SW/kHz	TD	NECH	TE/ms	NS
原煤	1000	20	3	1	333.33	3000	12000	0.18	4
类煤岩	2000	5	3	1	250	927076	18000	0.2	32

(3)试验过程及结果。

①试验装置：本试验采用的主要试验设备为自行研制开发的非均匀载荷加载试验装置与高清数码摄像机，如图 6.2 所示。结合红外热成像仪及配套软件对试样表面微细结构及温度的演化进行实时观测。非均匀载荷加载试验装置通过加载机构设置一定加载面积后，通过加载装置对试样进行加载，以实现非均匀载荷的加载；高清数码摄像机为索尼 HDR-PJ600 型，动态摄影采用 HD 模式：1920×1080/50i（FX、FH）。图像采集速率为 50 帧/s；红外热成像仪为优利德生产的 UTi-160A 型，灵敏度为 0.08，辐射系数为 0.92。

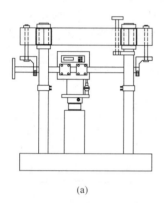  

　　　　(a)　　　　　　　　　　　　(b)　　　　　　　　　　　　(c)

图 6.2　主要试验装置和观测装置

②试验用样：本试验采用的试样是严格按照国际岩石力学学会试验建议方法的要求制备的，尺寸为 70mm×70mm×70mm 的标准方形试样。选取标准试样 3 组共 12 个，分别在其几何中心位置预制直径为 10mm 的贯通圆形孔洞后制得试验用样，其形态及显微结构如图 6.3 所示。

  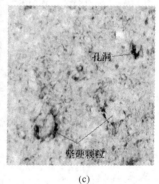

　　　　(a)　　　　　　　　　　　　(b)　　　　　　　　　　　　(c)

图 6.3　类煤岩多孔介质显微结构

试验时，试样底面固定，试样顶面为非均匀载荷加载面，分别对试样进行相对加载面积为 S、$3S/4$、$2S/4$、$S/4$ 的非均匀载荷加载试验，加载速率控制在 0.5MPa/s。每组试验对 4 个试样展开试验，共进行 3 组，其加载方案示意如图 6.4 所示。

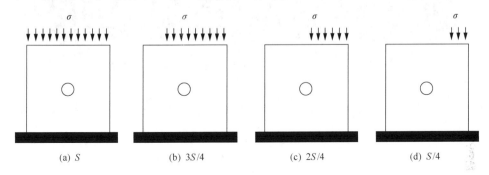

(a) S　　　(b) $3S/4$　　　(c) $2S/4$　　　(d) $S/4$

图 6.4　试件加载示意

S-试样底面积

③试验结果：试验时，依次进行相对加载面积为 S、$3S/4$、$2S/4$、$S/4$ 的非均匀载荷加载试验，并利用高清数码摄像机及红外热成像仪收集相关试验数据，试样的裂纹扩展模式如图 6.5 所示。

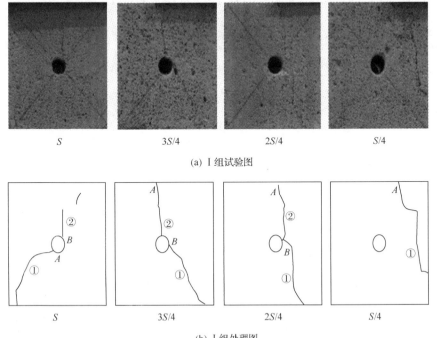

S　　　　$3S/4$　　　　$2S/4$　　　　$S/4$

(a) Ⅰ组试验图

S　　　　$3S/4$　　　　$2S/4$　　　　$S/4$

(b) Ⅰ组处理图

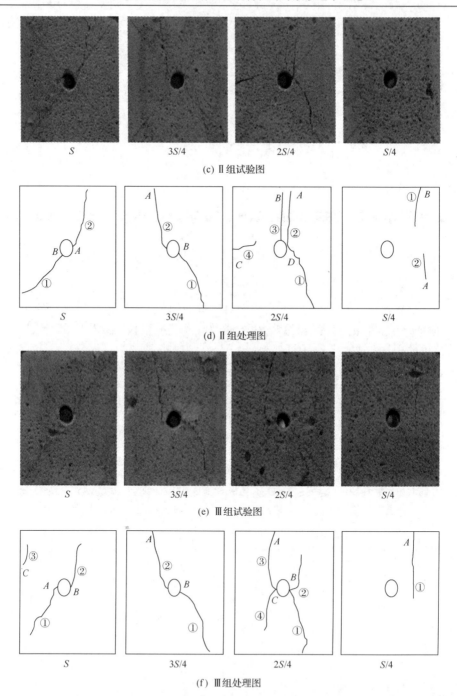

(c) Ⅱ组试验图

(d) Ⅱ组处理图

(e) Ⅲ组试验图

(f) Ⅲ组处理图

图 6.5 不同加载面积条件下试样的裂纹扩展模式

①~④-试样先后出现的裂纹编号；

A~D-试样先后出现的起裂位置编号

　　局部加载条件下，试样表面裂纹尺度扩展（长度、宽度）及扩展速度均随着非均匀载荷的增加而增加，裂纹的发展方向呈现明显的非平直化特点，且裂纹均出现在非均匀载荷作用范围内；试样表面裂纹扩展面较粗糙，部分区域裂纹扩展表现出不连续的特点。

　　相对加载面积对组内试样的裂纹扩展模式影响比较显著，且在组间呈现相同的规律，非均质性并没有导致裂纹扩展规律的离散性增强，但从根本上不影响裂纹扩展规律的归一性表述。同时，由相对加载面积对孔洞周边裂纹扩展模式的影响可知，存在一个临界加载面积 S_0，当 $iS/4 < S_0\ (i=1,2,3,4)$ 时，裂纹扩展不经过宏观中心孔洞；当 $iS/4 \geqslant S_0\ (i=1,2,3,4)$ 时，裂纹扩展经过宏观中心孔洞。该临界加载面积由含中心孔洞试样天然构成决定，是一个恒定量，其大小在 $S/4 \sim 2S/4$。

　　由上可知，中心孔洞和加载条件主导试样裂纹的扩展路径，而天然细观孔洞造成的非均质性则居于次要地位。由图 6.5 可知，3 种非均匀载荷作用下，由试样表面裂纹扩展反映出非均匀载荷作用范围内形成了一个裂纹潜在扩展区，在排除组件离散性造成的误差前提下，该区域可以大致表述为非均匀载荷下的矩形区域，如图 6.6 中 S_p 区域。当加载面积大于或等于临界加载面积 S_0 时，中心孔洞引起的应力集中和加载引起的应力集中相互叠加，应力集中程度呈几何倍数增长，当应力达到一定条件时，促使了裂纹在此区域的逐步扩展。当加载面积小于临界加载面积 S_0 时，孔洞引起的应力集中得到弱化，而加载引起的应力集中得到强化，最终导致加载引起的应力集中远大于孔洞引起的应力集中，但裂纹潜在扩展区范围随之缩小，当应力达到一定条件时，裂纹就在此区域迅速扩展[96~98]。

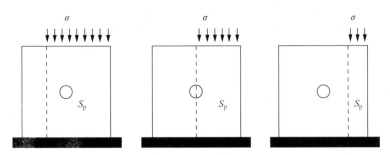

图 6.6　裂纹潜在扩展区示意

　　由上述可知，裂纹潜在扩展区的范围随着相对加载面积的减小而减小，细观孔洞造成的非均质性通常只能在裂纹潜在扩展区局部影响裂纹扩展（如裂纹粗糙程度、裂纹扩展断断续续等），但在整体上并未造成裂纹扩展规律的实质性改变。若类煤岩多孔介质可以代替煤岩进行该类研究，这可以在一定程度上证明布置于煤体内的瓦斯抽采钻孔的起裂位置、变形方向、裂纹出现区域和塌孔部位的出现等问题并不是随机的，而是受瓦斯抽采钻孔所在煤体区域应力性质、应力大小、应力分布及该区域煤体的均匀程度深深影响的。

局部加载条件下，在裂纹潜在扩展区中未观察到次生裂纹，是主裂纹的扩展最终导致了试样的破坏，这可能与泡沫砖试样均质度较低有关。次生裂纹的萌生和扩展会造成能量的耗散，而次生裂纹的不发育会造成材料的破坏峰值降低，这也能很好地解释类煤岩试样的突发式破坏和较低的破坏强度。同时，主裂纹扩展表面粗糙且呈非线性扩展，与均质度相对大些的岩石裂纹扩展有很大区别。

起裂位置：在非均匀载荷加载条件下，相对加载面积对含中心孔洞试样裂纹的起裂位置影响显著，如图 6.5 处理图所示，起裂位置的先后关系依次为 A、B、C、D。S 加载条件下，裂纹①、②均发育于孔洞周边，裂纹萌生位置点 A、B 大致呈以孔洞中心点为中心点对称；3S/4 加载条件下，起裂点 A 位于非均匀载荷临界处，裂纹②由此点发育并延伸至孔洞周边剪切区域，在此区域出现起裂点 B，裂纹①由此延伸并逐渐向远场区域延伸；2S/4 加载条件下，起裂点 A 发育于非均匀载荷临界处，并向孔洞周边剪切区域延伸，在此区域出现起裂点 B(或 D 或 C)，裂纹由此发育并向远场区域扩展；S/4 加载条件下，裂纹起裂位置 A(或 B)位于非均匀载荷临界处，裂纹由此向下扩展并最终造成试样破坏，同时，在受载局部区域存在起裂点 A[图 6.5(d)S/4]，裂纹由此向试样顶端扩展，但并未造成试样贯通，而是造成试样部分剥离。

起裂位置(包括起裂顺序)是应力集中程度的一个重要考量指标，而应力集中程度承载的信息量极度丰富。在均布载荷条件下，孔洞周边形成拉、剪应力区，且裂纹由此起裂，孔洞是引起应力集中的主导因素，但随着加载面积的改变，孔洞的主导地位被颠覆，应力集中强弱顺序发生突转，起裂位置转向载荷临界处。由上可知，裂纹起裂位置受加载条件影响剧烈，非均匀载荷加载产生的应力集中明显大于孔洞引起的应力集中，并最终造成非均匀载荷临界处裂纹起裂早于孔洞周边裂纹起裂。

起裂应力：岩石类材料破坏时，其内部细观裂纹起裂时的起裂应力与材料的弹性模量关系密切。一般情况下，起裂应力会随着材料弹性模量的增大而增大，表现为正相关性。在本试验中，考虑到加载面积对多孔介质起裂应力的影响，试件实际受载面积取相对加载面积 $iS/4(i=1, 2, 3, 4)$ 和试样底面积(S)的平均值，如图 6.4(d)所示，以求更真实接近天然的加载条件，故对试验获得的起裂应力按下式进行换算。

$$\sigma'_{ci} = \frac{2\sigma_{ci}}{1 + \dfrac{i}{4}} \qquad (i = 1, 2, 3, 4) \tag{6.6}$$

式中，σ'_{ci} 为换算后的起裂应力；σ_{ci} 为换算前的起裂应力。

　　换算前和换算后的加载条件与起裂应力之间的变化曲线如图 6.7 所示。从图中可以看出，在局部加载条件下换算后的起裂应力普遍高于换算前的起裂应力，且这种差异随着相对加载面积的增加而减小，最终趋于一致，即常规加载面积为 S 的加载条件下。在两种情况下(即换算前与换算后)，随着相对加载面积的增加，裂纹的起裂应力呈增加趋势，相对加载面积与起裂应力之间是一种非线性关系。相对加载面积在 $S/4 \sim 2S/4$，裂纹的起裂应力变化相对急剧；在 $2S/4 \sim 3S/4$，裂纹起裂应力随相对加载面积的变化率相对较低；超过 $3S/4$ 之后，裂纹起裂应力随相对加载面积的变化率迅速增加，相对加载面积与起裂应力明显呈"倒 S"关系。

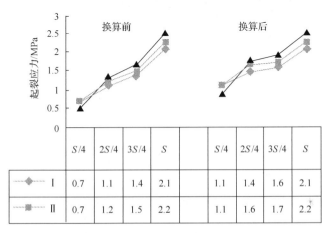

图 6.7　相对加载面积与起裂应力之间的变化曲线

　　相对加载面积对起裂应力影响显著，换算后的关系曲线所反映出的这种影响关系更加明显，曲线呈现一种"急剧增加—平缓发展—急剧增加"的三段式发展。存在临界加载面积 S_1、$S_2(S_1 < S_2)$，当相对加载面积小于 S_1 时，起裂应力和相对加载面积呈正相关性，此时起裂位置位于潜在裂纹扩展区，而在此区域排除了宏观中心孔洞的影响，但加载的影响明显，裂纹的起裂应力只与加载条件有关，很显然，在此条件下相对加载面积越小，应力集中程度越剧烈，越有利于此区域裂纹的起裂；当相对加载面积在 $[S_1, S_2]$ 时，裂纹潜在扩展区域包括了宏观中心孔洞，但宏观中心孔洞和加载的耦合作用不够明显，应力集中程度得到缓和，裂纹起裂应力并不随加载条件的改变发生显著改变。这可能是加载条件的强化作用和宏观中心孔洞的弱化作用在一定程度上产生抵消所致；当相对加载面积大于 S_2 时，宏观中心孔洞和加载的影响明显，加载条件的强化作用和宏观中心孔洞的弱化作用的差值随着相对加载面积的增大而增大，而在数值上表现为裂纹起裂应力随相对加载面积的增加而显著增加。

表面裂纹瞬时最大有效贯通速度：表面裂纹瞬时有效贯通速度是衡量多孔介质试样破坏程度的一个重要指标，它通常与加载条件密切相关。通常条件下，裂纹沿着轴向加载方向扩展是造成试样破坏的直接原因。因此，本试验采用高清数码相机对试样裂纹的扩展过程进行实时拍摄，对拍摄的视频按帧提出，然后计算出表面裂纹瞬时最大有效贯通速度，由试验数据处理得到表面裂纹瞬时最大有效贯通速度和加载条件变化曲线，如图 6.8 所示。

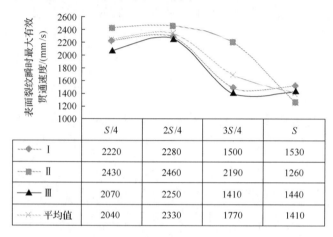

	$S/4$	$2S/4$	$3S/4$	S
Ⅰ	2220	2280	1500	1530
Ⅱ	2430	2460	2190	1260
Ⅲ	2070	2250	1410	1440
平均值	2040	2330	1770	1410

图 6.8　表面裂纹瞬时最大有效贯通速度和加载条件之间的变化曲线

表面裂纹瞬时最大有效贯通速度常常在峰值应力处达到最大，特别是对于脆性介质材料；同时，表面裂纹瞬时最大有效贯通速度与加载条件密切相关。由图 6.8 可知，非均匀载荷加载条件下表面裂纹瞬时最大有效贯通速度均大于单轴加载条件表面裂纹瞬时最大有效贯通速度，这说明局部加载引起的应力集中明显高于孔洞引起的应力集中；当加载面积为 $2S/4$ 时，试样表面裂纹瞬时最大有效贯通速度最大，可能是非均匀载荷引起的应力集中与孔洞引起的应力集中的叠加造成的。当 $iS/4 \geqslant S_0 \left(i = 1, 2, 3, 4 \right)$ 时，即非均匀载荷加载对试样中心孔洞周边裂纹产生影响时，试样表面裂纹瞬时最大有效贯通速度随着相对加载面积的增大而减小，呈现负相关性；当 $iS/4 < S_0 \left(i = 1, 2, 3, 4 \right)$ 时，试样表面裂纹瞬时有效最大贯通速度随着相对加载面积的增大而增大，呈现明显的正相关性。

试样表面裂纹瞬时最大有效贯通速度与相对加载面积均呈明显的“两段式”阶段化发展特征，这种变化特征的根源在于加载条件和宏观中心孔洞的耦合作用，这种耦合作用机制随加载条件的变化而变化，有时得到加强有时被弱化，强弱变化主要通过上述参数反映出来。当两因素耦合作用得到强化时，有利于裂纹的快速扩展；当相对加载面积小于 S_0 时，尤其是小到一定程度时，这种耦合作用得到弱化，加载条件的作用居主导位置，这种耦合作用的弱化直接造成上述参数值的降低；当相对加载面积继续增大时，这种耦合作用会得到强化，有利于应力的快速集中及能量的迅速释放而促使裂纹的快速扩展，并在上述参数的变化上予以反映；当相对加载面积继续增大而超过 S_0 时，这种耦合作用又得到极小的弱化，其根源在于相对加载面积的增大导致应力作用范围的增大，弱化了应力的集中程度和能量的快速蓄积及在短时间内的快速释放，从而延缓了上述参数的继续增长。

2）基于红外热成像的类煤岩多孔介质裂纹扩展量化表征

本试验利用红外热成像仪采集到的试样在峰值应力条件下的表面温度数据，考虑到设备性能及试验时天气影响，作者收集了Ⅱ、Ⅲ组试样表面 8 组共 14×14=196 个像元点的数据，在不同区间分布个数如表 6.3 所示。

表 6.3　不同加载条件下不同温度区间像元点分布个数(类煤岩样)　(单位：℃)

组号	加载条件	温度区间									温差
		6~6.5	6.5~7	7~7.5	7.5~8	8~8.5	8.5~9	9~9.5	9.5~10	10~10.5	
Ⅱ	S			8	29	78	68	13			1.96
	$3S/4$	1	3	37	79	47	22	7			2.99
	$2S/4$	1	4	67	75	47	2				2.21
	$S/4$			2	28	81	61	20	2	2	3.03
Ⅲ	S			14	71	76	29	6			2.33
	$3S/4$		3	26	80	70	17				2.46
	$2S/4$			4	21	61	47	44	19		2.78
	$S/4$			14	70	66	35	8	3		2.67

由表 6.3 可知，在 $iS/4(i=1,2,3)$ 加载条件下，其温度分布区间均要大于常规(加载面积为 S)加载条件，但三种加载条件下(非均匀载荷加载)的温度分布区间并无明显的规律可循。这也可从温差(最高温度–最低温度)数值的大小来反映，非均匀载荷作用下的温差数值均要大于单轴压缩条件下的温差数值，非均匀载荷加载造成试样表面温度分布区间及温差的扩大，其根源在于局部加载造成的应力集中并在短时间内产生明显的应力集中带。根据前人研究成果，应力集中带内温度明显高于其他区域，应力集中程度越高这一现象越显著。同时，由温度演化反馈出的应力集中带，通常也是裂纹扩展的潜在扩展区域。非均匀载荷有利于这种应力集中的快速生成，这种变化可在温度分布区间、温差两个参数上予以直观表达。

3）基于熵的红外辐射温度场量化表征

对获取的Ⅱ、Ⅲ组共 8 组数据的熵值进行归一化处理得到不同加载条件下的 H 值，并得到加载条件与 H 值的关系，如表 6.4 所示。

表 6.4　不同加载条件下的 *H* 值

组号	*H* 值			
	$S/4$	$2S/4$	$3S/4$	S
Ⅱ	0.7052	0.6850	0.7656	0.8240
Ⅲ	0.7953	0.8840	0.7939	0.8158
平均值	0.7503	0.7845	0.7798	0.8199

通过归一化处理后，*H* 值的大小直接反映试样表面温度分布的均匀程度。由表 6.4 可知，*H* 值(平均值)随相对加载面积的增大呈现"增大—减小—增大"的"三段式"发展阶段，这也验证了临界加载面积 S_1、S_2 的存在，当相对加载面积小于 S_1 或大于 S_2 时，*H* 值随加载面积的增大而增大，基于此而反映出试样表面温度分布趋于均匀。当相对加载面积在[S_1, S_2]时，*H* 值随加载面积的增大而减小，基于此而反映出试样表面温度分布趋于离散，其根源同样在于加载条件和宏观中心孔洞的耦合作用，其耦合作用的强弱变化，导致了应力集中带的产生及温度的变化，由此而反映在数值的变化。局部加载条件下 *H* 值要小于 *S* 加载条件下的值，借此反映出在非均匀载荷条件下产生的应力集中显著，从而导致试样表面温度非均匀分布现象更加明显。

4) 基于方差分析的红外辐射温度场量化表征

对上述Ⅱ、Ⅲ组试验得到的数据运用数理统计知识进行分析，运用方差分析对不同加载条件下试样表面红外辐射温度场进行量化表征，处理数据如表 6.5 所示。

表 6.5　不同加载条件下试样表面像元点温度方差分析结果(类煤岩样)

组号	加载条件	方差	差异源	SS	df	MS	F	P-value	F_{crit}
Ⅱ	S	0.1724	组间	82.0486	3	27.3493	125.4928	2.51×10^{-66}	2.6163
	$3S/4$	0.2911							
	$2S/4$	0.1690	组内	169.9908	780	0.2179			
	$S/4$	0.2393							
Ⅲ	S	0.1796	组间	178.3694	3	59.4565	251.96	2.7×10^{-114}	2.6163
	$3S/4$	0.1781							
	$2S/4$	0.3463	组内	184.0611	780	0.2360			
	$S/4$	0.2399							

方差可以对加载过程中的试样表面辐射温度场的偏离现象进行表征，方差越大偏离程度越大，说明加载条件对其影响程度较大。从表 6.5 可以看出，排除试验误差影响，非均匀载荷加载条件下其方差比单轴压缩条件下的方差要大，

这直接说明非均匀载荷加载造成的加载过程中热像温度场偏离其均值的程度要大，也说明了加载条件对试样热像温度场分布影响剧烈。经方差分析计算得到的 F 值（F_{II}=125.4928，F_{III}=251.96）均大于其临界值 F_{crit}=2.6163，说明加载条件 $iS/4(i=1,2,3,4)$ 对试样表面热像温度场分布影响显著。

综合基于熵值、方差分析的试样表面红外辐射温度场量化分析结果，局部加载导致试样表面温度分布非均匀化，偏离其均值程度较大。温度分布的非均匀化通常与试样表面产生应力集中带有关，应力集中带往往与裂纹潜在扩展区域联系紧密。因此，试样表面红外辐射温度场演化特征很好地吻合了裂纹的扩展规律。

6.2　含孔洞煤裂纹扩展的量化表征

煤体是一种非常重要的工程介质，由于其特殊的形成机制及形成后遭受的复杂地质构造作用，导致煤岩内部包含丰富的节理和孔隙、裂隙等不同尺度的宏、细观微结构[99, 100]；同时，在地下采煤工作的影响范围内，煤体又可能受到非均匀载荷等复杂载荷的反复作用，这就是造成煤体力学特性表现极其复杂、直接采取煤炭的场所——采掘空间及巷道围岩控制困难的根本原因。基于此，将以实际煤样为研究对象，按 6.1 节试验计划并采用相同研究方法，利用高清数码相机和红外热成像仪对原煤试样展开相关研究，以期对非均匀载荷作用下巷道及瓦斯钻孔的稳定性维护工作提供理论指导。

1) 原煤试样

本试验所选用煤样均取自山西霍州煤电集团干河矿，严格按照国际岩石力学学会试验建议方法的要求，采用湿式加工法将其加工成 70mm×70mm×70mm 的标准方形试样。试验前，选取标准试样 2 组共 8 个，并在其中心位置钻取直径 8mm 的垂直贯穿孔洞，如图 6.9 所示。

(a) 原煤试样

(b) 型煤试样

图 6.9　试样示意图

同时，为了验证型煤在非均匀载荷条件下的裂纹扩展特征能否表征原煤特性，本试验将能够作为原煤相似模拟材料的水泥黏结剂配比，并根据本书作者所带领的课题组已获得的配比经验参数获得相关配比(煤粉∶水泥∶水=10∶2.4∶1.6)，借助本书作者所带领的课题组的型煤制备装置采用此配比制备 70mm×70mm×70mm 的标准方形试样。

2) 研究方案

试验时，分别对原煤试样、型煤试样进行相对加载面为 S、$3S/4$、$2S/4$、$S/4$ 的局部加载试验，加载速率控制在 0.5MPa/s，每组试验对 4 个试样展开试验，共进行 4 组(原煤试样 2 组，型煤试样 2 组)，加载方式与条件和类煤多孔介质涉及研究一致。

3) 试验与试验结果分析

为排除试样自身孔隙、裂隙系统复杂性造成的个体差异性(特别是针对原煤试样)，试验过程中分别重复进行 2 组相关试验(分别编号 YM-Ⅰ、YM-Ⅱ组和 XM-Ⅰ组、XM-Ⅱ组)，以期准确获得加载条件、宏观中心孔洞对煤体裂纹扩展特征、煤体宏观破坏模式等的影响规律，并试图找到关于原煤裂纹扩展的普遍规律。试验时，依次进行相对加载面积为 S、$3S/4$、$2S/4$、$S/4$ 的非均匀载荷加载试验，并利用高清数码相机与红外热成像仪收集相关试验数据以便于进行后续分析。

(1) 非均匀载荷对煤体裂纹扩展行为的量化。

在对原煤试样进行 S 加载时，利用高清数码相机对其表面进行拍摄并对拍摄视频按帧提取图片，在获得的图片中并未观测到明显裂纹扩展，而是快速的突发式破坏(YM-Ⅰ-1、YM-Ⅱ-1 均为破坏前一张图片)，作者推测可能是由于高清数码相机帧数(最大帧数为 50 帧)较低，导致一些细节无法获取造成的。而在 $3S/4$、$2S/4$、$S/4$ 这 3 种不同加载面积加载条件下，裂纹(原煤试样主要是次生裂纹)扩展长度、裂纹数目、裂纹扩展尺度及扩展速度均随着载荷的增大而增加，裂纹的发展方向呈现明显的非平直化趋势，且形成的裂纹(原煤试样的次生裂纹)均出现在荷载作用范围内，试样表面裂纹扩展面较粗糙，部分区域裂纹扩展表现为断断续续状，这与均质试样有较大区别。原煤试样在此条件下的破坏主要是由次生裂纹的贯通造成的，而原生裂纹通常体现在其扩展尺度上的微小变化，原生裂纹(数目、空间几何状态等)在煤体裂纹扩展过程中占据次要地位，其影响程度明显低于加载条件、宏观中心孔洞。同时，从试样破坏的角度来看，原煤试样表现出明显的突发式的脆性破坏，而型煤试样和原煤试样并未保持一致，而偏向于渐进式破坏。主要试样的裂纹扩展模式如图 6.10 所示。

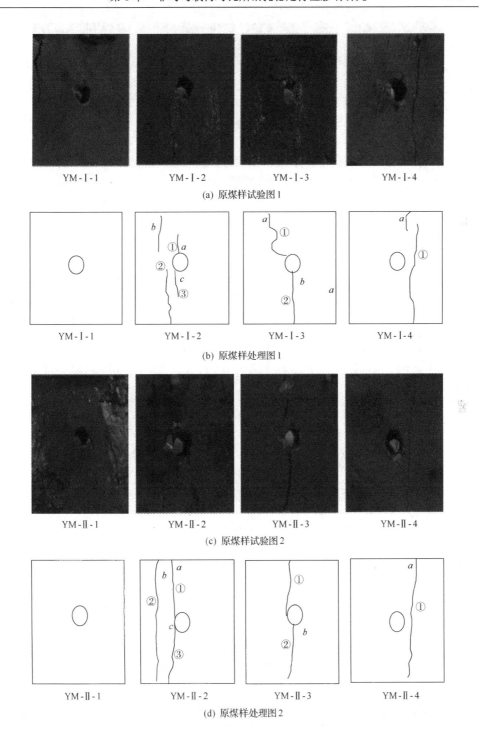

YM-Ⅰ-1　　　YM-Ⅰ-2　　　YM-Ⅰ-3　　　YM-Ⅰ-4

(a) 原煤样试验图 1

YM-Ⅰ-1　　　YM-Ⅰ-2　　　YM-Ⅰ-3　　　YM-Ⅰ-4

(b) 原煤样处理图 1

YM-Ⅱ-1　　　YM-Ⅱ-2　　　YM-Ⅱ-3　　　YM-Ⅱ-4

(c) 原煤样试验图 2

YM-Ⅱ-1　　　YM-Ⅱ-2　　　YM-Ⅱ-3　　　YM-Ⅱ-4

(d) 原煤样处理图 2

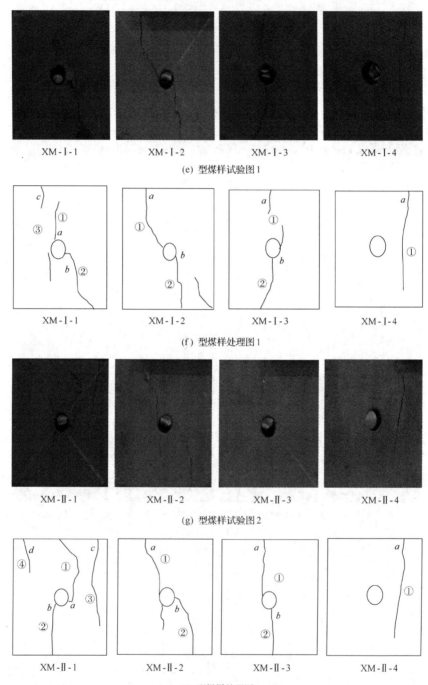

图 6.10　煤样孔洞周围裂纹扩展模式图

①~④-试样先后出现的裂纹编号；a、b、c 表示裂隙编号

①起裂位置：煤体的孔隙、裂隙介质属性造就了其在非均匀载荷作用下研究裂纹扩展规律时既要考虑原生裂纹，又要考虑次生裂纹(型煤只考虑次生裂纹)。由于高清数码相机帧数的限制，未能获取 S 加载条件下裂纹(原生裂纹、次生裂纹)的扩展图像，后续分析将不再考虑此种加载情况，但在 $3S/4$、$2S/4$、$S/4$ 非均匀载荷条件下煤体的破坏通常表现为由次生裂纹的扩展造成。在非均匀载荷加载条件下，相对加载面积对含中心孔洞煤体(型煤)试样裂纹的起裂位置影响显著，如图 6.10 所示。图中裂纹起裂位置的先后关系依次为 a、b、c、d。单轴压缩条件(即 S 加载条件下)下，如图 6.10[型煤试样的(e)~(f)]所示，次生裂纹①、②均发育于孔洞周边，同时加载过程中伴随其他次生裂纹的萌生及扩展，如 XM-Ⅰ-1 中裂纹③、XM-Ⅱ-1 中裂纹③、④，其起裂位置 c、d 均处在试样顶端并由下逐渐扩展，但试样最终破坏均是由发育于孔洞周边裂纹①、②的扩展造成的；裂纹③、④的扩展并不起主导作用，从而从侧面证明了在单轴加载条件下宏观中心孔洞对试样破坏产生的影响显著；$3S/4$ 加载条件下，原煤试样会产生两条裂纹贯通路径，其中一条不经过中心孔洞，如图 6.10[原煤试样的(a)~(d)]所示，裂纹起裂位置位于载荷加载临界处(即 b 处)，并先于另一条裂纹贯通路径造成试样贯通，另一条经过中心孔洞[图 6.10(a) 中 YM-Ⅰ-2、(c)YM-Ⅱ-2 中裂纹②)，裂纹起裂位置在孔洞周边或载荷临界处。而型煤试样只会产生 1 条裂纹贯通路径[图 6.11(b)中 XM-Ⅰ-2、XM-Ⅱ-2 中裂纹①和②]，裂纹最先起裂于载荷临界处(图中 a 点)，并逐渐向下扩展形成裂纹①，同时在孔洞周边产生裂纹起裂点 b，并逐渐向下扩展形成裂纹②，裂纹①和②的扩展、贯通最终造成试样的破坏；$2S/4$ 加载条件下，原煤试样裂纹扩展和型煤试样规律保持了高度的一致性，裂纹最先起裂于载荷临界处[图 6.10(a)中(a) YM-Ⅰ-3、(c) YM-Ⅱ-3、(e) XM-Ⅰ-3、(g) XM-Ⅱ-3 中 a 点]，并逐渐向下扩展形成裂纹①，同时在孔洞周边产生裂纹起裂点 b，并逐渐向下扩展形成裂纹②，裂纹①和②的扩展、贯通最终造成原煤试样和型煤试样的破坏；$3S/4$ 加载条件下，型煤试样和原煤试样裂纹扩展也保持高度一致，且只产生 1 条裂纹贯通路径，裂纹萌生于载荷临界处[图 6.10(a)中(a) YM-Ⅰ-4、(c) YM-Ⅱ-4、(e) XM-Ⅰ-4、(g) XM-Ⅱ-4 中 a 点]，裂纹由上向下逐步扩展，但均不经过试样宏观中心孔洞，起裂位置(包括起裂顺序)是应力集中程度的一个重要考量指标，而应力集中程度承载的信息量丰富。在均布载荷条件下，孔洞周边形成拉、剪应力区，导致裂纹由此起裂，孔洞是引起应力集中的主导因素；但随着加载面积的改变，孔洞的主导地位被颠覆，应力集中强弱顺序发生转换，起裂位置转向载荷临界处。由上可知，裂纹起裂位置受加载条件影响剧烈，非均匀载荷加载产生的应力集中明显大于孔洞引起的应力集中，并最终造成非均匀载荷临界处裂纹起裂早于孔洞周边裂纹起裂。反映到煤层瓦斯抽采工作中，则是采动应力的重新分布对钻孔的影响要明显大于钻孔本身对煤层特性改变的影响。因采动应力大小、方向和性质的改变导致的煤层瓦斯抽采钻孔变形、破坏，甚至塌孔才

是瓦斯钻孔失效的最主要原因。

②起裂应力：煤岩材料破坏时，其内部细观裂纹起裂时的起裂应力与煤体的弹性模量关系密切。一般情况下，起裂应力会随着煤体材料弹性模量的增大而增大，表现为正相关性。在本试验中，由于无法直接观察到煤体内部裂纹的起裂，因此将试样表面裂纹起裂时所对应的应力值定义为起裂应力；同时，考虑到加载面积对煤岩材料起裂应力的影响，真实加载面积均取上下加载面积的平均值，以求更接近真实加载条件，其换算公式详见式(6.6)。

当采用底面积计算及换算面积加载时，其加载条件与起裂应力之间的变化曲线如图 6.11 所示，图 6.11(a) 中的 $\sigma_{ci1} \sim \sigma_{ciⅢ}$ 中Ⅰ、Ⅱ平均值为采用底面积计算时两组试验的关系曲线，而图 6.11(b) 中的 $\sigma'_{ci1} \sim \sigma'_{ciⅢ}$ 中Ⅰ、Ⅱ平均值为经过换算面积之后两组试验的关系曲线。煤体可以看成是由煤、裂隙、孔洞、节理等组成的含复杂裂隙系统的多孔介质。现有技术手段也很难对其准确三维定位表征。因此，型煤在制作过程中很难保持与原煤一致的复杂裂隙系统，更难以通过相似材料予以重现。人们在研究过程中往往忽略掉了这一裂隙系统，本书也未考虑在型煤中预设复杂的裂隙系统。从图 6.11 中原煤的起裂应力数据可以看出，两组原煤起裂应力数据明显不具有一致性，组间差异明显较大，其中一组呈现出波浪状，这也从侧面反映出原煤裂纹的局部化扩展规律随机性较强，并不能根据几组原煤起裂应力数据来判断原煤的裂纹扩展普遍规律。因此，本书对两组原煤起裂应力数据进行求平均值处理。两组型煤起裂应力数据变化不大，其发展趋势也具有明显的一致性，说明型煤试样组间个体差异明显要小于原煤试样。同样，对两组数据进行求平均值处理。考虑到真实加载面积的影响，对原煤试样和型煤试样起裂应力进行换算，处理结果如图 6.11(b) 所示。从图中可以看出，在局部加载条件下换算后的裂纹起裂应力普遍高于换算前的裂纹起裂应力，且这一差异随着相对加载面积的增大而减小，但最终趋于一致(即 S 加载条件下)。在两种情况下(换算与非换算条件)，随着相对加载面积的增大，裂纹的起裂应力呈增加的趋势，相对加载面积与起裂应力之间是一种非线性关系。对于原煤试样和型煤试样，相对加载面积在 $S/4 \sim 2S/4$ 时，裂纹的起裂应力变化相对急促；当相对加载面积在 $2S/4 \sim 3S/4$ 时，裂纹起裂应力又变得相对缓和；当相对加载面积超过 $3S/4$ 之后，又变得急促起来；原煤试样和型煤试样中，相对加载面积与起裂应力之间均呈现明显的"倒S"关系，只是这种关系的缓急变化程度有所不同，裂纹起裂应力随相对加载面积增大而增大的趋势并没有发生根本转变。

③表面裂纹瞬时最大有效贯通速度：煤岩是一种典型的脆性材料，原煤试样表面裂纹扩展的时间点主要集中在峰值应力及以后区域，达到峰值应力之后裂纹扩展速度极快，最终造成煤试样的突发式破坏；而对于型煤试件，由于其内部裂隙、孔隙系统较为简单(通常未予以考虑)，由孔隙、裂隙系统造成的应力集中程

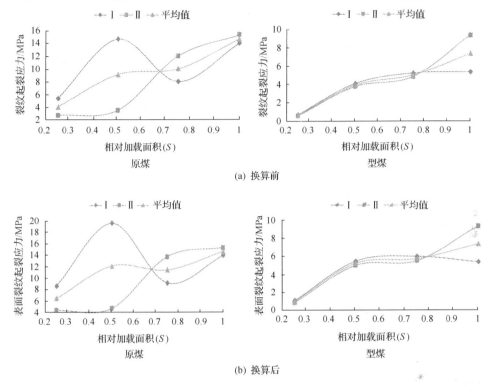

图 6.11 相对加载面积与起裂应力之间的关系曲线

度往往较低，在达到峰值应力以前，裂纹已经开始扩展，型煤试样的破坏偏向于渐进式破坏。为比较加载条件对原煤、型煤试样裂纹扩展造成的影响差异，对高清数码相机拍摄的视频按帧提取，获得每一时刻的高清图像，时间间隔为 0.02s，并根据图片对每一时刻的裂纹有效贯通尺寸进行测量，对获得数据进行处理后得到不同加载条件下的每一时刻裂纹有效贯通速度，并选取瞬时最大有效贯通速度，对其数据进行整理得到表面裂纹瞬时最大有效贯通速度与加载条件之间的变化曲线，如图 6.12 所示。

从图 6.12 中可以看出，在不同加载条件下原煤试样和型煤试样的规律曲线呈现出两种不同的形态，原煤试样的裂纹扩展通常与裂隙、孔隙系统、加载条件、宏观中心孔洞有关，而型煤试样的裂纹扩展可看成只与加载条件、宏观中心孔洞有关。对于原煤试样，组间差异较为明显，但整体上(主要体现在平均值上)表面裂纹瞬时最大有效贯通速度随相对加载面积的增大呈现增大—平缓过渡—急剧增大的"三段式"变化规律。作者推测在只考虑原煤试样裂隙、孔隙系统条件下，其表面裂纹瞬时最大有效贯通速度随相对加载面积的增大而呈现增大趋势，而考虑到宏观中心孔洞时，就存在一个影响范围($2S/4 \sim 3S/4$)，在此范围内宏观中心孔洞弱化了曲线继续增长的趋势从而出现平缓过渡区。而对于型煤试样，其自身裂

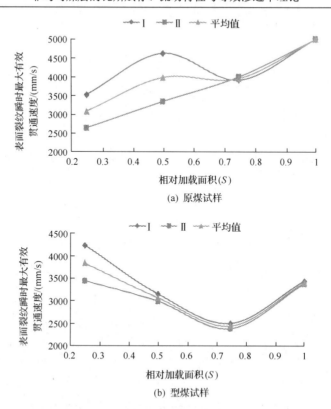

图 6.12　表面裂纹瞬时最大有效贯通速度和加载条件之间的变化曲线

隙、孔隙系统通常可以被忽略，因此其表面裂纹瞬时最大有效贯通速度就与加载条件、宏观中心孔洞密切相关，其表面裂纹瞬时最大有效贯通速度随相对加载面积的增大呈现减小—增大的"两段式"变化规律，当相对加载面积小于某临界加载面积时，相对加载面积越小，试样表面裂纹瞬时贯通速度越大，可以认为相对加载面积越小造成的试样应力集中程度越高，是加载过程中能量快速集聚后又瞬间释放造成的裂纹快速扩展。当相对加载面积继续增大时，相对加载面积造成的应力集中逐步弱化，而宏观中心孔洞参与到试样的应力集中来并逐步得到强化，但宏观中心孔洞造成的应力集中占主导地位，反映在数据上就造成此阶段试样表面裂纹瞬时最大有效贯通速度随相对加载面积的增大而增大。

(2)基于红外热成像的非均匀载荷对煤体裂纹扩展行为的量化表征。

本试验也利用红外热成像仪采集在峰值应力条件下煤体试样表面瞬时出现的温度数据。考虑到设备性能及试验时天气影响，作者收集了原煤试样和型煤试样 Ⅰ、Ⅱ组试样表面 $14 \times 14 = 196$ 个像元点的数据共 16 组，在不同温度区间分布个数如表 6.6 所示。

表 6.6　不同加载条件下不同温度区间像元点分布个数(煤样)　　(单位：℃)

组号	加载条件	温度区间												温差
		7~7.5	7.5~8	8~8.5	8.5~9	9~9.5	9.5~10	10~10.5	10.5~11	11~11.5	11.5~12	12~12.5	12.5~13	
原煤 Ⅰ	S			5	13	11	17	39	46	35	27	3		4.81
	3S/4			0	5	10	14	32	35	42	33	20	5	4.82
	2S/4		1	1	16	39	41	38	37	18	3	2		4.49
	S/4	1	4	15	24	38	19	18	27	17	24	7	2	5.5
原煤 Ⅱ	S			1	5	42	51	32	42	18	5			2.88
	3S/4	1	0	0	1	0	8	45	50	40	39	9	3	5.893
	2S/4			1	1	21	41	40	39	38	12	2	1	4.45
	S/4					6	19	46	63	36	9	10	7	3.56
型煤 Ⅰ	S					1	4	45	93	41	12			2.53
	3S/4					2	54	86	43	10		1		3.07
	2S/4			8	45	98	39	5	1					2.57
	S/4		12	100	68	11	4						1	5.24
型煤 Ⅱ	S	3	57	94	34	8								1.99
	3S/4	4	24	57	79	21	11							2.78
	2S/4	8	10	54	72	31	7							3.31
	S/4	75	11	89	75	20	1	4						1.86

由表6.6可知，在$iS/4(i=1, 2, 3)$加载条件下，其温度分布区间通常要大于S加载条件下，但三种加载条件下(非均匀载荷加载)的温度分布区间表现出的规律性并不十分强。这也可从温差(最高温度–最低温度)数值的大小来反映。同一加载条件下，原煤试样表面温度场温度要明显高于型煤试样，这主要由原煤试样自身裂隙、孔隙系统造成的应力集中强烈所致。非均匀载荷作用下，表现出的温差数值普遍要大于单轴压缩条件下的温差数值，非均匀载荷加载造成试样表面温度分布区间及温差的扩大，其根源在于局部加载造成了应力集中并在短时间内产生了明显的应力集中带。参考前人的研究成果，应力集中带内的温度明显高于其他区域，应力集中程度越高这一现象越显著。同时，由温度演化反馈出的应力集中带，通常也是裂纹扩展的潜在扩展区域。非均匀载荷作用有利于这种应力集中的快速生成，这种变化可在温度分布区间、温差两个参数上予以直观表达。

①基于熵的红外辐射温度场量化表征：根据式(6.3)和式(6.4)，对获取的原煤试样、型煤试样Ⅰ、Ⅱ组共16组数据的熵值进行归一化处理，得到不同加载条件下的H值，并绘制加载条件与H值的关系曲线，如图6.13所示。

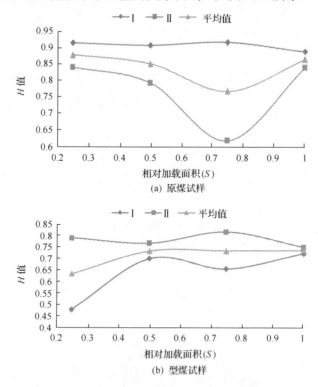

图6.13　H值和加载条件之间的变化曲线

通过归一化后，得到了H值与相对加载面积的耦合关系。H值的大小直接反映试样表面温度分布的均匀程度。从图 6.13 可以看出，原煤试样和型煤试样的 H 值曲线呈现两种不同趋势。原煤试样的 H 值(平均值)随相对加载面积的增大呈现"减小—增大"的"两段式"发展阶段，作者认为宏观中心孔洞、加载条件对原煤试样表面温度分布影响剧烈，并占据主导地位；型煤试样的 H 值(平均值)随相对加载面积的增大呈现"增大—平缓过渡"的发展趋势，作者同样认为加载条件、宏观中心孔洞对型煤试样表面温度分布影响剧烈，并占据主导地位。原煤试样、型煤试样的 H 值变化根源均在于加载条件和宏观中心孔洞的耦合作用，其耦合作用的强弱变化导致了应力集中带的产生及温度的变化。二者 H 值产生两种不同变化趋势的主要原因在于加载条件、宏观中心孔洞耦合作用的效果不一，并最终造成二者发展趋势不一致，但不可否认的是这种耦合作用的主导地位。同时，局部加载条件下原煤试样、型煤试样 H 值(平均值)普遍要小于 S 加载条件下，借此反映出非均匀载荷条件下原煤试样、型煤试样产生的应力集中显著，从而导致试样表面温度非均匀分布更加明显。

②基于方差分析的红外辐射温度场量化表征：对上述Ⅰ、Ⅱ组试验得到的数据运用数理统计知识进行分析，运用方差分析对不同加载条件下试样表面红外辐射温度场进行量化表征，处理数据如表 6.7 所示。

表 6.7　不同加载条件下试样表面像元点温度方差分析结果(煤样)

组号		加载条件	方差	差异源	SS	df	MS	F	P-value	F_{crit}
原煤	Ⅰ	S	0.8669	组间	123.5374	3	41.179			
		$3S/4$	0.9421					41.1452	1.09×10^{-24}	2.6163
		$2S/4$	0.6503	组内	780.6432	780	1.00			
		$S/4$	1.5439							
	Ⅱ	S	0.5125	组间	89.4915	3	29.82049			
		$3S/4$	0.5541					53.4678	1.97×10^{-31}	2.6163
		$2S/4$	0.6122	组内	435.0682	780	0.55778			
		$S/4$	0.5513							
型煤	Ⅰ	S	0.1824	组间	629.5832	3	209.8611			
		$3S/4$	0.1933					123.376	1.5×10^{-28}	2.6163
		$2S/4$	0.1519	组内	145.714	780	0.1868			
		$S/4$	0.2195							
	Ⅱ	S	0.1524	组间	17.1885	3	5.7295			
		$3S/4$	0.2817					24.7823	2.53×10^{-15}	2.6163
		$2S/4$	0.3614	组内	180.3314	780	0.2311			
		$S/4$	0.1293							

方差可以对加载过程中试样表面辐射温度场的离散现象进行表征，方差越大离散程度越大，说明加载条件对其影响程度较大。从表 6.7 可以看出，排除试验误差影响，非均匀载荷加载条件下的方差通常要比单轴压缩条件下的方差要大，这直接说明非均匀载荷作用造成加载过程中热像温度场偏离其均值的程度要大，也说明了加载条件对试样热像温度场分布影响剧烈。经方差分析计算得到的 F 值如下：原煤 F_I=41.1452、F_{II}=53.4678，型煤 F_I=123.376、F_{II}=24.7823，均大于其临界值 F_{crit}=2.6163，说明加载条件对试样表面热像温度场分布影响显著，是影响试样表面热像温度场分布的一个重要因素。

综合基于熵值、方差分析的试样表面红外辐射温度场量化分析结果可得如下认识：局部加载导致试样表面温度分布出现非均匀化特性，一些区域偏离均值程度较大，温度分布范围的非均匀化通常与试样表面产生应力集中带有关，应力集中带往往与裂纹潜在扩展区域联系紧密。因此，试样表面红外辐射温度场演化特征很好地吻合了裂纹的扩展规律。

6.3 煤体裂纹演化的数值计算与分析

室内试验通常受限于试验设备的水平，非均匀载荷的施加将会受到很大的限制。同时，仅通过试验观测完成载荷形式、原生裂纹、开挖等耦合因素对煤体裂纹扩展行为的影响研究非常困难。而数值模拟则具有较灵活的特点，数值模拟研究在载荷形式、开挖、原生裂纹形状及尺度测量方面具有明显的优势。利用数值模拟软件开展数值模拟研究则可以充分利用其优势，对所需要研究的科学问题展开深入细致系统的研究。基于此，借助数值模拟软件对非均匀载荷作用下含孔洞煤试样裂纹扩展行为进行研究是可行的。这也可以从研究试样数量层面解决实验室研究时试样总体偏少的不足，更能从统计学的角度准确地找到相关规律[101, 102]。

1) 模型的建立

数值模拟研究利用的数值软件是东北大学开发的岩石破裂过程分析软件——RFPA^{2D}。鉴于均质度是影响预制裂纹扩展的一个重要因素，为研究非均匀载荷作用下均质度对裂纹扩展的影响程度，本书模型均质度分别取 2、5、10，同时为考虑煤体原生裂隙对煤体孔洞周边裂纹扩展的影响，本书将在计算模型(a)的基础之上设置了计算模型(b)，其中设置了两条预制裂纹，计算模型(c)和(d)是在计算模型(b)上考虑了原生裂纹倾角影响的延伸。四个模型尺寸及加载方式均相同，原生裂纹长度均为 10mm，中心孔洞直径也为 10mm，计算模型如图 6.14 所示，其中计算模型 I 考虑均布载荷，而模型 II 考虑非均匀载荷，侧压力系数 λ 均设为 0，模型Ⅲ则在模型Ⅱ的基础之上考虑了非均匀载荷梯度大小的影响。计算模型的受力简化图如图 6.15 所示，尽管采用非均匀载荷对煤岩施加载荷，但受力仍属于静力范畴，因此采用 RFPA²ᴰ 软件进行静力分析是可行的。

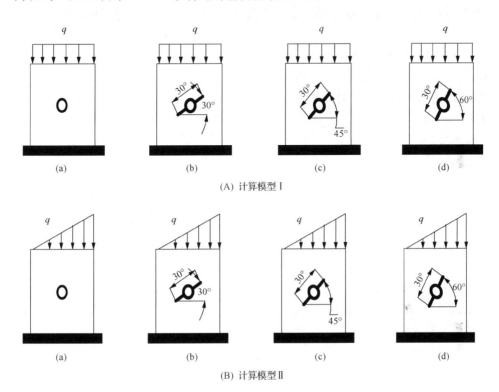

图 6.14　计算模型示意图

上述受力情况下的简化力学模型可表示为图 6.15。

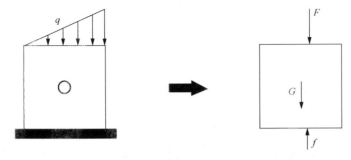

图 6.15　计算模型受力分析图

F-上覆载荷；G-试样重力；f-试样受到的支撑力

2) 模型的参数

为模拟真实条件下巷道围岩煤岩体所处的应力环境，进行了不同非均匀载荷梯度作用下含孔洞煤体裂纹演化数值模拟试验。模型尺寸均为 70mm×70mm，共划分 170×170=28900 个单元，采用平面应变模型，加载方式采用应力加载，非均匀载荷梯度分别为 0～1MPa、0～2MPa，共进行 36 个模型的模拟研究(包括均布载荷模型)，加载步为 0.05MPa/步，共加载 200 步。模拟模型以霍宝干河矿 1082 巷道 2#上煤为原型，计算模型均采用其获得的物理力学参数(力学参数均考虑为宏观平均值)，考虑到细观平均值和宏观平均值的差异，根据 RFPA 软件用户手册中的拟合公式对输入的弹性模量和强度进行初步换算，公式如下：

$$\frac{F}{f} = 0.2602 \ln m + 0.0233 \qquad (1.2 \leqslant m \leqslant 50) \tag{6.7}$$

$$\frac{E}{e} = 0.1412 \ln m + 0.6476 \qquad (1.2 \leqslant m \leqslant 10) \tag{6.8}$$

式中，m 为非均质度，数值越大表示模拟试样均质程度越好；e、f 为 Weibull 分布赋值时(数值计算输入值)弹性模量和强度的细观均值；E、F 为数值试样宏观的弹性模量和强度。

计算模型经过式(6.7)和式(6.8)换算后，模型材料力学参数如表 6.8 所示。

表 6.8　模型材料力学参数表

材料	平均力学参数						
	密度/(kg/m³)	弹性模量/GPa	泊松比	单轴抗压强度/MPa	平均抗拉强度/MPa	黏聚力/MPa	内摩擦角/(°)
煤体	1.312	8.948	0.16	4.089	0.7244	1.62	15.12
计算模型(m=2)	1.312	12.01	0.16	20.04	3.55	1.62	15.12
计算模型(m=5)	1.312	10.23	0.16	9.25	1.64	1.62	15.12
计算模型(m=10)	1.312	9.20	0.16	6.18	1.16	1.62	15.12

3) 计算结果及分析

本书主要考虑均质度、非均匀载荷梯度、原生裂纹三个因素对含中心孔洞煤体裂纹扩展模式的影响，并期望找出其中影响含中心孔洞煤体裂纹扩展的显著因素和耦合因素，分析其对含中心孔洞煤体破坏模式的影响程度，试图得到其普遍规律，并从理论角度给出解析解，能够为煤层瓦斯钻孔稳定性维护、全煤巷道设计及支护提供理论上的指导。

根据数值计算与分析结果，得到了均匀载荷作用下和不同非均匀载荷作用条件下的含中心孔洞煤体裂纹扩展模式图，如图 6.16～图 6.18 所示。

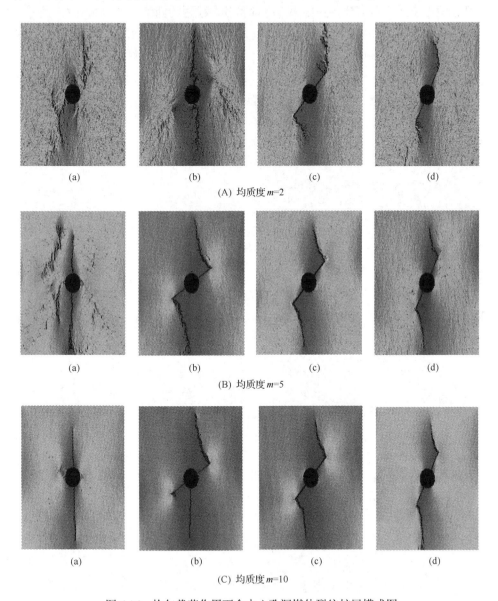

(a)　　　　　　(b)　　　　　　(c)　　　　　　(d)

(A) 均质度 m=2

(a)　　　　　　(b)　　　　　　(c)　　　　　　(d)

(B) 均质度 m=5

(a)　　　　　　(b)　　　　　　(c)　　　　　　(d)

(C) 均质度 m=10

图 6.16　均匀载荷作用下含中心孔洞煤体裂纹扩展模式图

(1)试样峰值强度的影响。

峰值应力是计算模型的一个重要参数，是对计算模型进行力学分析的重要考量参数。根据上述模拟与计算的结果，提取了各个模型的峰值应力，如表6.9所示。从表中可以看出，在计算模型中开挖中心孔洞和预制裂纹会造成计算模型值强度明显降低，且对不同均质度的试样造成的峰值强度降低影响是不同的，均质度越低这

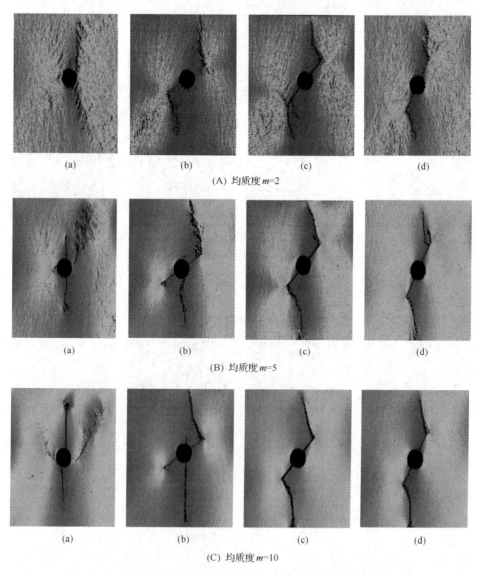

(A) 均质度 m=2

(B) 均质度 m=5

(C) 均质度 m=10

图6.17　0～1MPa非均匀载荷作用下含中心孔洞煤体裂纹扩展模式图

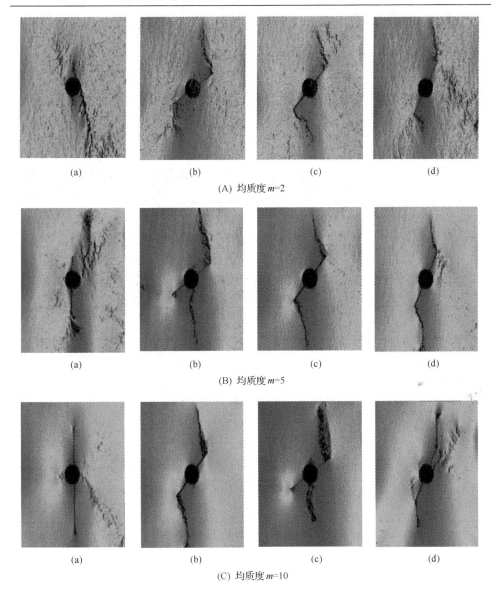

图 6.18 0～2MPa 非均匀载荷作用下含中心孔洞煤体裂纹扩展模式图

种差异越大；在同一个计算模型的不同加载条件下，这种差异体现的不是十分明显，这可能是与梯形载荷设置较小有关；而在同一个计算模型中，考虑孔洞及预制裂纹，同时开挖孔洞与设置预制裂纹时，计算模型的峰值应力明显要低于只开挖孔洞的计算模型(即模型 b、c、d 的峰值应力均低于模型 a 的峰值应力)，作者推测均质度和人工开挖(孔洞、预制裂纹)是造成计算模型峰值应力降低的主要因素；二者耦合作用的程度，是导致计算模型峰值应力既有升高又有降低的原因(体现在同一载荷条件下计算模型 a、b、c、d 峰值应力的变化)。

表 6.9　计算模型在不同加载条件下的峰值应力　　　（单位：MPa）

模型	I				II				III			
载荷梯度	0~0MPa				0~1MPa				0~2MPa			
均质度	a	b	c	d	a	b	c	d	a	b	c	d
$m=2$	3.45	2.40	1.90	2.95	3.9	2.36	2.76	3.16	3.66	2.45	2.5	3.16
$m=5$	2.95	0.95	1.80	2.40	2.76	1.65	1.60	2.15	2.81	1.15	2.5	2.25
$m=10$	2.30	1.05	1.30	1.85	2.36	1.00	1.35	1.75	2.30	1.00	1.15	2.15

(2) 声发射特性影响。

声发射事件数的多少能在一定程度上反映试样内部裂隙的萌生及演化特性，是用来表征煤岩裂隙演化的一种重要考量技术指标。根据数值模拟与计算结果，提取各个计算模型模拟试验过程中产生的声发射事件数与应力值的对应关系(非均匀载荷下为应力平均值)并绘制其耦合关系曲线，如图 6.19 所示。

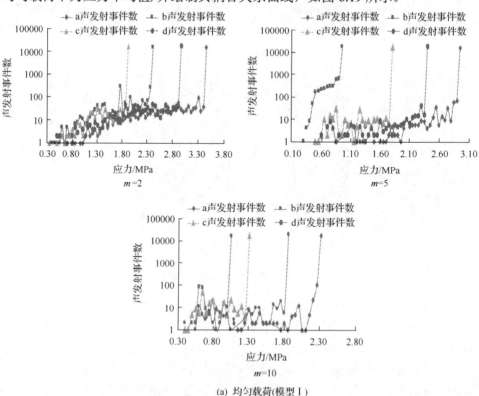

(a) 均匀载荷(模型 I)

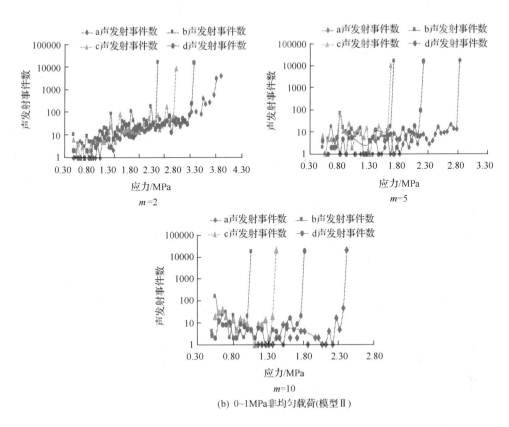

(b) 0~1MPa非均匀载荷(模型Ⅱ)

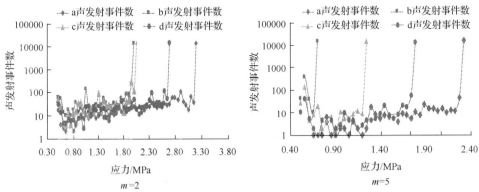

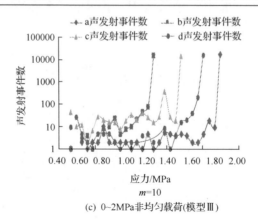

(c) 0~2MPa非均匀载荷(模型Ⅲ)

图 6.19　声发射事件数与应力之间的关系曲线

由图 6.19 可知，在三种不同计算模型条件下，声发射事件数在加载应力达到峰值应力之前处于平稳发展状态，达到峰值应力时声发射事件数瞬间达到最大值（即图中声发射事件数最大值所对应的应力为峰值应力），这可以理解为此时试样内部裂纹萌生数目及速度均达到最大值，从而造成能量的瞬间释放而反映在声发射事件数的瞬间增长。

表面裂纹有效贯通率反映多孔介质的破损程度，是表征试样表面裂纹演化特征的重要指标。根据数值模拟与计算结果，提取各个计算模型每一计算步裂纹的有效贯通量并根据式 (6.1) 计算每步的表面裂纹有效贯通率，并换算成加载应力（非均匀载荷作用下为应力平均值）与表面裂纹有效贯通率之间的关系曲线，如图 6.20 所示。

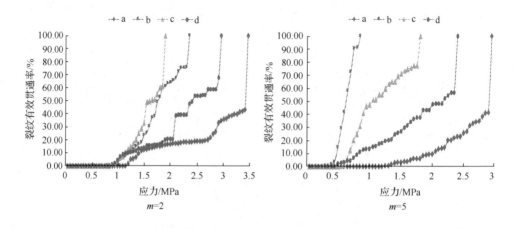

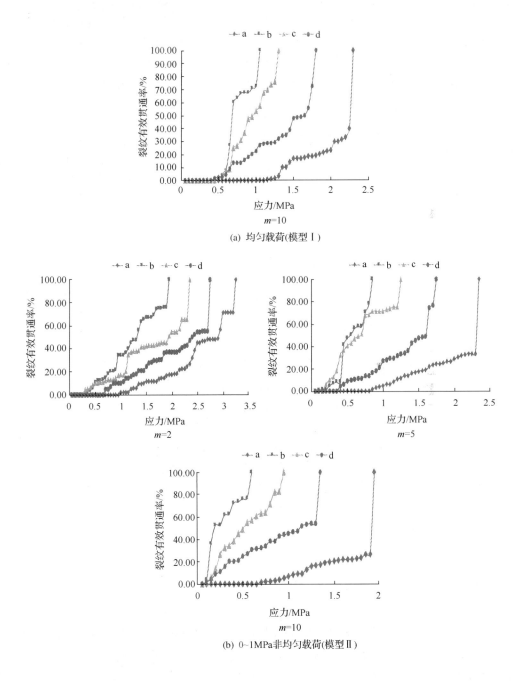

(a) 均匀载荷(模型Ⅰ)

(b) 0~1MPa非均匀载荷(模型Ⅱ)

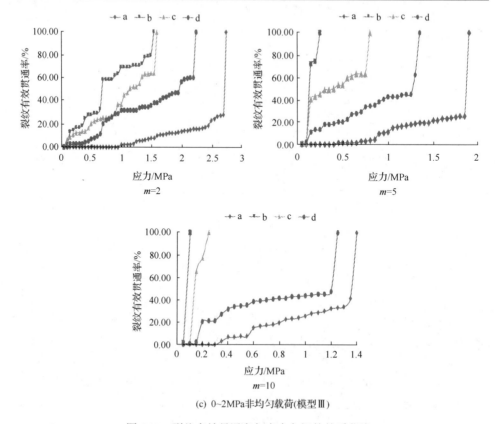

(c) 0~2MPa非均匀载荷(模型Ⅲ)

图 6.20　裂纹有效贯通率与应力之间的关系曲线

　　从图中可以看出，裂纹有效贯通率与加载应力呈现"先缓慢增长，后急剧增长"的阶段式发展，裂纹有效贯通率通常在峰值应力处达到最大值，作者推测裂纹有效贯通与计算模型应力集中程度密切相关，在应力加载前期应力集中程度较弱，裂纹扩展较慢而导致裂纹有效贯通率较低；随着应力继续增加，计算模型应力集中程度明显增加，裂纹扩展快速增加，裂纹有效贯通率迅速增加，并在峰值应力处达到最大值。

4)含中心孔洞煤体裂纹的宏观扩展模式

　　在非均匀载荷作用下，不考虑原生裂纹时会出现三种裂纹：初始裂纹、剪切裂纹、远场裂纹。但非均匀载荷对裂纹扩展形态的影响非常明显，裂纹萌生于拉伸区域和剪切区域，并由此沿着轴向扩展，但明显偏向于载荷较大区域，裂纹呈锯齿波浪状，反映出裂纹萌生及扩展的演化环境来源于拉应力和剪应力的耦合应力场，此种环境下裂纹扩路径展呈明显的非平直化。考虑原生裂纹时，原生裂纹对含中心孔洞煤试样裂纹扩展影响显著，非均匀载荷较小时初始裂纹萌生于原生裂纹尖端并沿着轴向扩展，形成经典的翼裂纹，原生裂纹尖端均形成明显的应力集中区域，均质度较小时更加明显；非均匀载荷较大时，原生裂纹、中心孔洞均是影响裂纹扩展的因素，原生裂纹倾角较小时，除了形成翼裂纹，还在孔洞周边应力集中区域形成沿着轴向的次生裂纹，而随着原生裂纹倾角逐渐增大，孔洞周边应力集中逐渐弱化而消除了孔洞周边次生裂纹的萌生。同时，均匀载荷条件下，原生裂纹与载荷施加方向间夹角较小时，原生裂纹随着加载应力的增加会出现闭合的情况，但随着均质度增大这种情况消失；而在非均匀载荷条件下，原生裂纹与载荷施加方向间夹角较小时，原生裂纹闭合程度并不明显。

5) 均质度对含中心孔洞煤体裂纹扩展模式的影响

均质度是衡量材料(煤及各类岩石)均匀程度的重要参数，煤及各类岩石的均匀程度在细观上主要表现为各基元力学参数的离散程度。在 RFPA^{2D} 中，主要借助统计强度理论，采用韦布尔(Weibull) $\varphi_c(m, u)$ 分布来反映各基元力学参数的均匀程度，m 值越大表明其越均匀。从图 6.16～图 6.18 可以看出，均质度会明显影响含中心孔洞煤体裂纹的扩展模式，均质度较低(如 $m=2$)时的裂纹表面比较粗糙，扩展路径呈断断续续状，并出现面积较大的裂纹萌生区域，这可能是由于非均质度较低导致在该区域形成的应力集中；从图中也可以看出，非均质度越低造成的应力集中越明显，主要体现在裂纹面粗糙程度及裂纹萌生区域两个方面；均质度较高($m=5$、10)时，裂纹面的粗糙程度较均质度低时有明显的趋向光滑趋势，裂纹萌生区域出现退化，和均质度 $m=2$ 时的情况有本质上的区别。均质度在裂纹扩展影响上主要体现在裂纹面粗糙程度和裂纹萌生区域面积上。同时，在同一载荷作用下，均质程度对声发射数、裂纹有效贯通率产生一定的影响，但其作用效果明显低于非均匀载荷梯度、原生裂纹等的影响。

6) 非均匀载荷梯度对含中心孔洞煤体裂纹扩展模式的影响

非均匀载荷梯度也是影响含中心孔洞煤体裂纹扩展的一个重要影响因素。与均匀载荷条件下相比，不同非均匀载荷梯度作用于同一均质度试样时，非均匀载荷会造成载荷较大区域内的明显应力集中，主要体现在微裂纹萌生区域的面积方面，而非均匀载荷梯度越大这种趋势越明显。

非均匀载荷梯度对计算模型峰值应力影响甚微。峰值应力可以理解为材料强度的一个参数，可以看成是材料的固有属性，而载荷形式(如均匀载荷、非均匀载荷、分布载荷和集中载荷等形式)并不能从根本上改变这一属性。相等均质度条件下非均匀载荷梯度越大，试样受载时出现的声发射事件数最大值越大，可以理解为非均匀载荷梯度大小和应力集中程度呈正相关关系，但考虑到原生裂纹的影响这种关系将被弱化，特别是考虑到原生裂纹和均质度耦合影响时这种弱化更加明显。非均匀载荷梯度越大，试样裂纹的有效贯通速度越大，主要表现为达到有效贯通所需加载步数越少。

7) 原生裂纹对含中心孔洞煤体裂纹扩展模式的影响

原生裂纹是煤体区别于其他均质材料的一个显著特征，也是造成煤体非均匀性的一个重要原因。在本书的计算模型中，考虑到了原生裂纹及其倾角对含中心孔洞煤体裂纹扩展的影响。从图 6.16～图 6.18 中可以看出，原生裂纹有利于弱化孔洞周边的应力集中程度，当原生裂纹倾角达到一定范围(如裂纹倾角为 45°)时，这种趋势更加明显。这种状态和煤体均质程度、非均匀载荷梯度大小联系不大，具有一定的普遍适用性。因此，在煤矿生产中，特别是在高地应力作用下开挖巷道或设计煤层瓦斯抽采钻孔时，可以在围岩中预设一定角度的人工预裂隙，以达到弱化巷道引起的应力集中的目的，并将此种状态传递到围岩深处，进一步减小巷道所承受的集中应力，有利于维持巷道稳定性并可以在一定程度上增加瓦斯抽采钻孔的有效抽采时间。

在相同均质度条件下，原生裂纹对计算模型峰值应力呈现弱化作用，在非均匀载荷作用下这种趋势更加明显；而只考虑原生裂纹时，原生裂纹倾角是影响计算模型峰值应力的最重要因素，随着原生裂纹倾角增大，计算模型峰值应力呈现增大、先减小后增大两种趋势，而声发射事件数最大值则呈现先减小后增大、减小、先增大后减小三种趋势，这可以认为原生裂纹不是影响非均匀载荷作用下含中心孔洞煤体裂纹演化的决定因素。结合上述研究，可以认为载荷条件、原生裂纹的参数(包括原生裂纹宽度、长度、倾角、数目等)、均质度均是影响含中心孔洞煤试样裂纹演化的重要因素。而生产现场对煤层瓦斯抽采钻孔的稳定性维护方面，改变煤层应力条件，利用预制裂纹引导钻孔周边裂隙的发育、发展，均将是有效的技术措施。

6.4　本章小结

本章通过对含预制中心孔洞的类煤体试样、型煤试样和原煤试样的实验室试验研究、数值模拟研究和理论分析研究，得到了以下主要结论：

①在均布载荷条件下，孔洞周边形成拉、剪应力区且裂纹由此起裂，孔洞是引起应力集中的主导因素。随着加载面积的改变，孔洞的主导地位被削弱，应力集中强弱顺序发生转换，起裂位置转向载荷临界处。

②受载面积对含中心孔洞试样的裂纹扩展影响具有明显的区域性特点，且表现出明显的集中出现于有载荷作用的区域；随非均匀载荷的增加，试样表面裂纹的尺度(裂纹宽度和长度)不断增加，且裂纹的发展方向出现明显的非平直化趋势，

试样受到的非均匀载荷作用越大，裂纹尺度发展越快、裂纹发展方向变化越剧烈。

③综合基于熵值、方差分析得到的试样表面红外辐射温度场量化的结果表明：局部加载导致试样表面温度分布呈非均匀化特点；温度分布的偏离均值的程度、温度分布的非均匀化通常与试样表面产生应力集中带有关，应力集中带往往与裂纹潜在扩展区域联系紧密，试样表面红外辐射温度场演化特征很好地吻合了裂纹的扩展规律。

④非均匀载荷条件下，含中心孔洞煤体试样、类煤体试样(包括型煤试样)裂纹扩展呈现较为明显的统一规律，只是在参数表征上有所差异。类煤体试样在一定程度上能够较为科学、准确地表征原煤的裂纹扩展规律，具有重要的借鉴意义。

⑤均质度不仅影响煤体的破坏峰值强度，还会对裂纹扩展造成直接影响，非均质度越低，造成的应力集中区域越广泛、裂纹面越粗糙，裂纹扩展路径也越不规则。但均质度在声发射事件数、裂纹有效贯通等参数表征的裂纹扩展上，其影响程度明显要低于非均匀载荷梯度及原生裂纹的影响。非均匀载荷会造成模型载荷较大区域应力集中的明显增加，主要体现在微裂纹萌生区域面积上，且非均匀载荷梯度越大这种趋势越明显。试样的峰值应力并不随载荷形式(为均匀载荷向非均匀载荷形式的改变)的改变而改变，但非均匀载荷会加速表面裂纹的有效贯通，非均匀载荷梯度越大表面裂纹有效贯通所需时间越短。原生裂纹有利于弱化孔洞周边应力集中程度，当原生裂纹倾角达到一定范围(如裂纹倾角为 45°)时，这种趋势更加明显。这种状态和煤体均质度、非均匀载荷梯度大小联系不大，具有一定的普遍适用性。

⑥非均匀载荷作用下，试样表面裂纹扩展反映出载荷作用范围内形成一个裂纹潜在扩展区，在排除组件离散性造成误差的前提下，该区域可以大致表述为载荷作用范围之下的矩形区域。当加载面积大于或等于临界加载面积 S_0 时，中心孔洞引起的应力集中和加载引起的应力集中相互叠加，应力集中程度呈几何增长；当应力达到一定条件时，促使了裂纹在此区域的逐步扩展。当加载面积小于临界加载面积 S_0 时，孔洞引起的应力集中被弱化而加载引起的应力集中被强化，最终导致加载引起的应力集中远大于孔洞引起的应力集中，但裂纹潜在扩展区范围随之减少；当应力达到一定条件时，裂纹便在此区域迅速扩展。

⑦通过数值模拟试验研究，可以判定非均匀载荷作用下含中心孔洞煤体裂纹演化受宏观中心孔洞、载荷条件、原生裂纹、均质度等综合作用影响，并不能由单一影响因素决定。

第7章 放散面积和运移路径对煤层 瓦斯放散的影响

煤是一种形成于特殊地质时期和环境中的似多孔介质，其内含有丰富的由孔隙和裂隙结构组成的微结构，这些微结构的分布、尺度和形态具有较强的个体差异性。在煤形成的过程中，同时伴生了大量的瓦斯气体，其中一部分经由地层逸散到大气层，而其他部分则赋存于煤层中。煤层内瓦斯赋存有两种状态，即游离态瓦斯和吸附态瓦斯，其中游离态瓦斯是可以在煤体内运动的自由瓦斯，吸附态瓦斯则是以一种物理吸附状态赋存于煤层中的。煤体内的游离瓦斯在瓦斯压力或浓度梯度作用下，就会发生运移与扩散，瓦斯由高气压区、高浓度区向低气压区、低浓度区运动，直至逸散出煤体，这就是瓦斯运移。瓦斯自煤体中逸散而出的过程是复杂的物理过程[103~106]，既包括瓦斯的解吸、瓦斯的运移，又包括瓦斯的放散，而直接决定瓦斯放散的因素则为瓦斯运移的路径和煤体内瓦斯的自由放散面积的大小。因此，掌握放散面积和运移路径对瓦斯放散规律的影响，意义非常重大。

7.1 煤的瓦斯放散特性

煤的瓦斯放散特性的表征指标是瓦斯放散速度，它反映煤体解吸、释放瓦斯的速度快慢。其中，瓦斯放散初速度是表示在一个标准大气压下饱和吸附瓦斯后开始瓦斯放散的0~10s与45~60s瓦斯放散量的差值，以 P 来表示。我们国家常采用该指标来评价煤的瓦斯放散能力。

1) 瓦斯放散初速度的测定

(1) 测定仪器工作条件。

进行瓦斯放散初速度测定时，需要的主要条件包括：环境温度为 10~30℃，相对湿度不大于 85%，使用的甲烷浓度不低于 95%，制备的煤样粒径在 0.2~0.25mm，每一个试样的质量为 3.5g(至少测定两个试样)，主要仪器如图 7.1 所示。

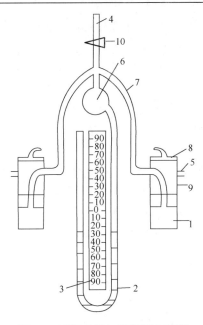

图 7.1　瓦斯放散初速度测定装置

1-玻璃杯；2-水银压力计；3-标尺；4、5-管口；6-玻璃球形腔；7-玻璃管；8-玻璃塞；9-套管；10-开关

(2) 测定步骤。

进行瓦斯放散初速度测定时，应遵循以下步骤。

第一步：要把两个试样分别装入瓦斯放散初速度指标测定仪的两个试样瓶内；

第二步：输入煤样编号，开启仪器设备并检查气密性；

第三步：启动真空泵对煤样脱气 1.5h；

第四步：通入压力为 0.1MPa 的瓦斯气体 1.5h，使煤样饱和吸附瓦斯；

第五步：利用真空泵脱干试验系统死空间内的空气和瓦斯气，并启动试验；

第六步：开启阀门并持续至第 10s 后关闭，读出瓦斯放散量值 p_1，至第 45s 时再打开阀门并持续至 60s 关闭，再次读出瓦斯放散量值 p_2。

第七步：计算得到瓦斯放散初速度值，按下式计算：

$$P = p_2 - p_1 \tag{7.1}$$

式中，计算得到的 P 即为瓦斯放散初速度值。

(3) 影响因素分析。

假设进行试验时上述试验过程完备，但不同试样测得的煤的瓦斯放散初速度仍可能是不同的，这是因为瓦斯放散初速度受诸多因素的影响，主要包括如下：

①煤试样的个体差异性。煤是富含微结构的各向异性的似多孔介质，尽管试验时已经将煤粉碎为 0.2~0.25mm 的颗粒，但其内仍包含尺度较小的孔隙、裂隙微结构，这些微结构将影响同样外界条件下的瓦斯的解吸和运移，从而影响瓦斯放散初速度的值。

②煤试样的含水率。煤含水后，水分可能充填、封闭煤试样内含有的孔隙、裂隙微结构，导致瓦斯更难以从煤试样内解吸出来，并同时劣化瓦斯的运移通道，从而影响瓦斯放散初速度的值。

③煤试样粒径均匀程度。前人的研究表明，煤层是由极限煤粒组成的集合体，当煤被破碎为一定粒径后，在小于极限粒径范围内瓦斯流动与颗粒的组成有关：随颗粒直径的增大，瓦斯流动的阻力增大，瓦斯扩散速度减小。因此，试样颗粒大小的均匀程度，也是影响瓦斯放散初速度的主要因素。

2) 瓦斯放散速度

瓦斯放散初速度的测定是针对小尺度煤粒展开的，其本质只能反映出不含或含有较少孔隙、裂隙微结构煤试样的瓦斯放散特性，对于富含微结构的煤试样瓦斯放散特性的表征将存在较大偏差。因此，必须将瓦斯放散初度的监测扩展为具有一定尺度煤样的瓦斯放散过程中瓦斯放散速度的全部监测，才能准确地描述大尺度煤试样瓦斯放散特性，即瓦斯放散和瓦斯放散速度。

对于具有一定尺度的且富含微结构的煤块，其内瓦斯放散一般需要经历以下过程，即瓦斯解吸脱离微结构表面→向大尺度孔隙、裂隙系统扩散→瓦斯分子扩散到煤基质外表面→逸散出外表面，这一过程非常复杂[107~109]。瓦斯分子通量的决定因素除了瓦斯浓度梯度、压力梯度的控制外，瓦斯的扩散系数和煤层的渗透率也是非常关键的，宏观表现为放散面积和运移路径两个方面。

①瓦斯放散面积：煤体内含有瓦斯且存在瓦斯压力梯度或浓度梯度时，游离瓦斯在煤体内就会发生运移，当瓦斯运移至自由表面时，瓦斯则会自煤体内涌出。此时，与自由空间接触的煤层表面则成为瓦斯直接涌出的场所，其面积的大小直接决定了煤层单位时间内涌出的瓦斯量，即瓦斯放散面积。当煤层内受影响区域的瓦斯量相对固定时，放散表面积越大，煤体内瓦斯完全放散出煤体需要的时间越短，如图 7.2 所示。

②瓦斯运移路径：煤体内含有瓦斯且存在瓦斯压力梯度或浓度梯度时，游离瓦斯在煤体内就会发生运移，游离瓦斯从其受影响区域内运移至自由表面的过程中，瓦斯所经历的路线就是瓦斯的运移路径[110, 111]，如图 7.3 所示。因此，瓦斯运移路径越短、越简单、阻力越小时对于煤体内的瓦斯运移越有利，也就是这部分瓦斯放散出煤层需要的时间越短。

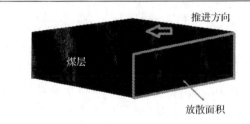

图 7.2　煤层瓦斯放散面积

图 7.3　煤层瓦斯运移路径

7.2　放散面积对煤层瓦斯放散的影响

　　煤壁的瓦斯涌出、钻孔瓦斯的涌出，其实质均是一定放散面积、不同运移路径的瓦斯放散问题[112~115]。目前，关于上述两个因素对瓦斯放散规律产生影响的系统试验研究很少，更没有弄清楚两个因素对瓦斯放散规律的影响机理。本章利用自行研制开发的试验装置，研究放散面积对煤样瓦斯放散特性的影响，研究成果可用于提高瓦斯含量测定和钻屑解吸指标法的测量精度，为预防矿井瓦斯灾害提供理论依据与经验指导。

1)试验方案及试验步骤

　　（1）试验方案。

　　本章主要研究放散面积对型煤瓦斯放散的影响，主要通过控制放散面积的大小和放散面位置来研究其对瓦斯放散的影响。放散面积的大小通过密封型煤六面来实现，放散位置通过试验中密封六面顺序来实现。首先将型煤六面编号，如图 7.4 所示，型煤下面为 1 面、上面为 2 面、前面为 3 面、后面为 4 面、右面为 5 面、左面为 6 面。如密封其中任意一个面时，瓦斯有效放散面积就减少 1/6；而当密封两个面时，又可分为密封两个相邻面和密封两个相对面两种情况，如同时密封 4 面、6 面和密封 3 面、4 面，虽然其瓦斯放散面积也减少 1/3，但其造成的影响是不同的；当密封三个面时，则可分为相邻三个面和相连三个面两种情况，

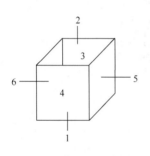

图 7.4　型煤面编号示意图

如同时密封 3 面、4 面、5 面和同时密封 2 面、3 面、5 面，虽然其瓦斯放散面积减少了一半，但其造成的影响也是不同的；当密封四个面时，也可分为同时密封相连四个面和相邻四个面两种情况，如同时密封 3 面、4 面、5 面、6 面和同时密封 3 面、4 面、5 面、6 面，其造成的影响肯定也是不同的。

本书在 0.4MPa、0.8MPa、1.2MPa 三组瓦斯压力下进行，每组试验分别在 A、B 两块型煤试样中进行。A 型煤试样的试验顺序为无密封—密封 1 面—密封 2 面—密封 3 面—容封 4 面—密封 5 面—密封 6 面；B 型煤试验顺序为无密封—密封 1 面—密封 3 面—密封 5 面—密封 2 面—密封 4 面—密封 6 面。具体试验方案详见图 7.5。密封材料经实验室多次使用最后选出最佳材料密封胶，并经过相关方法检验，密封效果很好，符合试验要求。型煤试验组主要研究放散面积对瓦斯放散的影响，B 型煤与 A 型煤试验作比较来研究放散面位置对瓦斯放散产生的影响。

（2）试验步骤。

试验具体步骤如下：

①将处理过的型煤放入煤样罐内，拧紧密封盖；将装置各单元装配一起，检验装置气密性；

②待气密性检验结束，打开甲烷瓶开关，调节减压阀使压力表示数达到标准瓦斯压力值，充气 12h；

③调节恒温箱，使温度计示数达到设计的 25℃，保证在整个充气过程瓦斯罐温度基本不变；

④充气结束，打开计算机中配套使用的流量计计数软件，将流量计开关打开，并记录实时流量数据。

2）放散面积对瓦斯放散速度的影响

试验结果显示，放散面积确实对瓦斯放散过程存在影响，但并不改变瓦斯放散曲线的总体趋势，各组数据的速度曲线具有很好的一致性，现以具有代表性的瓦斯压力为 1.2MPa 的 A 组试验无密封处理条件下得到的瓦斯放散速度曲线为例，如图 7.6 所示。瓦斯放散速度随着时间的增加而减小，瓦斯放散曲线整体上表现出呈近似"L"形。在最初的几十秒内瓦斯放散速度较大，大多在 0.1～0.3mL/(g·s)；时间至 200s 时放散速度减小至 0.01mL/(g·s) 以下；当瓦斯放散进行至 1400s 左右后，瓦斯放散速度减小至 0.000005mL/(g·s) 以下，此时认为瓦斯放散过程基本结

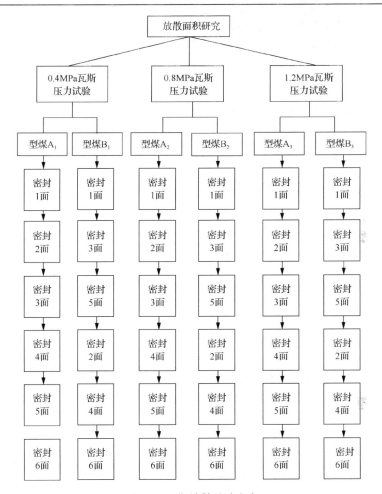

图 7.5　瓦斯放散试验方案

束。为了更有效地分析放散面积对瓦斯放散特性的影响，总结得出煤体瓦斯放散特性曲线的特征，将瓦斯放散全过程分为拐点之前的急剧减小区和拐点之后的缓慢减小区。通过利用 Oringin 软件对数据拟合发现，拐点之前瓦斯放散速度曲线与试验时间的关系用幂函数拟合时曲线拟合度最高，相关度达到 0.95 以上；拐点之后瓦斯放散速度曲线与试验时间的关系用指数函数拟合拟合度最高，达到 0.96以上。另外，在研究瓦斯放散速度急剧减小区时发现，在 100s 前后两段又表现出不同的特征。

(1)拐点之前急剧减小区。

在测定不同瓦斯压力、不同放散面积条件下煤样瓦斯放散速度的基础上，以取自山西隰东煤业的煤样为例，绘制了放散面积对煤样放散速度的影响变化图的拐点之前急剧减小区部分，如图 7.7 所示。

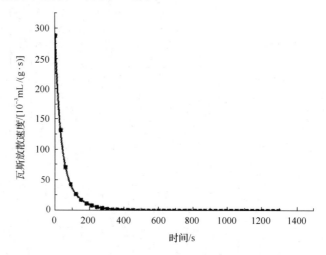

图 7.6　1.2MPa A 组瓦斯放散速度全过程图

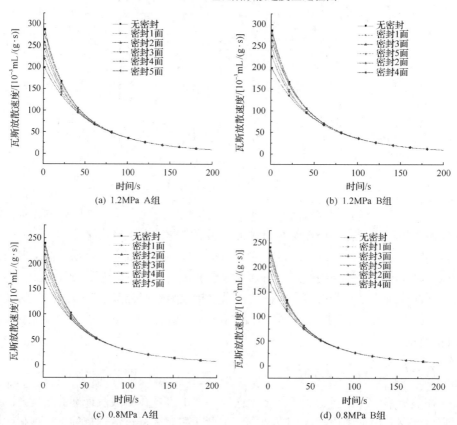

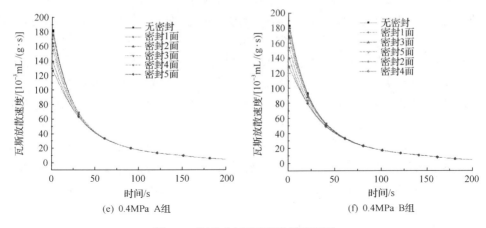

(e) 0.4MPa A组　　　　　　　　(f) 0.4MPa B组

图 7.7　急剧减小区瓦斯放散速度图

从图 7.7 可以看出：相同瓦斯平衡压力条件下，在瓦斯放散初期瓦斯放散速度随放散面积的减小而减小，随放散时间的延长瓦斯放散速度的降低梯度逐渐在减小，并出现了速度"超越"现象，这种速度"超越"现象在拐点处发生最为频繁并将此延续至拐点之后的缓慢减小区，由于这种交点较多，选取图 7.7 中的几个例子进行说明，如图 7.8 所示。

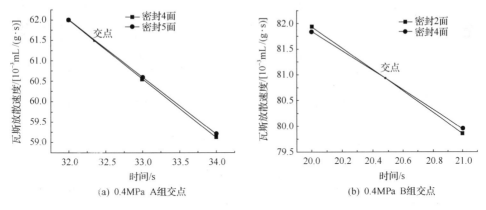

(a) 0.4MPa A组交点　　　　　　　　(b) 0.4MPa B组交点

图 7.8　瓦斯放散曲线的速度"超越"现象

分析上述现象产生的原因认为：在瓦斯放散初期，主要是放散面附近和煤试样裂隙内的游离瓦斯和部分吸附瓦斯从放散面逸出，表现为放散面积越大放散初期速度越大；随着瓦斯放散过程的推移，放散面周围瓦斯不断排出，游离瓦斯在裂隙中以渗流方式为主运移，瓦斯放散速度由瓦斯渗流速度决定；而由型煤面密封造成的瓦斯渗流所走的路径变长，渗透阻力变大，因此渗流速度较小。上述两个因素的综合作用，造成实验室出现了在初始阶段瓦斯放散速度随瓦斯放散面积的减小而减小的现象。随着时间的推移，渗流作用逐渐减小，煤体裂隙中的瓦斯涌出而形成瓦斯浓度梯度，瓦斯开始从孔隙中扩散到煤层裂隙系统，此过程主要是瓦斯在煤试样内小颗粒中的扩散，放散速度由扩散速度决定；在此过程中，由于放散面附近解吸出更多的瓦斯，使得煤样瓦斯放散一段时间后出现放散面积大的型煤比放散面积小的型煤内瓦斯浓度低的现象，而扩散速度的大小主要受浓度梯度控制。因此，在此阶段出现速度"超越"现象，由此也可以推测在瓦斯放散曲线拐点附近就是型煤放散过程的渗透-扩散的过渡阶段。此推论正好与前人研究成果吻合，即在相同瓦斯平衡压力下，放散面积大的型煤瓦斯放散速度在放散初始阶段较大，一段时间后由于放散速度主要受扩散影响，放散面积大的型煤瓦斯放散速度反而又略低于放散面积小的型煤。本书称为瓦斯放散速度的"超越"现象。

　　密封型煤相对两个面时，如所述的"密封 3 面、4 面"的情况，发现密封第二个面时比第一个面对瓦斯放散速度影响大，并发现随着放散面积减小密封型煤对瓦斯放散速度的影响更加明显。特别是对瓦斯初始放散速度的影响更加明显，图 7.9 是平衡瓦斯压力为 1.2MPa 下 A、B 两组试验密封不同个数面后瓦斯放散初速度减小值。

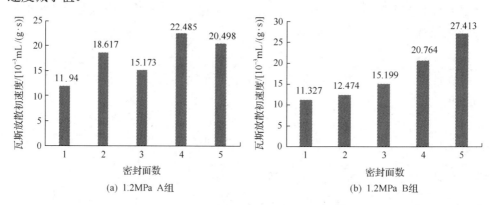

(a) 1.2MPa A组　　　　　　　　　　(b) 1.2MPa B组

图 7.9　　密封各面放散初速度减小值柱状图

　　A 组中密封 1、3、5 个面和 B 组中密封 1、2、3 个面时都是对型煤三个方向首面密封，即密封相邻三个面；A 组中密封 2、4 个面和 B 组中密封 4、5 个面是对型煤三个方向中其中两个方向的二次密封，即在上述密封一个面的基础上又继续进行的试验研究。从中可以清晰地看出，在密封同一性质放散面时(相对两面的第一次密封、第二次密封)，随着密封试验的实施，瓦斯放散初速度减小值逐渐增加，密封同一方向上的面时，第二次密封比第一次密封产生的影响要大得多。

　　造成上述现象的主要原因是：随着试验的进行，瓦斯放散面积越来越小，剩余放散面积变得越来越重要，在此时减小相同放散面积产生的影响会更大。因此随着密封试验的进行，瓦斯放散速度的减小幅度越来越大。在开始无密封时，瓦斯在型煤中的流动属于球向流动；当一个方向两个面(相对两个面)都被密封时，瓦斯在型煤中的流动变为径向流动；当其中两个方向(相对两组面)全被密封时，此时瓦斯在型煤中的流动由径向流动变为单向流动。因此，一个方向上第二次密封与第一次密封比较，不但是放散面积的减小，更重要的是型煤内的瓦斯流动形式发生了改变，因此出现单一方向第二次密封比第一次密封影响大的规律。

利用了美国 Origin Lab 公司开发的 Origin 图形可视化和数据分析软件，对拐点之前急剧减小区全部试验数据做拟合分析处理。Origin 软件功能强大且操作简便，是常用的高级数据分析和制图工具，支持大量的函数模块，也可以自定义函数拟合。由于 Origin 软件可以自定义函数，利用已往几种经典的瓦斯解吸经验公式对试验数据进行拟合。回归是要找到一个有效的关系，拟合则是为了找到一个最佳的匹配方程，在某种意义上拟合也可以称为回归分析。为了考察各类瓦斯放散经验公式的准确性和时效性，对各煤样的实测数据采用了分时段拟合方法进行拟合，拟合效果用相关性系数 R^2 来度量，R^2 越趋近于 1，则表明所用的瓦斯解吸经验公式对测定数据的拟合效果越好。

由于篇幅有限，选取具有代表性的 1.2MPa 瓦斯压力下所做试验的 A 组进行详细分析，对该段数据进行拟合处理，拟合结果如表 7.1 所示，其他试验组类似。

表 7.1　瓦斯放散速度拟合结果(拐点前)

试验类型	指数型拟合度 (R^2)	线性型拟合度 (R^2)	对数型拟合度 (R^2)	多项式型拟合度 (R^2)	幂型拟合度 (R^2)
无密封	0.986	0.747	0.966	0.952	0.860
密封 1 面	0.987	0.755	0.976	0.956	0.858
密封 2 面	0.989	0.767	0.977	0.959	0.854
密封 3 面	0.991	0.782	0.975	0.965	0.848
密封 4 面	0.993	0.803	0.972	0.973	0.838
密封 5 面	0.995	0.825	0.966	0.981	0.827

拟合结果如表 7.2 所示。

(2)拐点之后缓慢减小区。

由各组试验拐点后的瓦斯放散特性曲线可知：此过程经历时间较长，但是瓦斯放散速度较小。在缓慢减小区的初始阶段，只有部分曲线出现速度"超越"现象；到曲线结尾阶段各条曲线均出现"超越"现象，如图 7.10 所示。由于试验条件有限，将瓦斯放散速度减小到 0.000005mL/(g·s) 时，认为瓦斯放散过程结束，发现随着试验的进行放散面积越来越小，瓦斯放散持续时间越长。例如，1.2MPa B 组试验结束时间分别为：1351s、1374s、1396s、2017s、2049s、2756s。

表 7.2　瓦斯放散拟合函数(拐点前)

试验类型	拟合函数
无密封	$y = 12.954 + 271.588e^{\frac{-t}{39.614}}$
密封 1 面	$y = 12.139 + 260.414e^{\frac{-t}{40.692}}$
密封 2 面	$y = 11.615 + 242.055e^{\frac{-t}{42.230}}$
密封 3 面	$y = 10.559 + 228.968e^{\frac{-t}{44.530}}$
密封 4 面	$y = 8.922 + 209.734e^{\frac{-t}{48.297}}$
密封 5 面	$y = 6.895 + 193.736e^{\frac{-t}{52.852}}$

注：t 为试验持续的时间

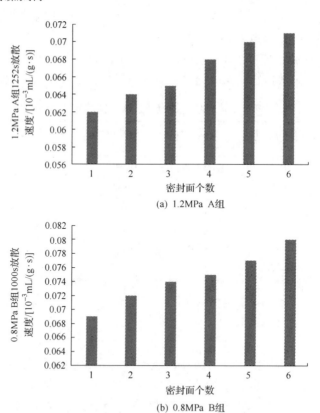

(a) 1.2MPa A组

(b) 0.8MPa B组

图 7.10　试验组放散后期某时刻放散速度图

　　产生上述规律的主要原因是：由于缓慢减小区刚开始，煤样中属于渗透运动和扩散运动的过渡阶段，在渗透运动中，放散面积越大渗透阻力越小，渗透速度越大；在扩散运动中，放散面积越大前期放散出的瓦斯量越多，后期煤样内瓦斯浓度相对较低，所以放散速度越低。综合上述两种原因，产生在缓慢减小区初始阶段只有部分曲线完成速度"超越"，放散随着时间继续进行，渗透作用逐渐减弱，扩散运动在加强；到放散后期，扩散占主导作用。因此，放散速度由煤样内的瓦斯浓度决定，放散面积越小，煤样内瓦斯浓度越高，扩散运动越明显，放散速度越快。

由于型煤试样中参与瓦斯放散煤体的范围是由放散面附近随时间逐渐向试样深部延伸的，而深部煤体中的瓦斯由于距暴露面较远，瓦斯运移至放散面需克服更大阻力，导致这部分煤体瓦斯解吸比较缓慢，放散所需时间也就更长。随着放散面积减小，深部煤样内瓦斯距离放散面相对路程较远，因此放散所需时间也相对较长；放散面积越小，后期型煤样内瓦斯浓度越高，瓦斯扩散运动持续时间越长。

选取具有代表性的 1.2MPa 瓦斯压力下 A 组所做的试验组进行详细分析，对该段数据进行拟合，拟合结果如表 7.3 和表 7.4 所示，其他试验组类似。

表 7.3　瓦斯放散速度拟合结果(拐点后)

试验类型	指数型拟合度 (R^2)	线性型拟合度 (R^2)	对数型拟合度 (R^2)	多项式型拟合度 (R^2)	幂型拟合度 (R^2)
无密封	0.823	0.743	0.901	0.856	0.992
密封 1 面	0.862	0.748	0.877	0.823	0.985
密封 2 面	0.874	0.712	0.899	0.863	0.988
密封 3 面	0.843	0.738	0.914	0.875	0.993
密封 4 面	0.844	0.742	0.906	0.867	0.987
密封 5 面	0.878	0.696	0.911	0.854	0.994

拟合结果如表 7.4 所示。

表 7.4　瓦斯放散拟合函数(拐点后)

试验类型	拟合函数
无密封	$y = 2.657 \times 10^7 x^{-2.7930}$
密封 1 面	$y = 2.202 \times 10^7 x^{-2.7558}$
密封 3 面	$y = 2.218 \times 10^7 x^{-2.7573}$
密封 4 面	$y = 2.205 \times 10^7 x^{-2.7562}$
密封 5 面	$y = 2.657 \times 10^7 x^{-2.7550}$
密封 3 面	$y = 2.657 \times 10^7 x^{-2.7523}$

3）放散面积对瓦斯放散量的影响

如图 7.11 所示，在 0.4MPa、0.8MPa、1.2MPa 瓦斯压力下，煤样在不同放散面积的条件下瓦斯气体有如下放散规律：

①相同时间内，不同放散面积瓦斯气体的累计放散量与试验时间的关系曲线仍然是有限单调增函数，即不同放散面积的瓦斯放散量随时间变化的规律基本一致，放散面积的改变并没有改变瓦斯放散规律。

②不同的瓦斯压力（0.4MPa、0.8MPa、1.2MPa）试验结果皆表现出：随着型煤放散面积的减小，在相同时间段内的累计瓦斯放散量均呈减小趋势。相同平衡压力下，由于不同放散面积的型煤瓦斯放散速度曲线在放散过程中出现交叉，故在交叉点前，随时间的延长其累计放散量之差越来越大，并在交叉点处达到最大，随后累计放散量间的差异逐渐减小并最终趋于稳定，但在累计瓦斯放散曲线中，并未出现像放散速度曲线那样的交叉点。

③在试验开始的前 300s 内，不同放散面积的型煤瓦斯累计放散量之差随时间增加的较显著；300s 后，两者差距变化较小。这可能是由于试验开始后，试样放散面中的游离瓦斯首先向放散面运移，且增加放散面积可以加速瓦斯在煤体中的渗流运动，使各组试验中瓦斯放散量差别较为明显，当试样中的游离瓦斯大部分放散后渗流作用不再明显时，两者累计放散量的差距也将不再有明显变化。

④同一个煤样在相同的吸附解吸环境下，随着放散面积减小，极限瓦斯放散量 Q_∞ 呈逐渐减小趋势。

⑤同一个煤样在相同时间内的瓦斯放散量随平衡瓦斯压力的增加而增加，累计放散量也随平衡瓦斯压力的增加而增加。随着瓦斯压力的增加，相同时间段各组不同放散面积的型煤累计放散量之差总体呈增加趋势，且表现出非线性特性；当瓦斯压力从 0.4MPa 变为 0.8MPa 时，两者累计瓦斯放散量之差整体大于平衡压力从 0.8MPa 变为 1.2MPa 时的两者累计瓦斯放散量之差。这是由于瓦斯压力对试样及其内部孔隙、裂隙结构的复杂物理化学作用，导致两者瓦斯放散量之差随瓦斯压力的增大呈非线性。

⑥不同瓦斯压力下，试样的累计瓦斯放散量随时间的延长，曲线均呈有限的单调递增趋势，上限为该试样在空气中的最大可放散瓦斯量。试验初始阶段，由于瓦斯放散速度较大，瓦斯累计放散量迅速增加；随着瓦斯放散速度的衰减，瓦斯累计放散量的增加也逐渐趋于平缓，最终瓦斯放散速度衰减至 0，此时试样的累计瓦斯放散量即为极限瓦斯放散量，但试验时无法获得此值，只能得出减小到设定值的累计放散量。瓦斯压力对试样瓦斯放散量有较大影响，相同时间段内瓦斯压力越大，试样的瓦斯放散量越大，且不同瓦斯压力煤样之间的累计放散量差值随着时间的延长逐渐增大；试验进行 200s 后，由于 4 个不同瓦斯压力试样的瓦

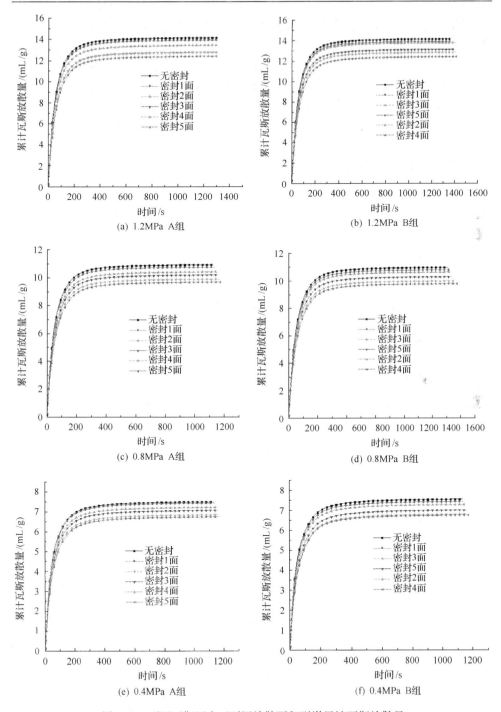

图 7.11　不同瓦斯压力下不同放散面积型煤累计瓦斯放散量

斯放散速度相差不大，其累计放散量差距的增幅也不再明显，但差距仍随试验时间的推移缓慢增大至试样瓦斯放散结束，其累计瓦斯放散量差距达最大。本试验型煤试样达到极限瓦斯放散量所需时间比煤粒更长，这可能是由于型煤试样中参与瓦斯放散的煤体范围是由放散面附近煤体构成的，且该范围随时间逐渐向试样深部发展，而深部煤体中的瓦斯由于距离放散面较远，瓦斯运移至放散面需克服更大阻力，导致这部分煤体瓦斯解吸放散比较缓慢，放散所需时间也就更长。

4) 瓦斯压力对型煤瓦斯放散特性影响研究

有研究成果表明，瓦斯压力对煤体的瓦斯放散速度，尤其是破坏类型较高的煤体，影响较为明显。王兆丰等通过研究认为瓦斯压力与瓦斯解吸初速度之间存在如下关系：

$$V = BP^{K_p} \tag{7.2}$$

式中，V 为瓦斯压力为 P 时的瓦斯解吸初速度，$mL/(g \cdot s)$；B 为回归系数，大小为当瓦斯压力为 1MPa 时所对应的解吸速度，$mL/(g \cdot s)$；P 为瓦斯压力，MPa；K_p 为瓦斯解吸特征指数。

王兆丰通过对突出煤体瓦斯放散指标的研究，得到了瓦斯放散初速度与瓦斯压力之间具有线性关系的特征。

雅纳斯等认为，瓦斯放散速度随时间的变化符合幂函数规律：

$$\frac{V_t}{V_a} = \left(\frac{t}{t_a}\right)^{-k_a} \tag{7.3}$$

式中，V_t、V_a 为在时间分别为 t 及 t_a 时的瓦斯放散速度，$mL/(g \cdot s)$；k_a 为影响瓦斯放散的指数。

为考察瓦斯压力对煤样瓦斯放散速度的影响，以 A 组试验为例进行分析研究，分析结果如图 7.12 所示。

从图 7.12 中可以看出，每组试验在煤样瓦斯放散初期(尤其是前 200s 左右)，瓦斯放散速度均较快，瓦斯放散后期趋于缓和。前 150s 内，吸附平衡压力较大煤样的瓦斯放散速度明显高于吸附平衡压力较小煤样的瓦斯放散速度，但瓦斯压力越大其瓦斯放散速度衰减速率越大；到 800s 后，3 个不同吸附平衡压力试样的瓦斯放散速度差异已不明显，其瓦斯放散速度差距随时间延长变得更小，但吸附平衡压力大的试样的瓦斯放散速度仍大于吸附平衡压力小的试样的瓦斯放散速度；至 1400s 左右，3 个不同吸附平衡压力试样的瓦斯放散速度基本维持在同一个水平。瓦斯压力越大，在相同时间内放散速度越大，这主要是由于瓦斯压力越大，型煤内吸附瓦斯和游离瓦斯均增加，导致瓦斯放散过程中速度越大。

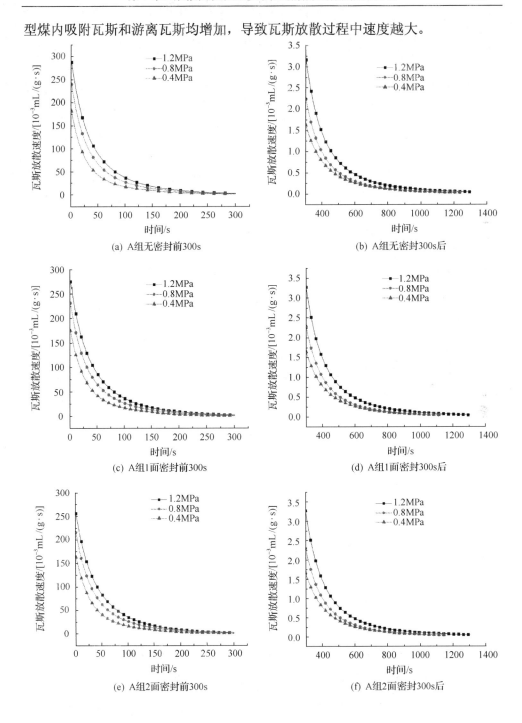

(a) A组无密封前300s

(b) A组无密封300s后

(c) A组1面密封前300s

(d) A组1面密封300s后

(e) A组2面密封前300s

(f) A组2面密封300s后

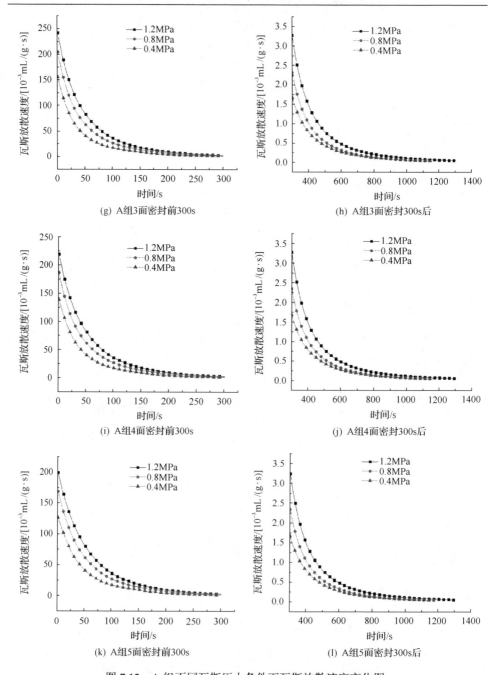

图 7.12　A 组不同瓦斯压力条件下瓦斯放散速度变化图

　　为考察瓦斯压力对煤样瓦斯放散量的影响，以 A 组试验为例进行分析研究，分析结果如图 7.13 所示。

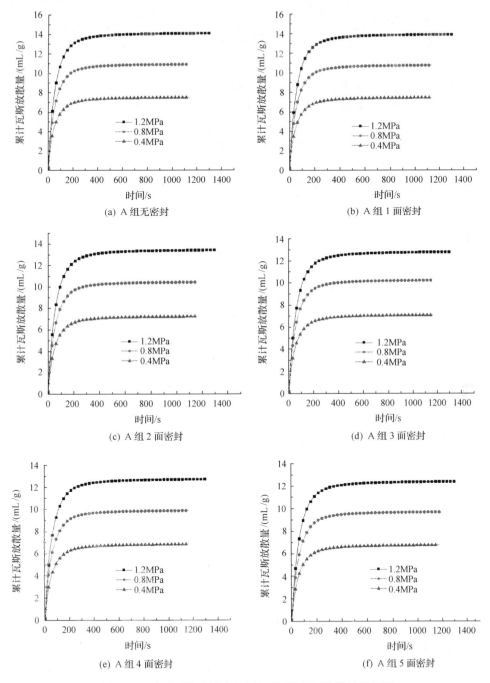

图 7.13　不同吸附瓦斯压力条件下累计瓦斯放散量变化图

从图 7.13 可以看出，无论吸附平衡压力高低，煤样瓦斯的累计放散量随放散时间的延长而增加，具有单调增加的趋势；煤样在相同时间内的累计瓦斯放散量随吸附平衡压力的增大而增加。以 A 组 4 面密封为例，瓦斯压力由 0.4MPa 增加至 0.8MPa 时，前 1min 内累计瓦斯放散量增加了 1.777mL/g，由 0.8MPa 增加至 1.2MPa 时，前 1min 内累计瓦斯放散量增加了 1.531mL/g；而瓦斯压力由 0.4MPa 增加至 0.8MPa 时，前 10min 内累计瓦斯放散量增加了 3.024mL/g，由 0.8MPa 增加至 1.2MPa 时，前 10min 内累计瓦斯放散量增加了 2.844mL/g。可以看出，随着瓦斯压力的增大，相同时间内煤样的瓦斯放散量随之增加，但增幅逐渐减小。上述现象产生的原因在于：煤样在初始暴露阶段，型煤裂隙内的瓦斯首先放散出来，大孔隙及裂隙表面所吸附的甲烷分子也瞬间解吸而进入尺度大的孔隙和裂隙内；随后，微孔隙中的甲烷分子要进入尺度较大的孔隙和裂隙时需要克服比较大的阻力，在一定程度上限制了瓦斯放散量的快速增加；随着瓦斯放散试验时间的延长，会不断有甲烷分子从微孔隙中解吸出来，使得累计瓦斯放散量不断增加，但增加的速度不断减小。随着瓦斯压力的增大，煤粒内孔隙表面分子的排列发生了变化。研究表明，在气体压力较低时，固体吸附剂(煤)对气体分子(甲烷分子)的吸附符合 Langmuir 单分子层吸附理论，即甲烷分子在孔隙内表面呈单层分布；而当瓦斯压力较高时，孔隙内表面甲烷分子的排列方式不再遵循 Langmuir 单分子层吸附理论，变为多层吸附模型。在煤样瓦斯放散的初期，单位时间内多分子层的瓦斯放散量较单分子层的放散量要大，外在表现即为煤样暴露的初期瓦斯放散量较大，瓦斯放散总量不断增加，而后期增速逐渐放缓。

7.3　瓦斯运移路径对瓦斯放散的影响研究

运移路径是影响瓦斯放散过程的主要因素之一，而目前的技术水平直观地研究瓦斯运移路径非常困难。瓦斯从煤样放散出来的过程中，必须包含瓦斯的解吸和瓦斯在煤体内的运移两个过程，而瓦斯运移过程所消耗的时间则与瓦斯在煤体内经过路径的条件直接相关，直接观测、研究瓦斯运移经过的路线基本是不可能的；但从煤体解吸处到瓦斯放散面的距离，从某种程度上可以认为基本等效为瓦斯运移路径，从而将瓦斯运移路径从微细观角度转化为宏观尺度。因此，瓦斯运移路径在理论上与煤试样尺寸的大小有着函数关系，以型煤尺寸对瓦斯运移路径产生的影响来开展对瓦斯放散的影响研究，型煤尺寸决定了其内部吸附瓦斯克服煤壁和孔隙阻力变为游离状态的难易程度，同样也影响着游离瓦斯在渗流过程中运动速度的快慢。因此，型煤尺寸对瓦斯放散过程产生不可忽视的影响，本试验通过对型煤进行等分，以定量改变型煤尺寸来改变运移路径。此方法较选取不同尺寸煤样进行对比更加科学，具有以下优点：

①获取煤样形状规则，运移路径更容易测量，并且误差较小。

②由于煤具有不均质、各向异性等特点，选取不同煤样可能获得不同结果，

而此方法则可排除上述因素的干扰。

1)试验方案与试验步骤

(1)试验方案。

为了研究瓦斯放散特性与瓦斯在煤样内运移路径间的耦合关系,试验共设计12 个方案,见表 7.5。

表 7.5　型煤尺寸瓦斯放散试验方案

序号	型煤尺寸	质量/g	瓦斯压力/MPa
1	1 个 70mm×70mm×70mm	525	0.4
2	2 个 35mm×70mm×70mm	525	0.4
3	4 个 35mm×35mm×70mm	525	0.4
4	8 个 35mm×35mm×35mm	525	0.4
5	1 个 70mm×70mm×70mm	525	0.8
6	2 个 35mm×70mm×70mm	525	0.8
7	4 个 35mm×35mm×70mm	525	0.8
8	8 个 35mm×35mm×35mm	525	0.8
9	1 个 70mm×70mm×70mm	525	1.2
10	2 个 35mm×70mm×70mm	525	1.2
11	4 个 35mm×35mm×70mm	525	1.2
12	8 个 35mm×35mm×35mm	525	1.2

(2)试验步骤。

上述所有试验均分为以下几个步骤进行。

①气密性检查。将放散装置中充入少量瓦斯气体,观察压力表数值是否降低,并配瓦斯检测仪及肥皂水检测其气密性。

②装煤样。打开煤样罐,放入处理好的煤样,将其置于恒温水浴。

③吸附瓦斯。将水浴温度调至 25℃,打开甲烷瓶开关,由充气罐向煤样罐注入瓦斯气体,调节减压阀使压力表示数达到标准瓦斯压力值,吸附 12h。

④放散瓦斯。关闭注气阀门,打开计算机中配套使用的流量计数软件,将流量计开关打开,并记录实时流量数据,待数据显示为零时,结束记录。

⑤试验完成一组,将煤样取出,按设定方案对型煤进行处理,并将处理好的型煤静放 12h。

2）不同尺寸型煤瓦斯放散的试验研究

（1）不同型煤尺寸瓦斯放散速度的试验研究。

在对制成的标准型煤样进行不同等分后，形成不同尺寸的型煤块，从而实现煤体瓦斯放散时不同的瓦斯运移路径。每种尺寸在不同瓦斯吸附压力值下（0.4MPa、0.8MPa、1.2MPa）进行放散试验，图 7.14～图 7.16 为不同尺寸型煤瓦斯放散速度的试验曲线。

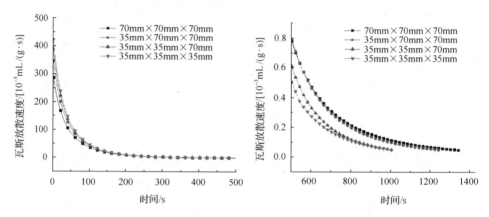

图 7.14　1.2MPa 瓦斯放散速度图

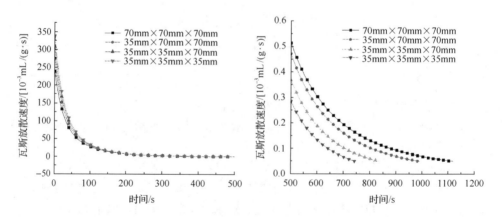

图 7.15　0.8MPa 瓦斯放散速度图

由图 7.14～图 7.16 可知，随着试验时间的延长，煤样的瓦斯放散速度逐渐降低并趋向于平缓，前期几何尺寸小的型煤（模拟运移路径短）在相同时间段的放散速度大，尤其是放散过程初期这种差距尤为明显，如 1.2MPa 下 4 个尺寸从小到大对应的瓦斯放散速度为 0.287L/（g·s）、0.354L/（g·s）、0.388L/（g·s）、

0.423mL/(g·s)，随后随着放散速度减小这种差距也在逐渐减小。这主要是瓦斯放散过程初期外表面积和大孔吸附的瓦斯放散量所占比重比较大，并且由于型煤的尺寸直接对瓦斯放散的运移路径(解吸-扩散-渗透)产生直接的影响，型煤几何尺寸越大瓦斯放散需完成的运移路径越长。综上两种原因，在试验过程中呈现出了在相同试验条件下(系统温度、水分和瓦斯压力等)前期尺寸较小型煤瓦斯放散速度总是大于尺寸较大型煤速度。

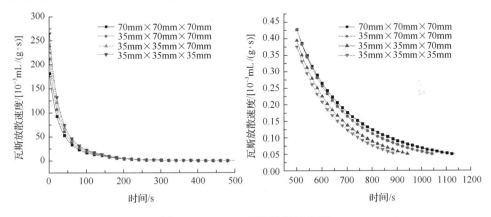

图 7.16　0.4MPa 瓦斯放散速度图

试验进行到 400～600s 时，瓦斯放散曲线集中发生速度"超越"现象，如图 7.14～图 7.16 所示，表现为到瓦斯放散的后期，瓦斯在煤试样内运移路径越小的情况瓦斯放散速度越小，这与前期随着运移路径减小，瓦斯放散速度增大的特征正好相反。这主要是因为前期运移路径小的煤样因为外表面积及大孔较多，受瓦斯解吸影响区域较大，但煤样内瓦斯解吸完全所用时间较短；而到瓦斯放散的后期，大尺寸试样受解吸影响区域大于小尺寸型煤受影响区域，因此瓦斯放散量随型煤尺寸变大而变大。

从试验结果可以得出：型煤尺寸与放散面积对瓦斯放散的影响有很多相似之处，两个因素对放散速度的初期影响较大，放散过程均出现速度"超越"，只是放散面积对瓦斯放散速度影响中提出的速度"超越"现象出现时间比较早，在拐点之前就已经出现，有的甚至在前 100s 就出现，并且在放散后期 1400s 时也会出现这种现象；而型煤尺寸对瓦斯放散的影响中的这种现象相对集中出现在放散过程的 400～600s 时间段内，最终都实现在后期瓦斯放散速度特征与前期瓦斯放散速度随因素变化特征向相反方向变化的特点。

对上述现象进行思考可得以下认识：通过试验研究提出的密封型煤表面和改变型煤运移路径对瓦斯放散的影响，其实质都可归结为改变放散面积、改变运移路径问题。密封型煤表面使得放散面积减小，运移路径增大[116~118]；型煤尺寸变小实质上是外表面积增大，运移路径变小。因此试验结果中出现很多相似之处，这可以考虑为增加放散面积与减小运移路径的"等效作用"。

(2)不同运移路径瓦斯放散量的试验研究。

改变瓦斯放散过程中的瓦斯运移路径时，将对瓦斯放散速度产生明显的影响。而对瓦斯放散特性的影响研究中，累计瓦斯放散速度也是其重要指标。因此，对上述试验研究过程中的累计瓦斯放散量进行了研究分析，得到了如图7.17所示的特性曲线。

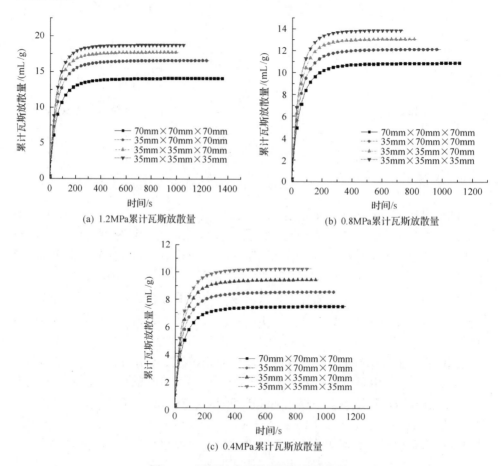

(a) 1.2MPa累计瓦斯放散量

(b) 0.8MPa累计瓦斯放散量

(c) 0.4MPa累计瓦斯放散量

图 7.17　不同运移路径累计瓦斯放散量

图7.17是不同瓦斯压力下累计瓦斯放散量特性曲线，瓦斯放散速度很大时瓦斯放散量急剧上升，随着放散速度减小，放散量增速减小，曲线变得平缓。

虽然瓦斯放散速度也会出现"超越"现象，但在累计瓦斯放散量上始终没有实现"超越"，运移路径小的型煤在相同时间段内的累计瓦斯放散量大，尤其是在瓦斯放散的初始阶段，最终瓦斯放散量随着型煤尺寸减小而增大。分析其致因主要是：在其他条件相同时，型煤尺寸越小内部瓦斯放散的阻力越小，瓦斯放散出型煤表面就越容易，瓦斯放散就越彻底。

由图 7.17 可以看出，型煤尺寸越小，瓦斯放散曲线越短，瓦斯放散速度达到设定所用时间越短，但试验条件为：瓦斯压力 1.2MPa 时的 35mm×35mm×70mm 的型煤是一例外。

7.4　本　章　小　结

本章利用所研制的块煤瓦斯放散特性试验系统，试验研究了瓦斯压力对煤体瓦斯放散速度、累计瓦斯放散量的影响，分析了不同放散面积和运移路径型煤瓦斯放散速度与累计瓦斯放散量的异同。可得以下主要结论：

①改变放散面积时，瓦斯放散曲线呈近似"L"形，瓦斯放散速度随着试验时间的延长逐渐减小。在试验最初的几十秒内瓦斯放散速度很大，在 $0.1\sim0.3\text{mL}/(\text{g}\cdot\text{s})$；瓦斯放散试验时间延续至 200s 时，瓦斯放散速度减小至 $0.01\text{mL}/(\text{g}\cdot\text{s})$ 以下；瓦斯放散试验时间延续至 1400s 左右，放散速度减小至 $0.000005\text{mL}/(\text{g}\cdot\text{s})$ 以下。

②相同瓦斯平衡压力条件下，在瓦斯放散初期，瓦斯放散速度随瓦斯放散面积的减小而减小，随瓦斯放散试验时间的延长降幅逐渐减小，并开始出现瓦斯放散速度的"超越"现象，这种速度"超越"现象在曲线拐点处发生的最为频繁并将此延续到拐点之后的缓慢减小区。

③密封型煤同一方向两个面时，密封第二个面比第一个面对瓦斯放散速度产生的影响更大；随着瓦斯放散总面积的减小，密封型煤对瓦斯放散速度的影响效果更加明显，特别是对瓦斯初始放散速度的影响更为明显。

④相同试验时间内，不同放散面积时的瓦斯气体累计放散量与时间的关系曲线仍然是有限单调增函数，即不同放散面积的瓦斯放散量随时间变化的规律基本一致，放散面积的改变并没有从根本上改变瓦斯放散的规律。

⑤随着型煤放散面积的减小，在相同试验时间段内的累计瓦斯放散量均减小。相同平衡压力下，由于不同放散面积的型煤瓦斯放散速度曲线在放散过程中出现交叉，在交叉点前随试验时间的延长累计放散量之差越来越大，在交叉点处达最大，随后差距逐渐减小并最终趋于稳定；但在累计瓦斯放散量曲线中，并未出现像放散速度曲线那样的交叉点。

⑥同一个煤样在相同时间内的瓦斯放散量随平衡瓦斯压力的增加而增大，累计瓦斯放散量也随平衡瓦斯压力的增加而增大。随着瓦斯压力的增加，相同时间段各组不同放散面积的试样累计放散量之差整体上呈增大趋势且呈非线性特性；

当瓦斯压力从 0.4MPa 变为 0.8MPa 时，两者的累计瓦斯放散量之差整体大于平衡压力从 0.8MPa 变为 1.2MPa 时的瓦斯累计放散量之差。

⑦试样煤尺寸与运移路径对瓦斯放散的影响有很多相似之处，两个因素对初期的放散速度影响较大，瓦斯放散过程均出现速度"超越"，只是瓦斯放散面积对瓦斯放散的影响中提出的速度"超越"现象出现的时间比较早，在拐点之前就已经出现，有的甚至在前 100s 就出现，并且在放散试验后期 1400s 时也会出现这种现象。而试样尺寸对瓦斯放散的影响中涉及的这种现象相对集中在放散过程 400～600s 时间段内，最终都实现在试验后期的瓦斯放散速度特征与前期瓦斯放散速度随瓦斯放散面积、瓦斯放散路径两个因素反向变化的特征。

⑧密封型煤表面和改变型煤运移路径对瓦斯放散产生影响的实质都可归结为改变放散面积，即提出了增加瓦斯放散面积与减小瓦斯运移路径的"等效作用"。

第8章 放散面积与放散路径影响下的
瓦斯放散机理探讨

煤层瓦斯放散的动力学过程主要是指煤层所处的外界因素(如瓦斯压力、温度、所处的应力环境等)的改变，或者是煤层本身结构由于外界条件(如动力冲击、注水等)改变。本章主要研究试样内的瓦斯压力被释放，试样内部瓦斯通过放散面放散至外界的过渡性不平衡过程，从本质上讲属于气体在多孔介质的解吸、扩散与流动过程，主要受试样内部的微隙结构、组成试样的基本单元——煤粒的物理化学性质和瓦斯气体的活性控制。本章试图在第7章试验研究的基础上，结合对前人研究成果的总结，得出气体在多孔介质中的放散理论，以更加符合煤层特性的煤试样为研究对象，结合前述试验结果研究煤层的瓦斯放散机理，建立更符合实际的煤层瓦斯放散动力学的数学-物理模型。

8.1 瓦斯放散机理与模型的有关认识

1)瓦斯放散机理的认识

目前，对于瓦斯放散特性的研究主要集中于以煤粒为研究对象的相关研究，缺少大尺度、大质量煤的瓦斯放散特性研究。由于大尺度、大质量煤体的组成与煤粒有明显的区别，最明显之处表现为包含大量的孔隙、裂隙微结构；瓦斯自大尺度煤体内放散出来不仅包括解吸、放散过程，而且包括煤体内瓦斯的运移过程，且大尺度、大质量煤体的瓦斯解吸吸附规律表现出明显的不可逆性，故其放散机理也将明显不同。

截至目前的研究，煤层的瓦斯放散过程基本被认为是由瓦斯解吸、瓦斯扩散、瓦斯渗流三个过程组成。对于小尺度的煤粒，由于其尺度原因可忽略其内的瓦斯运移过程，即忽略瓦斯渗流过程，故可以认为煤粒的瓦斯放散过程由瓦斯解吸、瓦斯扩散两个过程组成。瓦斯的解吸是物理过程，可以认为其完成所需时间是瞬间的，为 $10^{-15} \sim 10^{-10}$s；而瓦斯的扩散过程则遵循典型的 Fick 定律。确定此两部分所需时间，则煤粒的瓦斯放散过程所需时间基本就可以确定。在此方面，何学秋等对瓦斯扩散过程进行了更加细致的分析研究，认为瓦斯扩散过程可分为 Fick 型扩散、诺森型扩散、过渡型扩散、表面型扩散和晶体型扩散，且认为煤层中的瓦斯扩散应以过渡型扩散为主,这是对上述煤粒瓦斯放散过程的有益修正与扩充。

煤层是孔隙、裂隙结构的组合体，大尺度、大质量煤体可等效为煤层，也就是说其内亦含有大量的孔隙、裂隙结构。因此，大尺度、大质量煤体的瓦斯放散过程中瓦斯的渗流过程是不可缺少和不可忽视的环节。除上述煤粒内瓦斯扩散过程中瓦斯解吸、瓦斯扩散两部分需确定外，瓦斯在大尺度、大质量煤体内的渗流过程是遵循达西定律的，即大尺度、大质量煤体内的瓦斯放散过程所需时间应包括瓦斯解吸所需时间、瓦斯扩散所需时间、瓦斯渗流所需时间三部分，其中瓦斯扩散所需时间、瓦斯渗流所需时间均与瓦斯运移路径相关，且瓦斯扩散所需时间又与瓦斯放散面积有关。

2) 瓦斯放散模型的认识

基于上述对瓦斯放散机理的认识，广大学者提出了下述主要的瓦斯放散模型。

①单孔扩散模型：单孔扩散模型将整个煤体多孔介质假设为单一的孔隙系统，该模型简单，应用广泛，但这一模型与煤层微孔结构间的差异较大。

②双孔扩散模型：该模型将煤的孔隙结构处理为具有大孔隙和微孔隙的双重孔隙结构，又把双重孔隙结构分为并行扩散模型和连续型模型两种。并行扩散模型认为气体分子在微孔和大孔内并行扩散，并在微孔和大孔之间保持平衡。连续型模型的前提是认为煤颗粒由相同体积的微煤颗粒组成，微颗粒之间的孔隙为大孔，微煤颗粒内部含有微孔，瓦斯从微孔扩散进入大孔，然后从大孔扩散至颗粒表面，连续性扩散模型的推导以微煤颗粒内的质量守恒为前提。

③吸附率模型：1999 年，Clarkson 提出等温吸附率模型，Shi 和 Karacan 成功地将该模型应用到煤层气和二氧化碳在煤层中吸附-扩散过程的研究中。

在上述模型的基础上，广大学者又根据自己获得的研究成果提出了下述主要瓦斯放散模型：

①易俊等以双孔隙扩散模型假设为基础，借助分析沸石、活性炭等材料的吸附特性，将煤的孔隙结构视为具有大孔隙和微孔隙的双重孔隙结构，构建了反映煤层气在煤层微孔中吸附-扩散的简化双扩散模型，提出了视扩散系数的概念，即

$$D_f = \left\{ D_p + \left(\frac{1-\Phi}{\Phi} \right) \left[\frac{C_{\mu s} b'}{(1+b'C)^2} \right] D_s \right\} \bigg/ \left\{ 1 + \left(\frac{1-\Phi}{\Phi} \right) \left[\frac{C_{\mu s} b'}{(1+b'C)^2} \right] \right\} \tag{8.1}$$

式中，D_f 为反映气体在煤多孔介质扩散时的大孔隙扩散系数、微孔隙扩散系数、孔隙度，以及气体浓度对气体扩散的综合影响，定义为视扩散系数；D_p 为大孔隙的扩散系数，m^3/s；Φ 为煤层孔隙度，无单位；$C_{\mu s}$ 为气体完全单层覆盖微孔隙固-气表面的浓度，mol/m^3；b' 为 Langmuir 常数，MPa^{-1}；C 为大孔隙中游离气和吸附气浓度，mol/m^3；D_s 为微孔隙气体的扩散系数，m^3/s。

②李志强等基于动扩散系数理论提出了新的瓦斯扩散模型，在模型中，其将动扩散系数定义为

$$D(t) = D_0 \exp(-\beta t) \tag{8.2}$$

式中，$D(t)$ 为动扩散系数，cm^2/s；D_0 为 $t=0$ 时的初始扩散系数，cm^2/s；β 为扩散系数衰减系数，S^{-1}；t 为试验时间。

李志强认为瓦斯扩散时，先从阻力较小的大孔隙开始扩散，随着时间延长，扩散逐渐向较小孔隙发展，扩散阻力由小变大，扩散系数由大变小。

③杨天鸿等提出了基于 Fick 扩散定律和 Brinkman 方程的瓦斯扩散-通风对流运移模型，该模型综合考虑了流体压力梯度和动能作用，最适合采空区的垮落区的风流运动和瓦斯对流扩散。

8.2　煤层瓦斯放散机理的探讨

1）孔隙结构对瓦斯运移的控制作用

煤层是一个由复杂的孔隙、裂隙立体网络系统和实体煤构成的似多孔介质，由孔隙、裂隙构成的大量微结构既是瓦斯吸附的场所，又是游离瓦斯运移的通道。游离瓦斯运移的过程中，从实体煤到微结构、从孔隙结构到裂隙结构、从微结构到宏观裂缝结构，都会经历瓦斯运移方式的改变，而导致这一改变的恰恰是结构的过渡部分，这些过渡部分在石油系统的储层中被称为孔隙喉道，如图 8.1 所示。

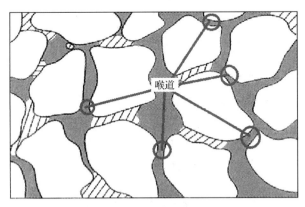

图 8.1　孔隙喉道

在不同的接触类型和胶结类型中，最常见以下五种孔隙喉道，即孔隙缩小部分成喉道、可变断面收缩部分成喉道、片状喉道、弯片状喉道、管束状喉道，如图 8.2 所示。

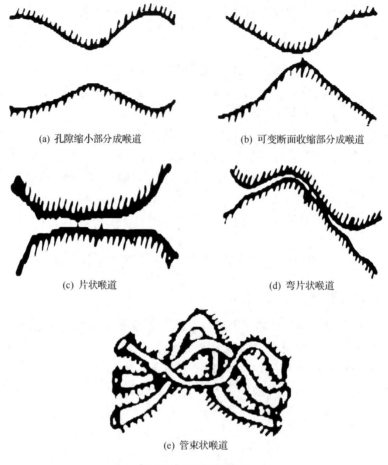

(a) 孔隙缩小部分成喉道　　　　　　(b) 可变断面收缩部分成喉道

(c) 片状喉道　　　　　　(d) 弯片状喉道

(e) 管束状喉道

图 8.2　孔隙喉道类型

2）反映喉道几何尺寸的参数

孔隙裂隙等微结构间的喉道几何尺寸，一般用以下几个参数来衡量。

（1）孔隙喉道分选系数 S_p。

孔隙喉道分选系数是指孔隙喉道的均匀程度，按下式计算：

$$S_p = \frac{D_{84} - D_{16}}{4} + \frac{D_{95} - D_5}{6.6} \tag{8.3}$$

式中，D_i 为累计分布曲线上相应百分数的数值，$D_i = \log_2 d_i$，d_i 为喉道直径，μm。

孔隙喉道分选系数 S_p 能够反映孔隙喉道分散与集中的情况，是指孔隙大小分布的均一程度。孔隙大小越均一其分选性越好，如表 8.1 所示。孔隙喉道越均匀，此时其内的气体、液体流动方式产生的变化越不明显。

表 8.1　孔隙喉道分选系数 S_p 值与分选性

孔隙喉道分选系数 S_p 值	分选性
<0.35	极好
0.36~0.84	好
0.84~1.4	中等
1.4~2.9	差
>3	极差

(2) 孔隙喉道歪度 S_{kp}。

孔隙喉道歪度 S_{kp} 是用于度量孔隙喉道频率曲线不对称程度的参数,即孔隙喉道的非正态性特征,以下式计算:

$$S_{kp} = \frac{\left(D_{84} + D_{16} - 2D_{50}\right)}{2\left(D_{84} - D_{16}\right)} + \frac{\left(D_{95} + D_5 - 2D_{50}\right)}{2\left(D_{95} - D_5\right)} \tag{8.4}$$

孔隙喉道歪度 S_{kp} 反映众数相对的位置,众数偏于粗孔隙端称为粗歪度,偏于细孔隙端称为细歪度。

孔隙喉道歪度 S_{kp} 值与众数的关系如表 8.2 所示。

表 8.2　孔隙喉道歪度 S_{kp} 值与众数关系

孔隙喉道歪度 S_{kp} 值	与众数关系
=0	正态分布
>1	正偏
<1	负偏

(3) 孔隙峰度 K_p。

孔隙峰度 K_p 表示频率曲线尾部与中部展开度之比,说明曲线的尖锐程度。

$$K_p = \frac{D_{95} - D_5}{2.44\left(D_{75} - D_{25}\right)} \tag{8.5}$$

孔隙峰度的峰值大小受多种因素影响,其中可能与孔隙类型即孔隙后期改造有关。

(4) 孔隙喉道半径 r_m。

1957 年,Scheidegger 提出了孔隙喉道半径的测量方法,以能通过孔隙喉道的最大球体的直径来衡量,单位采用 μm。在实际应用中,常采用饱和度中值半径和孔隙喉道平均半径来表示。

孔隙喉道平均半径是喉道大小总平均值的度量，反映喉道分布的集中趋势，按下式计算：

$$r_m = \frac{D_{16} + D_{50} + D_{84}}{3} \tag{8.6}$$

(5) 曲折度或弯曲系数 T。

曲折度或弯曲系数指的是喉道系统中流体通过连通孔隙的实际长度与两孔隙之间直线距离的比值，以 T 表示，按下式计算：

$$T = \frac{L_{ef}}{L} \tag{8.7}$$

式中，T 为曲折度；L_{ef} 为流体流过连通孔隙的实际长度；L 为两孔隙间的直线距离。

3) 放散前煤层及瓦斯的耦合状态

煤是含有多种无机矿物杂质并被裂隙切割的多孔有机岩石，是一种具有不同孔径分布的多孔介质。多孔介质是由多相物质组成的具有非常复杂结构的物质，其中一定含有固体相，固体相又称为基质或固体骨架。煤基质之间的间隙称作孔隙或者裂隙，一般由气体、液体或者气体液体两相结合充满。煤层的固体相称作煤块，煤块之间由裂隙连接，裂隙是煤中常见的自然现象，裂隙的近义词和同义词有节理、割理、裂缝、断裂等，"节理"指没有明显位移的小型断裂构造，与煤中裂隙含义基本一致；"断裂""裂缝"的规模相对较大，多用于区域范围内大的构造地质，"割理"一词来源于美国，主要指由煤化作用形成的内生裂隙。对于本试验研究对象"型煤"和煤层具有相似的结构，型煤由一定粒径的颗粒煤和颗粒煤之间贯穿的裂隙组成。颗粒煤内有丰富的微孔结构和煤基质。目前，最公认的孔隙分类为微孔($d \leqslant 10^{-5}$mm)、小孔(10^{-5}mm$< d \leqslant 10^{-4}$mm)、中孔(10^{-4}mm$< d \leqslant 10^{-3}$mm)、大孔($d > 10^{-3}$mm)，其中微孔表面积占总表面积的97%以上。为了描述方便，将微孔、小孔组成的扩散系统通称为孔隙，将中孔、大孔组成的渗透系统通称为裂隙，由于型煤的成型工艺决定了煤体内只有中孔($10^{-4} \sim 10^{-3}$mm)及其以下的孔隙，同时可以认为煤粒间的孔隙(空气、水分主要聚集场所)也为中孔，即型煤煤体内富含大量的中孔孔隙。煤体的中孔及以上的孔隙均是构成气体渗透的区域。综上所述，型煤煤体内能够发生气体渗透的通道远大于原煤。

煤层中的瓦斯根据所处状态不同分为吸附瓦斯和游离瓦斯，90%以上的瓦斯以吸附态形式存在于煤内的小孔和微孔(孔隙)的表面上，根据吸附热的试验测定及量子化学从头计算结果，瓦斯在煤表面上的吸附(解吸)属物理吸附(解吸)，分子之间相互吸引的结果。吸附力为范德华分子吸引力，吸附量大小取决于压力、温度及表面积大小。吸附瓦斯除了表面吸附瓦斯外，还存在一种特殊的形式，即吸收状态瓦斯，当瓦斯分子更深地穿过微孔进入煤分子晶格中形成固溶体状态，通常将上述两种吸附瓦斯归为一类。游离瓦斯则存在于裂隙中且符合气体方程，游离瓦斯的含量多少主要由裂隙的体积及瓦斯压力决定，如图 8.3 所示。

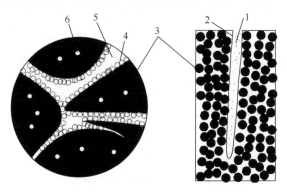

图 8.3　煤层微观结构示意图

1-游离瓦斯；2-大孔；3-煤粒；4-吸附瓦斯；5-微孔；6-吸收瓦斯

4）瓦斯放散过程运移机理

根据试验实际情况，实验室做瓦斯放散试验时型煤周围不可避免地存在一定的自由空间体积，可称之为"死空间"。以往对"死空间"的考虑只是考虑其对瓦斯放散量的影响，而没有考虑其对试验过程本质上的影响，以及对瓦斯放散运移的影响，作者认为"死空间"可近似认为是连通型煤试样的一条大裂隙，其与型煤内裂隙系统共同影响瓦斯运移过程，将型煤周围的"死空间"看成组成渗透系统的裂隙，更能准确表达瓦斯的运移过程。

当瓦斯放散过程开始时，型煤内瓦斯的压力及"死空间"内的瓦斯压力均为试验瓦斯压力，而流量计外的压力为大气压力，此时出现压力梯度，"死空间"及型煤中孔的游离瓦斯在压力梯度的驱动下发生渗透，沿着有效裂隙流经流量计，由于瓦斯在煤粒内的扩散相对较慢，在此过程中煤粒中的瓦斯还没能来得及扩散到裂隙中，煤层瓦斯在中孔以上的孔裂隙内的运移有层流和紊流，在大裂隙带中才有可能发生瓦斯喷出或者是煤与瓦斯突出。因此，根据本试验情况将瓦斯放散试验视为无紊流产生，只在裂隙中发生层流运移，符合达西渗透定律。

渗流通道内瓦斯向外溢出的同时，煤基质中的瓦斯在浓度梯度的作用下由微孔向渗流通道内扩散补充。而扩散过程的缓慢性使解吸过程经历了漫长的时间，主要发生在与型煤裂隙相连通的煤粒内裂隙表面的吸附瓦斯的解吸过程，另外将型煤周边"死空间"视为一条较大尺寸的裂隙。因此，型煤外表面煤粒孔隙表面吸附瓦斯同样解吸并直接放散到外部，此次解吸过程属于物理性解吸，原则上可在瞬间完成，为 $10^{-10} \sim 10^{-5}$ s，相对于煤的瓦斯放散整个过程，这一时间基本可以忽略不计。在此过程放散面积越大，就有更多的瓦斯解吸出来，该过程发生在放散初期前几秒，这与试验数据出现的瓦斯放散初期的瓦斯放散速度及瓦斯放散量均随放散面积减小而减小，且减小幅度非常显著等试验现象相吻合。虽然此过程时间短，但仍是放散瓦斯运移过程中不可缺少的一部分。

裂隙周围煤粒受裂隙渗透影响发生扩散后，煤粒内瓦斯浓度减小，因此在已受影响煤粒与周围未发生扩散煤粒之间产生浓度差，在这一影响下周围煤粒内也发生解吸扩散现象，就这样由外到内循环发展下去直到型煤煤粒的瓦斯浓度与外界一致，型煤内外瓦斯浓度达到新的平衡，就再没有瓦斯从型煤放散出来。型煤裂隙面积越大(型煤外表面积)，受裂隙渗透影响发生解吸-扩散煤粒范围越大，并且这个影响范围向型煤深部扩散得越快，整个型煤内部全部发生解吸扩散所用时间较短。这与下列现象是吻合的：

①放散面积较大时，前期放散速度越大放散量越大；

②放散面积较大时，放散试验后期的放散速度被小面积试样的瓦斯放散速度超越；

③放散面积越大，瓦斯放散彻底所需时间越短。

8.3　瓦斯放散物理-数学模型

瓦斯在煤层内部的流动是一个极其复杂的过程，一般包括解吸、扩散、渗透。一般认为瓦斯的放散与扩散主要发生在煤体孔隙系统中，而瓦斯的渗透主要分布在煤体裂隙系统中。目前众多学者提出的瓦斯放散机理中，对这两个过程的综合考虑尚不完善，一般认为在孔隙直径小于 10^{-4} mm 时属于扩散，在孔隙直径大于 10^{-4} mm 时属于渗透。由于本试验未做液氮、压汞等孔隙率测定相关试验，所以根据前人自制型煤的特征，将孔隙设置为 $10^{-10} \sim 10^{-3}$ m 为例进行推演计算。煤粒存在小至几纳米大至几微米等大小不同的孔隙，而大尺寸煤样甚至有毫米级孔隙，且这些孔隙是连续分布的。瓦斯通过粒间孔隙时的路径是弯曲但连续的。从分子运动学的角度出发，气体扩散实际上是气体分子做无规则的热运动。引入用来表示孔隙直径和分子运动平均自由程相对大小的诺森数，将扩散分为 Fick 扩散、过渡扩散、诺森扩散；在渗透方面，本试验型煤试样的相关试验不会发生紊流现象，所以只考虑层流现象。由于扩散过程主要以 Fick 扩散为主，而将三种类型的扩散和渗透一起考虑时的解算过程极其复杂，为了能够简化模型建立的难度同时也能更好地反映物理过程的本质，将三个不同扩散阶段简化为一个扩散阶段，并假设其符合 Fick 扩散定律。

本书所建立的物理-数学模型，主要依据瓦斯在型煤试样扩散阶段的质量守恒方程和流动方程、渗流阶段的质量守恒方程和流动方程，根据煤中多级孔隙的瓦斯运移分布规律，提出了多孔隙煤中的瓦斯扩散物理新模型应符合的基本假设条件，即

①实体煤部分在瓦斯放散过程中无变形。

②煤样为非均质各向同性介质。即煤样的主要物理参数的大小在各个方向上是相同的，主要指渗透率、弹性模量及扩散系数等参数。

③瓦斯放散过程是恒温的，即瓦斯放散过程中的温度不发生改变。

④煤样是由孔隙-裂隙组成的双重孔隙系统介质，并且孔隙介质系统与裂隙介质系统是连续介质系统。

⑤煤层内游离瓦斯和吸附瓦斯存在，并且服从 Langmuir 吸附解吸平衡方程和理想气体状态方程，即

$$C = \frac{a \cdot b \cdot c \cdot p \cdot p_n \cdot M}{(1 + b \cdot p) R \cdot T} \tag{8.8}$$

$$\rho = \frac{p \cdot M}{R \cdot T} \tag{8.9}$$

式中，C 为单位体积煤体中所含吸附瓦斯的质量，即吸附瓦斯扩散质量浓度，kg/m^3；a 为吸附常数，m^3/kg；b 为吸附常数，MPa^{-1}；c 为单位体积煤体重可燃物的质量，kg/m^3；R 为普氏气体常数，$8.3145J/(kg \cdot K)$；T 为煤体温度，K；ρ 为游离状态煤层气密度，kg/m^3；p_n 为标准状况下的压力值，$101325Pa$；p 为自由空间游离瓦斯气体压力，Pa；M 为吸附气体的摩尔质量，kg/mol。

在实际生产中，未受采动影响的煤层中的吸附及游离瓦斯处于一个动态平衡状态中。一旦煤层进入采掘影响范围内，由于应力场的重新分布及瓦斯浓度差的产生，煤层瓦斯就要通过煤层向采掘空间流动，但由于游离瓦斯在煤体裂隙系统中的渗流速度要大于吸附瓦斯在孔隙系统的扩散速度，从而导致游离瓦斯压力要小于假想的吸附瓦斯平衡压力，这将导致煤体内瓦斯所处的原吸附解吸动态平衡被打破。所以，煤粒孔隙中的吸附瓦斯要扩散到煤粒表面，必须首先完成解吸，再穿过边界膜扩散到裂隙系统中，即孔隙和裂隙系统之间要发生质量交换。

1）孔隙系统的扩散方程

（1）质量守恒方程。

根据质量守恒定律，扩散运动流场的任意微单元在极短的时间 Δt 内，流入微元体的流体质量减去流出微元体的流体质量就是该微元体的质量变化量。然而对于

煤体孔隙系统的微元体，流入微元体的流体质量是其他微元体流入的质量，流出微元体的流体质量由流出至其他微元体的质量和煤体基质瓦斯解吸量两部分组成。

在孔隙系统中，参与瓦斯扩散流动的是吸附瓦斯量 C；在煤微元体中，取 m_x、m_y、m_z 分别为质量扩散通量 m 在三个坐标轴方向上的分量；q 为孔隙系统的负质量源；t 为时间，s。

根据质量守恒定律对假想煤微元体进行分析，单位时间内在各方向上扩散流入微元体的质量减去流出的质量，再减去由孔隙系统质量源进入裂隙系统的生成量就等于单位时间微元体的质量变化量，即

$$\frac{\partial C}{\partial t}dxdydz = \left[m_x - \left(m_x + \frac{\partial m_x}{\partial x}dx\right)\right]dydz + \left[m_y - \left(m_y + \frac{\partial m_y}{\partial x}dy\right)\right]dxdz$$
$$+ \left[m_z - \left(m_z + \frac{\partial m_z}{\partial z}dz\right)\right]dxdy - qdxdydz \tag{8.10}$$

计算得

$$\frac{\partial C}{\partial t} = -\left(\frac{\partial m_x}{\partial x} + \frac{\partial m_y}{\partial y} + \frac{\partial m_z}{\partial z}\right) - q = \nabla m - q \tag{8.11}$$

式中，$\nabla = -\left(\frac{\partial}{\partial x} + \frac{\partial}{\partial y} + \frac{\partial}{\partial z}\right)$，为拉普拉斯算子。

(2) 运动方程。

煤体基质微孔隙系统内部瓦斯流动遵从 Fick 定律，即

$$m = -D\left(\frac{\partial C}{\partial x}i + \frac{\partial C}{\partial y}j + \frac{\partial C}{\partial z}k\right) \tag{8.12}$$

式中，i、j、k 为矢量方向。

将式 (8.12) 代入式 (8.11) 得

$$\frac{\partial C}{\partial t} = -\left[\frac{\partial C}{\partial x}\left(-D\frac{\partial C}{\partial x}\right) + \frac{\partial C}{\partial y}\left(-D\frac{\partial C}{\partial y}\right) + \frac{\partial C}{\partial z}\left(-D\frac{\partial C}{\partial z}\right) - q\right] \tag{8.13}$$

整理得

$$\frac{\partial C}{\partial t} = D\left(\frac{\partial^2 C}{\partial x^2} + \frac{\partial^2 C}{\partial y^2} + \frac{\partial^2 C}{\partial z^2}\right) - q = D\nabla^2 C - q \tag{8.14}$$

2) 裂隙系统的渗流方程

（1）质量守恒方程。

参与渗透流动的是游离态的煤层瓦斯。若 Φ 为孔隙度，ρ 为该压力状态下气体的密度，v_x、v_y、v_z 分别是渗流速度矢量 v 在三个坐标轴上的分量，q 为裂隙系统的正质量源。根据质量守恒定律，对于煤体裂隙及大孔隙系统的微元体来讲，单位时间 Δt 内微元体游离瓦斯质量变化量等于单位时间内各个方向上流入微元体内的质量减去流出的质量，再加上由孔隙系统解吸到裂隙系统中的正质量源 q，即

$$
\begin{aligned}
\frac{\partial(\Phi\rho)}{\partial t}\mathrm{d}x\mathrm{d}y\mathrm{d}z = & \left\{\rho v_x - \left[\rho v_x + \frac{\partial(\rho v_x)}{\partial x}\mathrm{d}x\right]\right\}\mathrm{d}y\mathrm{d}z \\
& + \left\{\rho v_y - \left[\rho v_y + \frac{\partial(\rho v_y)}{\partial y}\mathrm{d}x\right]\right\}\mathrm{d}x\mathrm{d}z \\
& + \left\{\rho v_z - \left[\rho v_z + \frac{\partial(\rho v_z)}{\partial z}\mathrm{d}z\right]\right\}\mathrm{d}x\mathrm{d}y + q\mathrm{d}x\mathrm{d}y\mathrm{d}z
\end{aligned}
\tag{8.15}
$$

整理得

$$
\begin{aligned}
\frac{\partial(\Phi\rho)}{\partial t} &= \left[\frac{\partial(\rho v_x)}{\partial x} + \frac{\partial(\rho v_y)}{\partial y} + \frac{\partial(\rho v_z)}{\partial z}\right] + q \\
&= (\nabla\rho v) + q
\end{aligned}
\tag{8.16}
$$

式中，$\nabla = -\left(\dfrac{\partial}{\partial x} + \dfrac{\partial}{\partial y} + \dfrac{\partial}{\partial z}\right)$，为拉普拉斯算子。

（2）运动方程。

根据以上假设，煤体裂隙结构内部的瓦斯流动遵从达西定律，即

$$
\begin{cases}
v_x = -\dfrac{K_x}{\mu}\dfrac{\partial p}{\partial x} \\[2mm]
v_y = -\dfrac{K_y}{\mu}\dfrac{\partial p}{\partial y} \\[2mm]
v_z = -\dfrac{K_z}{\mu}\dfrac{\partial p}{\partial z}
\end{cases}
\tag{8.17}
$$

式中，μ 为瓦斯的动力黏度系数；p 为瓦斯压力。

由于假设煤样为非均质但各向同性介质，即煤样的物理量(渗透率、弹性模量及扩散系数)在各个方向相同。则

$$K_x = K_y = K_z = K \tag{8.18}$$

式中，K_x、K_y、K_z 为煤样单元体在 x、y、z 三个方向的渗透率；K 为煤样渗透率。

将式(8.18)和式(8.17)代入式(8.16)得

$$\frac{\partial(\rho\Phi)}{\partial t} = \left[\frac{\partial}{\partial x}\left(\frac{\rho K}{\mu}\frac{\partial p}{\partial x}\right) + \frac{\partial}{\partial y}\left(\frac{\rho K}{\mu}\frac{\partial p}{\partial y}\right) + \frac{\partial}{\partial z}\left(\frac{\rho K}{\mu}\frac{\partial p}{\partial z}\right)\right] + q \tag{8.19}$$

将状态方程(8.9)代入式(8.19)中，则

$$\frac{\partial}{\partial t}\left(\frac{\Phi p M}{RT}\right) = \left[\frac{\partial}{\partial x}\left(\frac{pMK}{RT\mu}\frac{\partial p}{\partial x}\right) + \frac{\partial}{\partial y}\left(\frac{pMK}{RT\mu}\frac{\partial p}{\partial y}\right) + \frac{\partial}{\partial z}\left(\frac{pMK}{RT\mu}\frac{\partial p}{\partial z}\right) +\right] + q \tag{8.20}$$

$$\frac{\partial}{\partial t}(\Phi p) = \frac{K}{\mu}\left[\frac{\partial}{\partial x}\left(p\frac{\partial p}{\partial x}\right) + \frac{\partial}{\partial y}\left(p\frac{\partial p}{\partial y}\right) + \frac{\partial}{\partial z}\left(p\frac{\partial p}{\partial z}\right)\right] + RTq \tag{8.21}$$

可以得到以游离瓦斯压力 p 表示的渗流运动方程：

$$\Phi\frac{\partial p}{\partial t} + p\frac{\partial\Phi}{\partial t} = \nabla\left(\frac{K}{2\mu}\nabla p^2\right) + RTq \tag{8.22}$$

3) 孔裂隙系统的质量交换

瓦斯在煤体内流动的过程中，煤体裂隙与孔隙系统发生的质量交换 q 由煤粒中吸附瓦斯扩散微分方程决定。由于扩散系数与坐标系的选择无关，为了便于求解计算，进行极坐标变换，得到极坐标下的扩散第二定律，即在球坐标体系中对质交换量 q 进行了理论推导，即

$$\begin{cases} \dfrac{\partial C}{\partial t} = D\left(\dfrac{\partial^2 C}{\partial r^2} + \dfrac{2}{r}\dfrac{\partial C}{\partial t}\right) \\[3mm] t = 0,\ 0 < r < r_0,\ C = C_0 = \dfrac{abcp_0 p_n M}{(1+bp)RT} \\[3mm] t > 0,\ r = 0,\ \dfrac{\partial C}{\partial r} = 0 \\[3mm] r = 0,\ m = -D\dfrac{\partial C}{\partial r} = \alpha\left(C_s - C_p\right),\ C_p = \dfrac{abcp_0 p_n M}{(1+bp_0)RT} \end{cases} \tag{8.23}$$

$$q = \frac{3}{r_0} \frac{\partial}{\partial t} \int_0^{r_0} Cr^2 \mathrm{d}r = \frac{4\pi r_0^2 m}{\frac{4}{3}\pi r_0^3} = \frac{3d}{r_0}\left(C_\mathrm{s} - C_\mathrm{p}\right) = \frac{3d}{r_0}\left[C_\mathrm{s} - \frac{abcp_0 p_\mathrm{n} M}{(1+bp)RT}\right] \tag{8.24}$$

式中，q 为单位体积单位时间内煤粒平均扩散的瓦斯量，$\mathrm{g/(cm^3 \cdot s)}$；$d$ 为一固体相表示的膜系数，$\mathrm{m/s}$；r_0 为极限煤粒半径，cm；C_0 为吸附瓦斯初始质量浓度，$\mathrm{g/(cm^3 \cdot s)}$；$C_\mathrm{s}$ 为煤粒表面吸附态瓦斯质量浓度，$\mathrm{g/(cm^3 \cdot s)}$；$C_\mathrm{p}$ 为与 p 平衡的吸附煤层气质量浓度，$\mathrm{g/cm^3}$。

4) 孔裂隙系统瓦斯流动模型

$$\begin{cases} \dfrac{\partial c}{\partial t} = D\nabla^2 - c \\[2mm] \varPhi \dfrac{\partial p}{\partial t} + p\dfrac{\partial \varPhi}{\partial t} = \nabla\left(\dfrac{K}{2\mu}\nabla p^2\right) + RTq \\[2mm] q = \dfrac{3}{r_0}\dfrac{\partial}{\partial t}\displaystyle\int_0^{r_0} Cr^2\mathrm{d}r = \dfrac{4\pi r_0^2 m}{\frac{4}{3}\pi r_0^3} = \dfrac{3d}{r_0}\left[C_\mathrm{s} - \dfrac{abcp_0 p_\mathrm{n} M}{(1+bp)RT}\right] \end{cases} \tag{8.25}$$

初始条件为

$$t = 0、\ p = p_0、\ C = C_0 = \frac{abcp_0 p_\mathrm{n} M}{(1+bp)RT} \tag{8.26}$$

边界条件为

$$\begin{cases} t > 0,\ p = p_0,\ C = C_0 = \dfrac{abcp_0 p_\mathrm{n} M}{(1+bp_0)RT} & \text{煤样进气端} \\[3mm] t > 0,\ p = p_\mathrm{n},\ C = \dfrac{abcp_\mathrm{n} p_\mathrm{n} M}{(1+bp_\mathrm{n})RT} & \text{煤样出气端} \end{cases} \quad \boxed{\text{渗透}} \tag{8.27}$$

$$\begin{cases} t > 0,\ p = p_\mathrm{n},\ C = \dfrac{abcp_0 p_\mathrm{n} M}{(1+bp_\mathrm{n})RT} & \text{煤样进气端} \\[3mm] t > 0 & \text{煤样进气端零通量} \end{cases} \quad \boxed{\text{扩散}} \tag{8.28}$$

(1) 放散面积对试样煤粒瓦斯解吸传导时效性影响研究。

建立上述物理模型时未考虑型煤内解吸是一个过程，对于型煤的煤粒内瓦斯解吸过程，目前还未有详细描述。根据试验条件，作者将解吸过程概括如下：瓦斯放散过程的第一步就是瓦斯的解吸，解吸过程前期主要发生在与裂隙相连的煤粒孔隙内表面吸附瓦斯和型煤外表面吸附瓦斯，随后主要发生在受影响区周围煤粒内的小孔隙内表面上，每一时刻的影响区大小与裂隙(外表面积和型煤内裂隙面积)有关并且呈正比关系。因此，试验时间 t 时刻发生的瓦斯解吸-扩散的煤粒数与外表面及裂隙面积有关，用下式表示该关系。

$$A_t = \alpha_t \left(S_{煤内裂隙} + S_{表面} \right) \tag{8.29}$$

式中，A_t 为 t 时刻发生瓦斯解吸-扩散的煤粒数目；α_t 为 t 时刻时单位面积裂隙引起发生解吸-扩散的煤粒数目，个/cm^2；$S_{煤内裂隙}$、$S_{表面}$ 为型煤内部裂隙面积和型煤放散面积，cm^2。

(2)型煤尺寸对运移路径的影响研究。

设试样的体积为 V，试样内每个煤粒内瓦斯运移到外表面的最短路径是固定的并与型煤的体积有关，则瓦斯的最短运移路径 L 为

$$L = \varepsilon(V) \tag{8.30}$$

式中，ε 为最短距离与试样体积间的关系。

由于孔隙是弯曲复杂的，同时又是相互连通的。故，瓦斯运移路径因孔隙通道的曲折而变长，因此瓦斯在煤层内实际有效的运移路径为

$$L_{校} = \frac{L}{\tau} = \frac{\varepsilon(V)}{\tau} \tag{8.31}$$

式中，τ 为曲折因子，是为修正运移路径变化而引入的。

煤中多级孔隙的多尺度分形特征也已经通过观察分析获取，各类孔隙结构具有自相似形态，即孔隙的局部结构与整体结构相似。据此，本书提出了煤粒瓦斯多尺度孔隙放散-物理模型。为便于分析，将图 8.3 的弯曲孔隙进一步抽象成图 8.4 所示的串联式多级孔隙结构，每级孔隙的划分标准为扩散或者渗透形式的改变。

图 8.4　多级孔隙瓦斯运移示意图

两个阶段的运移路径占总运移路径比例为 γ_1、γ_2，则

$$L_{扩} = \gamma_1 L_{梭} = \gamma_1 \frac{\varepsilon(V)}{\tau} \tag{8.32}$$

$$L_{渗} = \gamma_2 \frac{\varepsilon(V)}{\tau} \tag{8.33}$$

因此随着型煤尺寸的增大，运移路径也被延长，扩散阶段和渗透阶段也相应增大。

8.4　本　章　小　结

通过本章的理论分析研究，可得以下主要结论：

①根据前述试验结果及前人的研究结论，对型煤瓦斯放散机理进行探讨，建立了型煤内瓦斯解吸-扩散-渗透的运移机理。

②通过对扩散阶段和渗流阶段质量守恒方程及流动方程的改进，建立起了型煤多级孔、裂隙结构物理-数学模型，并对放散面积对瓦斯解吸时效性的影响、尺寸对瓦斯运移路径的影响进行了更进一步的理论解答。

第9章 卸压作用对瓦斯放散与流动特性影响

根据 2016 版《煤矿安全规程》的规定，对于具有保护层开采条件的高瓦斯或具有突出危险性的煤层，在开采前必须首先开采保护层，也就是通过保护层的开采释放高瓦斯或具有突出倾向煤层的应力，并导致煤层的内部结构发生变化，达到释放煤层瓦斯的目的，从而减小煤层开采的危险性。保护层开采可分为上保护层开采和下保护层开采两种，其保护作用原理均为利用开采保护层产生的采动卸压作用使煤层在上或下向方向上得到卸压，从而导致煤层所处应力场和煤层结构的改变，进而改变煤层内瓦斯所处的吸附解吸动态平衡，达到抽采瓦斯和治理瓦斯灾害的目的。

由于人类开采活动导致的采场应力重新分布是一种卸压作用，该种卸压作用对煤体产生的影响也因煤体在采场中所处的位置不同而不同，在局部范围内表现为一种非均匀的卸压作用。不均匀的卸压作用必将导致煤层受到的影响不均一，如果受到影响的区域内的煤体又因含有夹矸、构造而使不均匀性增加，这将导致卸压作用的不均匀性被放大，致使瓦斯解吸吸附动态平衡受到影响的不均性更加显著，从而影响开采、治理瓦斯的效果。因此，掌握卸压作用对煤体内瓦斯产生的影响，对于生产现场具有积极的指导意义，对利用卸压作用抽采瓦斯和治理瓦斯灾害知识体系的完善具有重要的补充作用。

9.1 采动导致的卸压作用

人类的煤炭开采活动是在不断地改变地球内部原有应力场条件下进行的。开掘活动采挖出部分煤炭和岩石后，周围的应力场将发生调整变化直至处于新的平衡；由于所处应力场的变化，煤体、岩层也将会发生移动和变形，并导致其内部微结构的变化。应力场的变化、煤岩体的运动和变形、内部孔隙-裂隙微结构的变化，均可能引起瓦斯的解吸吸附平衡状态、瓦斯的运移及瓦斯分布等的变化。由于开采导致的应力场及围岩变化主要表现在以下几方面[119, 120]。

1）岩层移动与变形

工作面煤层开采后，采用垮落法处理采空区时，采出煤炭资源的区域的岩层将失去原有支撑力而向采空区逐渐运动、弯曲甚至破断。涉及的顶板岩层移动和破坏区域分化明显、成带性分明，如图 9.1 和图 9.2 所示。

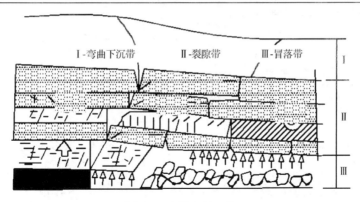

图 9.1　上覆岩层三带

(1) 工作面的顶板上、下方向。

①弯曲下沉带：又称为整体运动带或弯曲带，是指裂隙带顶部到地表的岩层。该带基本呈整体移动，特别是带内靠近地表范围附近的松软岩层和土层，故该带以岩层位移为主。该带内上下各部分下沉量差值很小，除该带与裂隙带分界面附近，该带内很少出现离层。该带的高度主要受开采深度的影响。当采深较大时该带高度可超过冒落带与裂隙带高度之和。

②裂隙带：又称为断裂带或裂缝带。带内的裂隙分为两种，一种是岩层受向下弯曲拉伸力形成的垂直或斜交于岩层的裂隙，该种裂隙部分或全部穿过岩层且两侧岩体基本能保持层状连续；另一种是由于岩层间力学性质差异向下弯曲变形不一致时形成的沿层面的离层裂隙，该种裂隙将有助于岩层至地面下沉量的减小。裂隙带内的裂隙是储存和导通地下水的主要通道。

③冒落带：也称为垮落带，是由失去连续性的、呈不规则岩块或似层状岩块向采空区冒落的岩层。由于岩块碎胀性的存在和堆积的自然状态，冒落岩块将逐渐充填采空区而导致冒落带发展到一定高度时停止。由于该带区域内岩块间空隙多、尺度大，且与散落于采空区的遗煤、工作面通风系统连通，故其为瓦斯逸散和集聚的主要场所。

(2) 工作面推进方向。

沿着工作面推进的方向，根据岩层移动和变形的特点，也可将顶板岩层分为三个区，即支撑压力区、离层区和重新压实区，如图 9.2 所示。

①底板下三带：工作面推进后，由于上覆载荷的卸除作用，煤层底板内也将出现明显的带状划分区域，即下三带。煤层底板下三带内的孔隙、裂隙等微结构也非常发育，虽然其通常以导水特性划分，但也常为煤壁前方煤体的瓦斯涌入采掘空间或采空区内的主要通道，如图 9.3 所示。

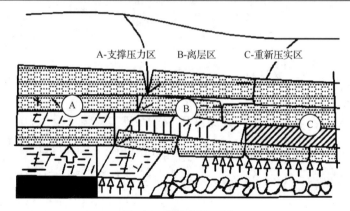

图 9.2　上覆岩层三区

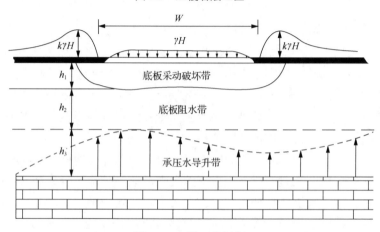

图 9.3　底板三带划分

γ-岩层容重；H-岩层埋深；W-垮落带宽度；k-应力集中系数；$h_1 \sim h_3$-三带高度

a. 底板采动破坏带：该带是由于采矿矿压作用导致底板岩层遭到连续性破坏所致，其主要特征是导水性能发生明显的改变。该带内一般存在底板经压缩-膨胀反向弹性变形作用形成的平行层面裂隙、由于剪切或层向拉力作用形成的垂直层面的裂隙两类，其中靠近煤体范围内多以平行层面裂隙为主，这些裂隙将成为煤壁前方瓦斯向采掘空间、采空区运移的主要通道之一。

b. 底板阻水带：该带是位于煤层底板采动破坏带以下和承压水导升带之间的岩层，该带内的岩层保持了受采动影响前的完整性，虽然岩层也发生弹性或塑性变化，但由于其厚度较大而导致其与承压水导升带靠近范围内的岩体内的孔隙、裂隙微结构变化不大。虽然该带基本不参与瓦斯运移过程，但对"滞留"煤层内的瓦斯具有帮助。

c. 承压水导升带：该带是位于底板阻水带以下的岩层，由于其基本未受采动影响，故其内含有的微结构数量和尺度没有发生变化，其内仅存在煤岩的原始节理、裂隙结构。由于该带与煤层距离较远且内部微结构没有发生变化，故其基本不构成瓦斯运移通道的组成部分。

②巷道围岩变形情况：采准巷道的几何尺寸与采场的几何尺寸比较要小得多，故巷道因受采动影响而导致产生变化的范围比采场要小；又因为巷道几何尺寸与整个地层比较要小得多，故多数巷道可以简化为规则形状下的变形情况，最简单的为圆形巷道情况，如图 9.4 所示。

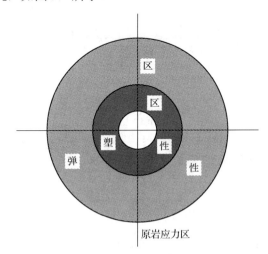

图 9.4 巷道围岩变形区划

由于巷道开挖产生的采动作用，紧邻巷道的围岩将在矿山压力重新分布的过程中产生的卸压作用下产生较明显的位移和变形，这些变形常表现出塑性变形的特性，其几何尺寸的大小一般受原岩应力大小、垂直应力与水平应力的比值、采动作用和巷道几何尺寸等因素的影响，一般为巷道等效半径的 2 倍，其内部微结构的变化常表现为几何尺寸和形态的演化，该区间内原来处于吸附态的瓦斯将发生解吸，瓦斯运移通道将得到优化，甚至瓦斯运移方式将发生本质性的变化；与塑性区相邻的则为受采动影响不明显的弹性区，该区域围岩在采动卸压作用下发生弹性变形，内部微结构常表现为几何尺寸的变化，其几何尺寸一般为 $3\sim5R$（R为巷道的断面尺寸），该区间内的瓦斯将会有部分发生解吸，瓦斯运移通道也会因微结构尺度的变化而得到部分优化。

2）工作面附近煤岩应力场特点

（1）采场前方应力分布。

煤岩体开挖后，其内应力必然会出现重新分布，其切向应力增高部分称为支承压力，支承压力是矿山压力的重要组成部分。在采场范围内，采场前方的切向应力可按其大小进行分区，如图 9.5 所示。

根据切向应力的大小，可分为减压区、增压区、稳压区，如图 9.5 所示。

①减压区：减压区内由于受采动影响明显，顶板岩层将发生冒落、离层，终将导致应力的释放，该区内的应力小于原岩应力。

②增压区：增压区范围是自工作面煤壁前一段距离至煤壁前方应力恢复为原岩应力范围内的部分，通常也称为支承压力区，一般按照高于原岩应力值的 5% 作为划分标准。

③稳压区：稳压区是指煤壁前方恢复原岩应力值范围更前方的部分，该部分为尚未受采动影响的区域。

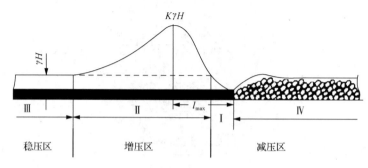

图 9.5　工作面应力分布

(2)按煤壁受力变形特点划分。

根据煤壁受力变形情况，又可将其划分为极限平衡区和弹性区。

工作面超前支承压力峰值位置一般距煤壁为 4～8m，为 2～3.5 倍采高；其影响范围为 40～60m，部分可达到 60～80m，应力增高系数为 2.5～3 倍；工作面倾斜方向固定支承压力影响范围一般为 15～30m，少数可达 35～40m，支承压力峰值位置距煤壁一般为 15～20m，应力增高系数为 2～3 倍；采空区支承压力应力增高系数一般小于 1。

(3)采场底板的应力场分布。

煤层开采引起回采空间周围岩层应力的重新分布，不仅在回采空间围岩周围煤体上造成应力集中，还会向采场底板岩层中传递，在底板岩层一定范围内重新分布应力，一般的底板应力重新分布规律如图 9.6 所示。

由图 9.6 可知，煤壁附近是煤层底板应力降低区和应力增高区的分界面，此处由于卸压作用导致其水平应力值较小，但剪切应力值趋于最大；采掘空间和采空区范围内几乎完全处于应力降低区，总体应力值较小；在煤层底板内，应力场的分布是不均匀的，基本呈"泡"状分布。应力的增加与煤岩体内部微结构的压

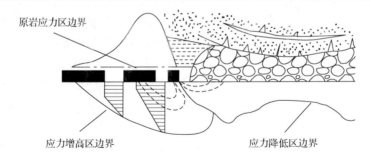

图 9.6　底板卸压区分布

密紧密相连，而应力降低区则与内部微结构的扩展正相关。故，可以认为采场底板内岩层的微结构由于采动卸压作用是向着有利于瓦斯运移方向发展的。

(4) 巷道围岩应力分布。

不管是采场还是巷道，围岩的移动和变形的过程中均伴随着应力的释放或集中。在巷道围岩的塑性区范围内，原岩应力通常因采动作用影响产生重新分布而降低，或者应力性质发生变化，宏观表现为岩层的移动和膨胀变形；在弹性区内，因采动作用影响煤岩体内的应力部分被释放，岩层发生弹性变形；越过弹性变形区的边界时，采动作用对围岩内应力场的影响不再明显，其内应力场接近或等于原岩应力场，分布如图 9.7 所示。

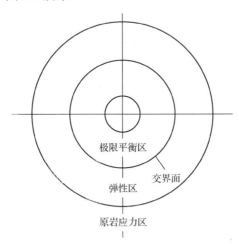

图 9.7　巷道围岩应力场

3) 几点认识

根据对采场、巷道在采动作用下围岩应力场、变形场和位移场的分析与总结，可得到以下几点主要认识：

①不管是采场，还是巷道，其围岩中均存在一卸压范围，其内应力场因采动作用将导致应力的重新分布，表现为应力大小、应力性质的变化；

②不管是采场，还是巷道，其内围岩均会发生大小不等位移、性质不同的变形，表现为岩层的移动、岩层间离层的形成、煤层的膨胀或压缩变形；

③不管是采场，还是巷道，其内围岩均会发生不同程度的卸压、移动和变形，卸压、移动和变形的大小受原岩应力、围岩性质和巷道几何尺寸、形状的影响；

④采场和巷道围岩应力和变形的变化，均会伴随其内赋存瓦斯的解吸、吸附变化和瓦斯运移通道的变化，均会导致瓦斯运移的产生；

⑤场和巷道围岩受到的采动卸压作用，对于其内瓦斯的解吸、吸附和运移均有重要影响，甚至可以从本质上改变瓦斯运移的方式。

因此，研究采动卸压作用对煤岩体内部结构产生的影响及对瓦斯的赋存与流动产生的影响规律，对于掌握采动影响范围内煤岩体内瓦斯的赋存与流动特性规律、制定该范围内瓦斯灾害防治技术措施意义重大。

在生产现场进行直接的采动卸压作用对煤岩体内瓦斯产生的影响实测研究，因受诸多因素的影响而无法实现，如试样尺寸过大而无法准确控制卸压程度，不是相对封闭空间而无法监测瓦斯的相关参数，试样尺寸过大而无法精准获得卸压作用和瓦斯赋存与流动特性的耦合关系等。因此，该类研究常采用实验室标准试样进行分析研究，而采动卸压作用也采用卸除试样轴压或围压、卸除试样内的瓦斯压力来模拟实现。

9.2　卸轴压起始载荷水平对含瓦斯煤样力学特性影响

在某种意义上，采动卸压过程可简化为煤岩体在所受围压基本不变的情况下卸除轴压的过程。煤层内瓦斯赋存和流动特性在采动卸压作用影响下将发生明显的变化，这一变化是衡量采动卸压作用效果的主要指标之一[121~123]；另一方面，煤与瓦斯共采的原理也是利用采煤过程中产生的采动卸压作用实现瓦斯开采与收集量的增加。因此，研究并掌握含瓦斯煤样力学特性受到采动卸压作用后产生的影响，以及力学性质如何演化，显得十分重要。

1）试验设备

试验采用的主要设备为重庆大学自行研制开发的含瓦斯煤样热流固耦合三轴伺服渗流装置，该设备主要由伺服加载系统、三轴压力室、水浴恒温系统、孔压控制系统、数据测量系统和设备辅助系统六部分组成；该设备可提供最大轴压100MPa、最大围压10MPa、最高加热温度为100℃、适合试件尺寸为符合国家岩石力学学会建议标准的试件：$\Phi 50 \times 100mm$。该设备可以模拟进行地应力、瓦斯压力、地温等对煤样渗透率的影响研究，还可实现含瓦斯煤样的三轴力学特性、蠕变特性等的研究，如图 9.8 所示。

图 9.8　含瓦斯煤样热流固耦合三轴伺服渗流装置

2) 试验用样制备与研究方案

(1) 试验用样制备。

保护层开采后，处于有效保护范围内的被保护层将产生较强的卸压、释放作用，这将导致被保护煤层结构更加复杂且促使其内部结构更发育，故而利用此种情况下取得的原煤直接制作试验用标准煤样，成功的可能性将极低。因此，试验采用经二次加压成型的型煤试样进行试验研究。

前人研究成果表明：型煤试样可以代替原煤试样进行含瓦斯煤样力学性质和渗透特性的研究。根据研究结果，利用型煤试样与原煤试样进行含瓦斯煤样的有关力学特性的研究所取得的结果仅是在数量级上存在差别，而基本规律具有较强的一致性。取自典型保护层开采后卸压释放后的被保护层内的新鲜煤样运至实验室，经过粉碎机粉碎、筛选设备筛选后，选取颗粒径在 40~60 目的煤粉颗粒，在控制含水率的前提下加水制得制备型煤试样所需的煤粉，不添加任何黏结剂的条件下制作型煤试样，其目的是防止加入的黏结剂影响煤样内原始结构而影响煤样性质；根据经验，取适量煤粉加入型煤加工模具中，在轴向压力 200kN 条件下保持轴压力 20min，然后进行脱模制得标准型煤试样，如图 9.9 所示。

图 9.9　型煤加工设备及制得试样

(2) 研究方案。

为了保证主应力的方向，卸轴压试验过程中载荷应满足轴压大于围压；为了保证煤试样内瓦斯气体能够在试样内流动而不从试样侧壁溢出，除在试样侧壁均匀涂抹硅橡胶层外，还应满足围压大于瓦斯压力的条件。选择具有代表意义的卸轴压起始应力点作为研究卸轴压对含瓦斯煤样力学特性影响的关键。根据选定的围压 6.0MPa、瓦斯压力 2.0MPa 条件下的三轴压缩煤样的应力-应变特性曲线，选定卸轴压起始应力点分别为 12.8MPa、15.3MPa、17.8MPa 作为试验方案，此方案所确定的三轴卸轴压应力点均处于线弹性阶段，分别为线弹性阶段起始点略后、线弹性阶段中间点和线弹性阶段结束点稍前。卸轴压直至略大于围压值 6.0MPa，每种条件下进行 3 块试样的试验研究，用以研究此过程中煤样应力-应变变化的演化关系，过程中持续通恒定瓦斯压力 2.0MPa 的瓦斯。

3) 含瓦斯煤样三轴压缩力学特性

为了获得该批型煤试样的三轴压缩力学特性，进行了围压 6.0MPa、瓦斯压力 2.0MPa 条件下的含瓦斯煤样三轴压缩试验研究，并得到了该种含瓦斯煤样的典型应力-应变特性曲线，如图 9.10 示。

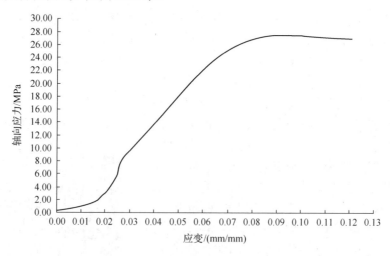

图 9.10　典型含瓦斯煤样三轴压缩力学特性

分析图 9.10 可知：

① 与煤岩体典型三轴压缩应力-应变曲线相似，含瓦斯煤样的三轴压缩应力-应变曲线也可以分为五部分，即压密阶段、线弹性阶段、屈服阶段、峰值强度点和峰后阶段。

②含瓦斯煤样的三轴压缩应力-应变曲线的压密阶段非常明显。这可能是因为经加压成型制得的型煤试样本身含有较多孔隙、裂隙结构；又，试验进行时是先施加较小值轴压，再加围压至设定值，最后通恒定压力的瓦斯气体 8h，再进行三轴压缩试验，事先在较小轴压下通入较大压力的瓦斯气体可能会导致煤样内的孔隙、裂隙结构发生膨胀，增加了煤样压密变形阶段的轴向应变，而导致压密阶段非常明显所致。

③含瓦斯煤样的三轴压缩应力-应变曲线的线弹性阶段和屈服阶段特点符合典型煤岩体三轴压缩特点，不同之处仅在于线弹性阶段持续较短、进入屈服阶段较缓慢而已。

④含瓦斯煤样峰值强度较小，进入峰后阶段后，应力没有迅速降低而呈小幅下降趋势，表现出一定的流变特性。

4) 含瓦斯煤样卸轴压轴向变形演化规律

根据设计的试验方案，对含瓦斯煤样卸轴压过程中的应力-应变关系进行了整理和分析，得到了三轴压缩状态下不同起始应力点卸轴压时含瓦斯煤样应力-应变变化规律，如图 9.11 所示。

分析图 9.11 可知：

①尽管卸载应力点均选择在三轴压缩曲线的线弹性阶段，但卸轴压时含瓦斯煤样的应力-应变曲线都呈现非线性变化特点，且随着起始卸载应力水平的增加，非线性特性呈增加趋势。这可能是因为尽管卸压点均处于线弹性阶段，但加载阶段随着应力的升高煤样内将有更多的微结构和煤样颗粒参与到煤样的变形过程

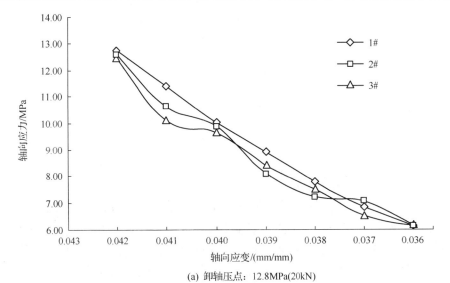

(a) 卸轴压点：12.8MPa(20kN)

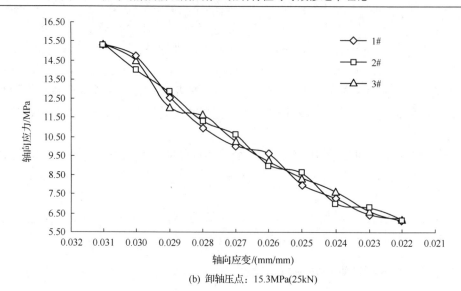

(b) 卸轴压点：15.3MPa(25kN)

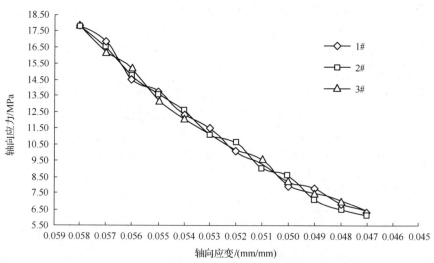

(c) 卸轴压点：17.8MPa(30kN)

图 9.11　卸轴压条件下含瓦斯煤样应力-应变关系

中，使得卸轴压起始应力水平越高，在卸除轴压时组成煤样的颗粒恢复变形的因素越复杂，而导致非线性更显著。

②随着卸轴压起始应力水平的增加，同一水平下起始应力水平越高，卸除单位轴压时同组煤样间变形规律的差别越小。这可能是因为处于线弹性阶段的含瓦斯煤样，其应变状态处于原生微结构已经充分闭合、新结构正在形成且尺度较小并尚未贯通的阶段；卸轴压时，在瓦斯压力的作用下煤样恢复的变形将由新生微结构闭合、煤样颗粒弹性变形恢复和原生微结构张开等几个因素构成，其中新生

微结构闭合将导致煤样产生压缩，煤样颗粒弹性变形恢复和原生微结构张开将导致煤样膨胀；当煤样受到的初始轴压较小时，煤样恢复变形的组成因素将较简单，仅有煤样膨胀变形；而当煤样受到的初始轴压较大时，煤样恢复变形的组成因素将较复杂，既包括煤样压缩又包含煤样膨胀变形，而总体呈膨胀变形特性。故在多种因素综合作用下，将会导致高起始应力条件下卸轴压时同组含瓦斯煤样的变形差异较小。

③随着卸轴压起始应力水平的增加，卸轴压过程中含瓦斯煤样的平均弹性模量呈下降趋势但降幅较小，这与加载过程恰恰相反。这可能是因为在一定围压下，煤样受到较大轴压作用后的内部结构变化将更复杂，一些微结构在应力作用下产生了损伤，当煤样轴压被逐渐卸除后，在微结构内的瓦斯压力作用下那些发生损伤的微结构将产生较大的膨胀变形，加之原生孔隙膨胀和煤样固体物质弹性变形恢复，导致卸轴压起始应力越大平均弹性模量越小。

④随着卸轴压起始应力水平的增加，瓦斯压力对煤样变形的影响呈增加趋势，其表现为煤样变形的非线性特性增加。

⑤卸轴压过程中，在一定围压和瓦斯压力条件下，卸轴压过程中含瓦斯煤样的应力-应变关系可用指数函数表示，即

$$\sigma = a \cdot e^{b\varepsilon} \tag{9.1}$$

式中，σ 为轴向应力，MPa；ε 为轴向应变；a、b 为拟合系数，与煤样的力学性质、瓦斯压力和围压有关。

9.3　卸围压时含瓦斯煤样力学性质演化

煤岩类材料不仅是一种非均质的各向异性材料，且多处于特定的应力环境中。开采煤炭资源和剥离岩土体、开挖地下结构类工程的过程将破坏煤岩所处的应力场而使其某一方向或几个方向的应力被释放，导致其所处的原岩应力状态被破坏而使煤岩类材料发生变形，甚至失稳、破坏。地下采煤过程中的煤壁，随着采掘工作的推移将不断地有煤炭被剥离出来，而这一过程也改变了受采掘影响范围内且尚未被剥离出的煤壁煤体的应力状态，即围压被逐渐卸除[124, 125]，这必将导致该部分煤体力学性质和内部结构发生明显变化，加之煤体内瓦斯及其在煤体内的运移对煤壁造成的影响，必将使处于该类环境中的煤岩体力学性质演化更加复杂。

1) 试验方案及方法

为了获得卸围压条件下含瓦斯煤样力学性质的演化特征，必须首先确定含瓦斯煤样卸围压试验的试验条件。根据所选取的试验设备及条件，确定卸围压起始

点围压值为 8.0MPa，卸压速率为 0.1MPa/min，煤样内的瓦斯压力分别为 0.5MPa、1.0MPa、1.5MPa，每种试验条件进行 4 块试样的试验研究。

试验时为保障煤样内瓦斯气体不从煤壁溢出，除采取相关密封措施外，还应满足围压大于瓦斯压力这一条件。因此，在进行含瓦斯煤样卸围压试验时，每组围压卸除后的最小值均应大于试样内的瓦斯压力。试验时，轴向载荷施加和围压施加交替进行，首先施加一定的轴压，然后施加一定的围压，直至达到试验设定的围压水平，即轴压为 10.0MPa，围压为 8.0MPa；然后，通入瓦斯气体并充分吸附 24h 后进行含瓦斯煤样卸围压力学性质演化试验研究。在施加载荷的过程中，轴压和围压的加载速率、施加轴压的大小均保持较高精度的一致性。

2)试验结果与分析

卸围压试验时，因煤样的轴向应变被严格控制且不变化，故此时煤样仅可能在轴向应力、径向应变两个方面发生变化。试验研究时，即以此两个指标为考察对象。以加载装置轴向反力为卸围压后煤样的轴向应力，以煤样中部的径向应变为煤样的径向应变。

(1)含瓦斯煤样卸围压时轴向应力演化。

根据设计的试验方案进行试验研究，获得了含瓦斯煤样在不同瓦斯压力作用下卸围压时的轴向应力演化特性曲线，如图 9.12 所示。

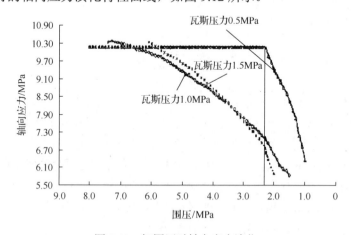

图 9.12　卸围压时轴向应力演化

分析图 9.12 可知：

①在轴向应变保持不变的情况下，含瓦斯煤样在围压被逐渐卸除后其轴向应力均呈现逐渐减小趋势。这是因为轴向应变不变情况下逐渐卸除围压时，煤样将在瓦斯压力和原轴向压缩作用的综合作用下，在侧向逐渐发生压缩变形恢复而导

致煤样内整体应力状态发生降低，并使煤样原始轴向应力减小所致，其变化关系如图 9.13 所示。

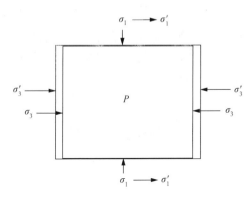

图 9.13　煤样应力变化

σ_1、σ_1'-变化前后的轴压；σ_3、σ_3'-变化前后的围压；P 为瓦斯压力

②在轴向应变保持不变的情况下逐渐卸除围压时，煤样的轴压变化基本可分为两个阶段，即缓慢降低阶段和急剧降低阶段。煤样轴向应力减小速率与围压、瓦斯压力之差呈正向变化关系。这可能是在较高围压作用下，煤样侧壁受到的变形束缚作用将很大，小幅度卸除围压后，煤样侧壁受到的变形束缚减小幅度较小而导致煤样内应力状态调整较小；当围压卸除量较大后，煤样侧壁受到的变形束缚减小幅度较大，煤样侧壁变形将增加并导致其内应力状态调整较大，带来的结果即为煤样轴向载荷减小速率较大。

③煤样内瓦斯压力越大，煤样卸除单位大小围压后产生的轴向应力降低越大。这可能是煤样被逐渐卸除围压后，将在孔隙瓦斯压力的作用下发生侧壁压缩变形恢复而使煤样内应力状态得到调整。围压相同时，煤样内的瓦斯压力越大其发生侧向变形越容易，导致煤样内应力状态的调整幅度越大，表现为轴向应力变化幅度越大。

④煤样内瓦斯压力越大，卸除围压时轴向应力发生变化的敏感性越强。这可能是因为在轴向变形固定的情况下，煤样内瓦斯压力的作用是促使其侧壁发生膨胀变形，而围压则是束缚其侧壁的膨胀变形，即煤样侧壁变形将在围压与孔隙瓦斯压力之差下进行，当瓦斯压力较大而降低相同围压时，煤样侧壁受到的变形束缚作用减小程度则等于减小围压和瓦斯压力的综合作用，故瓦斯压力大时煤样的轴向应力变化要敏感得多。

由上述可知，在采煤工作面瓦斯压力一定的情况下，开采速度越大导致发生煤与瓦斯压出、倾出的可能性越大；而开采速度一定的情况下，煤体内瓦斯压力越大，发生煤与瓦斯压出、倾出的可能性越大。

(2)含瓦斯煤样卸围压时径向应变演化。

煤岩类材料的变形，均是因为其所处的应力场发生变化所致，故考察其应力场变化可以在一定程度上反映煤样的变形规律，但无法从数量上得到其变形的确切规律。因此，尚需对煤样的变形量进行详细研究。根据设计的试验方案，得到逐渐卸除围压时煤样径向应变的规律曲线，如图 9.14 所示。

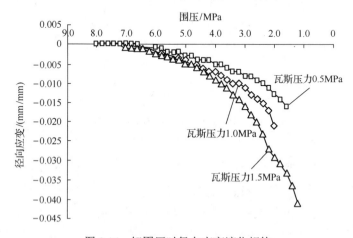

图 9.14　卸围压时径向应变演化规律

分析图 9.14 可知：

①固定轴向应变而逐渐卸除围压时，含瓦斯煤样的径向将发生明显膨胀应变。这可能是当煤样围压被逐渐卸除后，煤样所处应力场的应力减小，导致含瓦斯煤样在原应力状态产生的压缩应变发生膨胀恢复，而固定的轴向应变将导致煤样径向应变变化更明显。

②固定轴向应变而逐渐卸除围压时，随着围压卸除量的增加含瓦斯煤样的径向应变呈增加趋势，基本可分为缓慢增加和急剧增加两个阶段。这可能是含瓦斯煤样在围压被卸除后，将在瓦斯压力和减小围压量的综合作用下发生径向膨胀变形，当围压卸除量较小时，促使煤样发生径向变形的作用不明显，导致含瓦斯煤样径向变形变化不明显；随着围压卸除量的增加，促使煤样发生径向变形的作用增加，导致煤样径向变形量开始增加。

③煤样内瓦斯压力越大，卸除单位围压后产生的径向应变越大。这是因为固定的轴向应变使煤样在所处应力场应力减小时不能发生轴向应变，而径向应变又是在瓦斯压力和卸除围压量的综合作用下产生的，故卸除相同围压时，瓦斯压力越大煤样产生的径向应变将越大。

④煤样内瓦斯压力越大，围压卸除后煤样产生的径向应变越大。这可能是在试验开始前，煤样所处的外加应力场相同而其内的瓦斯压力大小不同，当固定轴

向应变时卸除围压，瓦斯压力大的煤样内的孔隙结构将会在较大瓦斯压力的作用下产生更大变形，而且较大的瓦斯压力也能促使更多的因外加应力场使煤样产生的径向压缩变形恢复。

⑤瓦斯压力的大小对卸除围压后含瓦斯煤样径向应变变化的影响呈非线性关系，即瓦斯压力增加相同大小而煤样径向应变增加却不一致。

试验后煤样情况如图 9.15 所示。由图可知，煤样破坏后既有明显的拉伸破坏，又有明显的剪切破坏。

图 9.15　煤样破坏情况

3) 含瓦斯煤样力学性质的卸围压效应

研究含瓦斯煤样卸围压情况下的力学性质演化规律，其目的是建立卸围压程度与其各力学参数的数学关系模型，进而应用于生产现场来判别含瓦斯煤体结构的稳定性。根据试验结果，分别对其进行数学拟合处理，可得到煤样轴向应力变化、径向应变变化与围压卸除量的数学关系。

固定轴向应变时，含瓦斯煤样轴向应力变化与围压卸除量可用二次函数表述，即

$$\sigma_1 = a(\Delta\sigma_3)^2 + b(\Delta\sigma_3) + c \tag{9.2}$$

式中，σ_1 为煤样轴向应力，MPa；$\Delta\sigma_3$ 为煤样围压卸除量，MPa；a、b、c 为拟合参数，与含瓦斯煤样初始应力状态、瓦斯压力有关。

固定轴向应变时，含瓦斯煤样径向应变变化与围压可用修正的对数函数表述，即

$$\Delta\varepsilon_3 = a\ln(\Delta\sigma_3) + b \tag{9.3}$$

式中，$\Delta\varepsilon_3$ 为含瓦斯煤样径向应变；$\Delta\sigma_3$ 为煤样围压卸除量，MPa；a、b 为拟合参

数，与含瓦斯煤样初始应力状态、瓦斯压力有关。

　　为验证拟合公式与试验曲线的拟合程度，将拟合曲线和试验曲线画在同一图中进行对比研究，发现上述关系式可以较好地表征各自关系，拟合系数均在 0.97以上，如图 9.16 所示。

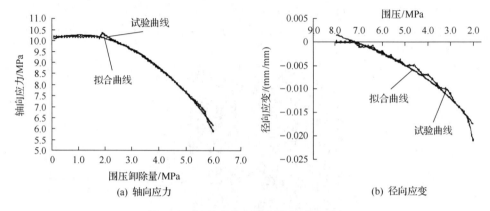

(a) 轴向应力　　　　　　　　　　　　　　(b) 径向应变

图 9.16　试验曲线与拟合曲线对比研究

9.4　瓦斯放散过程中煤样力学特性演化

　　地下煤炭资源是一种非均匀的多孔介质，其孔隙、裂隙内赋存着大量的瓦斯，既包括吸附瓦斯，又包含游离瓦斯；由于瓦斯在煤体内赋存形式的不同，对煤体产生的作用也不同，大致包括物理作用和化学作用两部分，其中物理作用主要是游离瓦斯产生的瓦斯压力导致的煤体内部孔隙、裂隙在尺度上的变化及对力学性质的影响。但在采煤工作面和为采煤安全而留设的煤柱处，随着煤炭的不断剥落和煤壁与风流接触时间的延长，煤体内赋存的瓦斯将不断地释放出来[126~128]。如果煤体内的瓦斯逐渐被释放，原来由于瓦斯的存在而导致复杂的物理的、化学的作用则有可能被削弱，此时煤体的力学性质也将可能发生明显变化，从而影响煤矿井下的安全生产。因此，研究瓦斯逐渐释放过程中煤体力学性质的演化，将对于煤矿安全生产具有重要的指导意义。

1) 试验方案及方法

　　为了获得系统的瓦斯放散过程中煤样力学性质的演化规律，设定试验方案如下：预加轴压 5.0MPa，围压设置为 6.0MPa，目的是形成瓦斯压力可存在的煤样外在应力环境；煤样内瓦斯压力分别设置为 1.0MPa、2.0MPa、3.0MPa 三个水平，每个瓦斯压力水平按国际岩石力学学会的建议标准进行 3~5 块试样的试验研究，以获得的具有代表性的试验曲线作为瓦斯放散过程中煤样力学特性演化的曲线。

试验过程如下：先将试样按设备要求装配好，然后交替施加轴压、围压至设定目标值并保持不变，待应力环境稳定后通入设定压力值的瓦斯气体，并持续通入瓦斯气体 8.0h，目的是使瓦斯气体与煤样能够充分作用，然后关闭进气管道并打开出气管道，记录瓦斯流动速度、煤样轴向变形和横向变形，横向变形通过煤样环向周长变化长度与常数 π 的比值计算获得，根据试验后对试验数据的处理获得典型的瓦斯放散过程煤样力学性质的演化特性。

2) 试验结果与分析

在保持煤样所处外界应力环境恒定的前提下，进行煤样的瓦斯放散试验研究，根据试验结果得到典型的瓦斯放散过程中煤样的力学特性演化规律曲线。

(1) 煤样轴向变形特点。

根据试验结果，获得了不同瓦斯压力条件下瓦斯放散过程中煤样的轴向变形演化特性曲线，如图 9.17 所示。

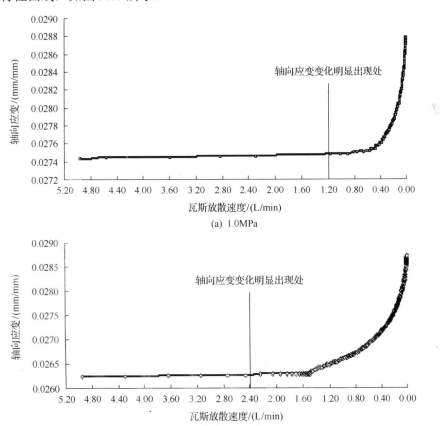

(a) 1.0MPa

(b) 2.0MPa

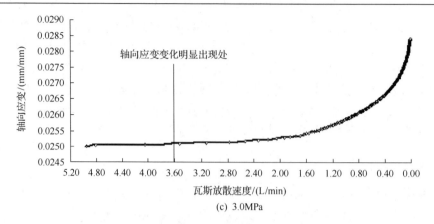

图 9.17　瓦斯放散过程中煤样轴向变形特性曲线

分析图 9.17 可知：

①随着煤样内瓦斯的逐渐放散，煤样的轴向变形明显，基本呈现三阶段特性；随着初始瓦斯压力的增加，煤样轴向应变变化将越明显。

②在煤样瓦斯放散试验开始阶段，煤样轴向几乎没有应变产生。这可能是由于试验前，为煤样提供瓦斯的充气系统内存在高压瓦斯气体，在开始试验的瞬间该部分瓦斯迅速流出，但煤样内部赋存的瓦斯尚未受到影响所致。

③随着瓦斯放散速度大幅度减小的结束，煤样开始出现小幅度的轴向应变。这可能是随着充气系统内存在的高压瓦斯气体的放散完毕，煤样内赋存的游离瓦斯开始放散出来，导致煤样孔隙气压减小；但由于煤样体积有限而导致其内赋存的游离瓦斯有限，在轴向载荷作用下煤样仅将发生小幅度的轴向应变。

④当煤样内瓦斯放散速度达到某一值时，煤样的轴向应变变化开始明显增大，且此起始点位置随着瓦斯压力的增加而呈减小趋势。这可能是随着煤样内游离瓦斯逐渐放散完毕，煤样内孔隙气压的减小将逐渐达到最大，孔隙压力抵消的那部分轴向应力值将逐渐减小，等效于逐渐增加轴向应力对煤样的作用，导致煤样开始出现明显的轴向应变，而煤样内瓦斯压力越大这一影响将越明显。

⑤当煤样内瓦斯放散速度达到某一近似恒定值时，煤样的轴向应变变化开始由缓慢增加转变为急剧增加，直至试验结束。这可能是由于游离瓦斯放散完毕后，加之高压下吸附瓦斯的解吸过程逐渐完成，导致煤样内孔隙压力几乎完全消失，其对轴向应力的抵消作用也几乎完全消失所致。

⑥随着瓦斯放散试验中初始瓦斯压力的增加，煤样在试验结束时产生的轴向应变增加呈增加趋势，且呈非线性特性。这充分证明了煤样内瓦斯的存在，既有物理作用，又有化学作用。

⑦若从煤样轴向应变开始出现明显变化处计，瓦斯放散速度和煤样产生的轴

向应变基本呈改进乘幂关系，即

$$\Delta \varepsilon_1 = a v_g^b + c \tag{9.4}$$

式中，$\Delta \varepsilon_1$ 为产生的轴向应变；v_g 为瓦斯放散速度，L/min；a、b、c 为拟合参数，与初始轴压、围压、瓦斯压力有关。

(2)煤样横向变形特点。

煤样的横向应变和轴向应变一样，是衡量煤样变形特性和力学特性的重要参数。为了获得煤样在瓦斯放散过程中的横向变形特性，在试验中特设定了监测其环向应变，并通过计算获得了不同瓦斯压力下瓦斯放散过程中煤样的横向变形特性曲线，如图 9.18 所示。

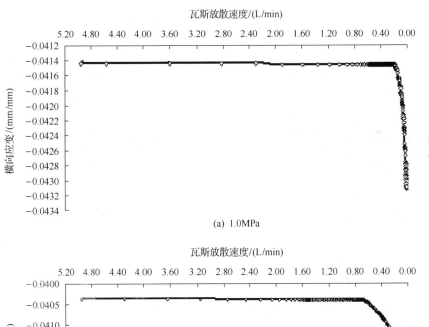

(a) 1.0MPa

(b) 2.0MPa

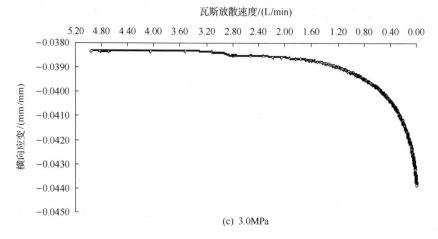

(c) 3.0MPa

图 9.18　瓦斯放散过程中煤样横向变形特性曲线

分析图 9.18 可知：

①煤样在瓦斯放散试验开始前，横向应变为膨胀应变，且随着瓦斯放散试验的进行呈逐渐增加趋势。这可能是因为试验准备完毕后，煤样处于轴压、围压和瓦斯压力的综合作用之下，孔隙、裂隙内瓦斯压力的方向与围压方向相反，且轴压作用又将增加煤样的横向变形等因素综合作用所致。

②随着瓦斯放散试验的进行，将出现一个明显的横向应变启动点，在此点后煤样将发生明显的横向变形。这可能是赋存于煤样孔隙、裂隙内的游离瓦斯放散完毕且解吸出的瓦斯量在较短时间内又较少，而导致瓦斯压力几乎消失，使煤样在轴压作用下横向变形明显增加所致。

③随着初始瓦斯压力的增加，煤样横向应变变化启动点的出现将逐渐提前，且试验结束时产生的最终横向应变逐渐增大。这可能是在相同的外加载荷环境中，瓦斯压力越大对煤样内部结构的影响将越明显，煤样对应力变化的敏感性也将越明显，卸除相同大小的应力时，产生的应变也将越多所致。

④随着初始瓦斯压力的增加，煤样横向应变启动点出现的突发性将明显减弱，整体呈曲线形式，使得横向应变的两阶段性变得不再明显。这可能是因为在大的瓦斯压力作用下，煤样孔隙、裂隙在尺度上变化较大，当卸除部分瓦斯压力后，煤样的孔隙、裂隙就将发生部分变化，从而使总的横向变形缓慢发生所致。

⑤随着初始瓦斯压力的增加，试验结束时煤样产生的横向变形大小明显呈增加趋势，且非线性特性明显。这可能是由于瓦斯对煤样及其内部结构复杂的物理、化学作用所致，而具体影响及规律则需通过系统的细观试验和理论分析研究获得。

试验结束后，部分煤样的变形形态如图 9.19 所示，表现为宏观上煤样变形不明显，用肉眼几乎无法明显辨识其产生的变形。

图 9.19　试验后煤样形态

9.5　线弹性阶段卸轴压煤样内瓦斯流动特性

预防煤矿经常发生瓦斯灾害的有效途径之一就是减少煤体内的瓦斯含量和降低瓦斯压力,而有效降低煤层瓦斯含量和瓦斯压力的措施是对煤层瓦斯进行抽放。而我国煤层普遍存在渗透率低的问题,且煤层吸附瓦斯量大,这就给煤层瓦斯的抽放带来了巨大的困难。因此,如何有效地使煤层的吸附瓦斯转变为游离瓦斯并增加煤层的透气性,成为瓦斯灾害防治和瓦斯抽采领域研究的重点。煤层吸附瓦斯量和渗透性是与很多影响因素有关的,如所处的应力状态、煤层的内部结构等,而煤层的内部结构变化又是与受力状态密切相关的;又,如果能够促使吸附瓦斯转变为游离瓦斯,也将因增加煤层内的瓦斯压力而导致煤层内孔隙、裂隙结构发生变化,进而增加煤层的渗透性[129, 130]。因此,改变煤层所受的应力状态将成为影响煤层渗透性的最主要因素之一。

1) 试验设备及方案

所采用的设备为含瓦斯煤样热流固耦合三轴伺服渗流装置,如图 9.8 所示。试验以卸轴压条件模拟受采动影响时煤层内瓦斯流动情况,为了真实反映受卸压作用煤体的力学性质,试验煤样采用取自现场保护层开采且具有明显卸压影响的煤样,该种煤样具有内部结构破碎、强度低的特性。因此,利用此原煤直接制备煤样试样几无可能;而经二次加压成型的不添加任何黏结剂的型煤试样,根据前人研究的成果表明也可以作为煤样内瓦斯流动特性研究的用样。因此,本书试验采用经 100MPa 加压且恒压 20min 纯湿润煤粉制备的型煤试样为研究对象,对处于线弹性阶段卸轴压时的煤样内瓦斯流动特性进行了试验研究。

为了真实模拟线弹性阶段卸轴压时煤样内瓦斯流动特性的影响,首先进行了与试验条件相同条件下的含瓦斯煤样全应力应变过程瓦斯渗流特性试验,得到了该条件下含瓦斯煤样全应力应变与瓦斯流动特性曲线,再根据其特点确定具有典型代表性的应力点(流动特性点)作为卸轴压起始应力点，以煤样内瓦斯流动速度作为考察参数。根据本书试验条件：围压 6.0MPa、瓦斯压力 2.0MPa 的试验曲线特点确定为卸轴压起始应力点(σ_1, σ_3)，卸压速率为 0.01MPa/min，每组进行三个试样的试验研究，得到卸轴压过程中应力-应变煤样内瓦斯流动速度关系曲线。

2) 煤样三轴压缩过程瓦斯流动特点

为了确定具有代表性的煤样卸轴压应力点的位置，首先进行围压 6.0MPa、瓦斯压力 2.0MPa 条件下煤样全应力应变过程的瓦斯流动特性试验研究。根据进行的三块试样的试验，得到了煤样全应力应变过程的瓦斯流动特点，如图 9.20 所示。

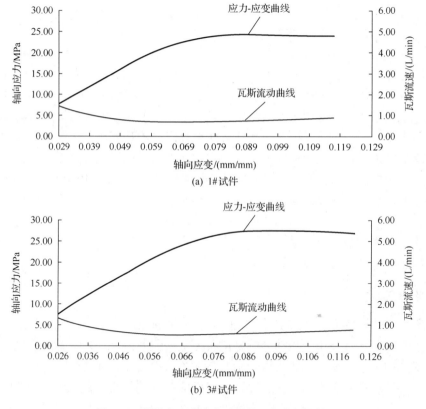

图 9.20　煤样全应力应变过程的瓦斯流动规律

分析图 9.20 可知：

①根据试验结果所得曲线并非严格意义上的全应力应变过程的瓦斯流动特性曲线。这是因为进行的试验条件为围压 6.0MPa，要实现此围压条件且防止试样在施加围压过程中发生破坏，就必须事先对试样施加一定的轴压；但随着围压的升高，煤样因侧向挤压而在轴向发生膨胀，使原施加的轴向应力变大，导致通瓦斯

时的应力状态并非原点应力所致。

②煤样全应力应变过程中的瓦斯流动特性曲线呈现缓 "V" 字形，且存在瓦斯流动困难应力点。这可能是煤样在三轴压缩过程中的内部结构变化较复杂，先后经历原生微结构闭合、新结构生成和发育、宏观破坏开始形成并发展、宏观破坏形成等阶段，随着煤样内微结构的演化，其内的瓦斯流动通道也将发生相应变化所致；在全应力应变过程中存在一应力点使煤样内瓦斯流动速度最小；当煤样处于压密阶段结束点时，并不是瓦斯流动速度最小，而此应力点出现在线弹性阶段，也说明煤样内瓦斯流动具有滞后变形的特点。

③此围压条件下，煤样破坏后其内的瓦斯流动速度要小于煤样内起始瓦斯流动速度。这是因为试验采用的煤样为经过二次成型的型煤试样，其内孔隙、裂隙结构发育导致煤样内瓦斯流动速度较大；由于所受围压较大，煤样破坏后处于似流变状态，煤样内部结构并未沿轴向出现较大的宏观结构，而导致瓦斯流动仍较困难。煤样破坏形式如图 9.21 所示。

(a) 试验用样　　　　　　　　　　(b) 煤样破坏形式

图 9.21　煤样破坏形式

④煤样全应力应变过程中的瓦斯流动特性的明显变化均发生在线弹性阶段内。线弹性阶段初期瓦斯流动速度逐渐减小，在线弹性阶段的中间点附近出现瓦斯流动困难应力点，后又逐渐增大直至煤样破坏后。

3) 卸轴压时煤样内瓦斯流动特性

(1) 线弹性阶段卸轴压煤样内瓦斯流动特性。

为了获得线弹性阶段卸轴压对煤样内瓦斯流动特性影响规律[131,132]，根据试验选取的起始卸载应力水平，对处于线弹性阶段卸轴压时煤样内瓦斯流动特性进行了试验研究，得到了如图 9.22 所示的特性曲线。

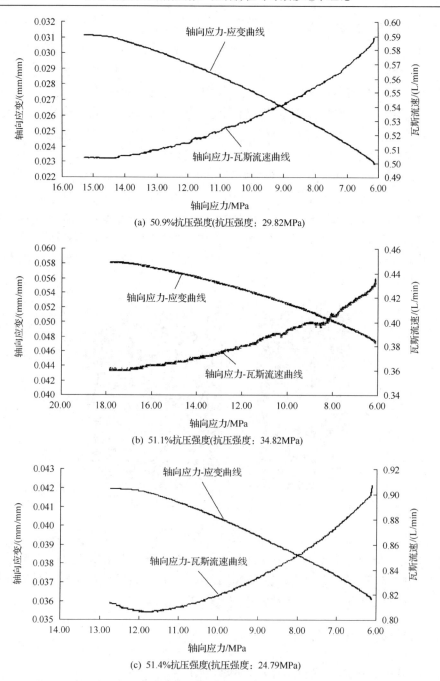

图 9.22　不同起始应力卸载时煤样内瓦斯流动规律

分析图 9.22 可知：

①取煤样抗压强度值的 51% 作为卸轴压起始应力时，煤样的应力-应变曲线变

化规律与其内瓦斯流动规律曲线在大小、变化速率方面均呈反向变化关系。这可能是因为所选取的起始应力值位于线弹性阶段中间点至屈服应力点阶段内，煤样内一些原生微结构已经发生塑性变形且新生成的微结构已经开始发育、发展，此条件下逐渐卸除轴压将促使煤样内仅发生弹性变形的微结构和煤样颗粒发生变形恢复，使瓦斯流动通道变化而促使煤样轴向应变减小所致。

②取煤样抗压强度值的 51% 作为卸轴压起始应力时，煤样内的瓦斯流动速度在开始卸轴压前均接近或达到煤样的瓦斯流动困难应力点，即越过此阶段应力值，煤样内的瓦斯流动速度将由逐渐减小变化为逐渐增加。这可能是由于煤样内瓦斯流动的滞后性特点所致。

③三组试验均表明，选取相同范围的应力值作为卸轴压起始应力值时，煤样内的瓦斯流动速度值大小也有较大差别，开始卸轴压时的瓦斯流动速度越大的煤样，卸轴压过程中的瓦斯流动速度变化越大，反之越小。这可能是由煤样内的初始结构及煤样在受载过程中的性质变化决定的。

④三组试验均表明，选取相同范围的应力值作为卸轴压起始应力值时，煤样内的瓦斯流动速度变化规律也不相同，强度越大的煤样，卸载过程中其内瓦斯流动规律变化越复杂，反之越小。

⑤对卸轴压起始应力点大于煤样瓦斯流动困难应力点煤样的试验研究表明，卸轴压过程中将能够部分还原加载过程中煤样内瓦斯流动规律，仅是在瓦斯流动速度的数值大小上存在较大差别。这可能是由于加载过程使煤样内原生微结构发生的塑形变化和产生的部分新的微结构，在卸载过程中不能够恢复所致。

(2) 加、卸轴压时煤样内瓦斯流动特性。

为了得到煤样加、卸载过程中的瓦斯流动特性对比关系，对同批次两组试样分别进行加、卸载过程中的瓦斯流动特性研究，并将加、卸载试验曲线进行对比分析，可得如图 9.23 所示的特性曲线。

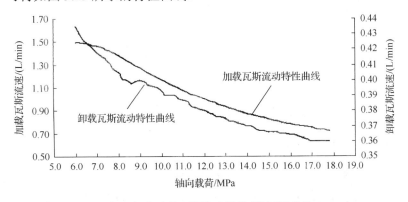

图 9.23　加、卸载过程瓦斯流动规律(抗压强度的 51.4%)

分析图 9.23 可知：

①试验条件下，加、卸载过程中煤样内瓦斯流动速度在数值上差别较大。这可能是由于不同煤样尽管是利用相同材料、经过相同过程制备的，但其内部结构仍存在较大差异；尽管瓦斯流动速度在数值上差异较大，但均能反映出加、卸轴向应力时煤样内瓦斯流动特性。

②试验条件下，加载过程曲线以轴向应力 7.5MPa 为界可分为两部分，即瓦斯流速缓慢降低阶段和瓦斯流速以恒定速率减小阶段，这可能是由于瓦斯流动特性的滞后性特点所致。卸载阶段瓦斯流动速度变化表现出非线性规律，略呈双曲线形，这可能是因为在逐渐卸除轴向应力的过程中，煤样内的微结构和煤粉颗粒发生弹性恢复，导致其内瓦斯流动通道发生扩展；而随着轴向应力的减小，围压对煤样侧壁的压缩作用更加明显，这将阻碍煤样内瓦斯流动通道的变化，在上述复杂因素和变化过程的综合作用下，卸轴压过程瓦斯流动速度变化将呈现出非线性特点。

③试验条件下，加载过程中单位应力对瓦斯流动速度的影响较大，约为 $0.064L/(min \cdot MPa)$，而卸载过程中单位应力对瓦斯流动速度的影响较小，约为 $0.0063L/(min \cdot MPa)$，加载过程单位应力对瓦斯流动速度影响约为卸载过程的 10 倍。这可能是因为加载过程中，轴向应力对煤样内原始结构起压缩作用，并促使煤样内新结构的生成，故轴向应力对煤样结构影响明显；而卸载过程煤样内微结构变化主要靠微结构的弹性恢复，但同时又有围压对煤样微结构较强的侧向压缩作用，导致卸压过程煤样内微结构总体变化较小所致。

④试验条件下，加载过程中煤样内瓦斯流动速度变化曲线较光滑，而卸载过程中煤样内瓦斯流动速度变化曲线呈较复杂变化趋势。这可能是在加载过程中，大于煤样压密阶段结束点处的轴向应力增加将促使煤样内微结构向有利于瓦斯流动通道发展的方向发展，变化规律较简单；而卸载过程中，煤样内既存在由于轴向应力逐渐卸除导致的微结构弹性恢复，又存在煤粉颗粒变形的弹性恢复，加之围压对煤样侧壁的压缩作用促使煤样内结构发生的压缩作用，导致煤样内结构变化复杂，故瓦斯流动通道变化复杂，表现为卸载过程中煤样内瓦斯流动速度变化曲线呈较复杂变化特点。

9.6 含瓦斯煤样横向变形与瓦斯流动特性耦合关系

1) 微结构演化与瓦斯运移分析

煤是在复杂地质和环境条件下形成的一种非均匀介质，其内除了实体煤外还包含了大量的孔隙、裂隙微结构，这些微结构既是瓦斯赋存的场所，又是瓦斯流动的主要通道[133, 134]，如图 9.24 所示。若在一定范围内存在瓦斯压力时，瓦斯在沿着微结构方向的运移形式以瓦斯渗流为主，遇到实体煤时则将以瓦斯渗透为主。因此，瓦斯压力梯度的方向是否与微结构及其演化发展的方向一致，将决定着煤样内瓦斯的运移形式。根据载荷、瓦斯压力梯度方向与微结构方向的关系可将其划分为三种，其中最为典型的两种情况如图 9.25 所示，而第三种情况将介于此两种情况之间。图 9.25(a) 所示情况时，随着载荷的施加微结构将逐渐闭合，瓦斯运移也将从瓦斯渗流逐渐向瓦斯渗透过渡，这将不利于瓦斯在煤体内的运移，而微结构的此种变化对煤体的横向变形影响不大；图 9.25(b) 所示情况时，随着载荷的施加微结构将逐渐张开，瓦斯运移也将从瓦斯渗流逐渐向宏观瓦斯流动过渡，这将会促进瓦斯在煤体内的运移，此时微结构的变化对煤体的横向变形影响也将非常明显；介于此两种情况中的第三种情况，将依据微结构与载荷、瓦斯压力梯度

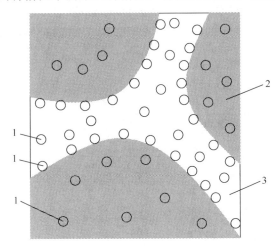

图 9.24　煤体内微结构及瓦斯

1-瓦斯；2-实体煤；3-微结构

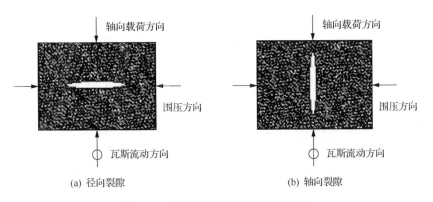

(a) 径向裂隙　　　　　　　　　　(b) 轴向裂隙

图 9.25　煤体内简化的裂隙结构形式

方向等的关系对煤体内的瓦斯运移产生明显影响，但这一影响也必将介于上述两种情况之间，且对煤体横向变形的影响也是如此[135, 136]。

当煤体产生轴向变形时，轴向变形将包括煤体内部分瓦斯运移通道的闭合和煤体内实体颗粒的压缩，其微结构的变化将不利于瓦斯运移；而产生横向变形时则除去部分煤体实体颗粒的变形外，均为微结构的扩张所致，其微结构的变化将有利于瓦斯运移。因此，煤体的轴向应变不能准确反映其内瓦斯运移通道的变化，而与瓦斯压力梯度及载荷施加方向垂直的横向变形才能在一定程度上反映出有利于煤样内瓦斯运移的微结构变化情况。因此，本书以系列试验研究为基础，对煤样的横向变形演化与瓦斯流动速度的耦合关系进行了系统的研究。

2）试验研究与结果分析

制订试验方案时充分考虑到使试验具有较明显的对比性的需要，设定试验瓦斯压力为 2.0MPa，煤样所处围压环境为 6.0MPa，载荷施加采用力控制，速率分别设为 0.1kN/min、0.2kN/min 和 0.5kN/min，每种试验条件下进行 3 块试样的试验研究，如表 9.1 所示。

表 9.1　试验方案

编号	高度/mm	直径/mm	加载速率/(kN/min)	编号	高度/mm	直径/mm	加载速率/(kN/min)
1#	101.0	49.5	0.1	6#	101.2	49.8	0.2
2#	99.5	50.2	0.1	7#	100.6	50.1	0.5
3#	100.2	49.8	0.1	8#	99.8	50.0	0.5
4#	99.8	50.3	0.2	9#	100.2	49.6	0.5
5#	99.7	49.9	0.2				

3）含瓦斯煤样轴向、横向变形关系研究

为了得到含瓦斯煤样横向变形与瓦斯流动速度的耦合关系，首先对含瓦斯煤样轴向、横向变形特性进行了分析研究。根据试验结果分别得到了不同加载速率下含瓦斯煤样的轴向、横向变形关系曲线，如图 9.26 所示。

分析图 9.26 可知：

①试验准备就绪后，含瓦斯煤样在轴向、横向上应变均不为零，而是存在一个应变值。这是因为在试验准备时，要对煤样施加一定的围压，而为了保证煤样不被围压剪断而使试验失败又必须施加一定的轴向载荷，故而在施加的围压和轴向载荷共同作用下，试验前煤样就会产生一定值的轴向应变和横向应变，且两个应变均为压应变。

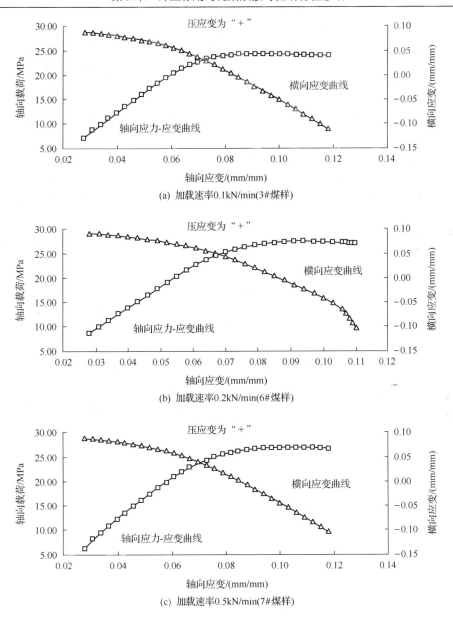

(a) 加载速率0.1kN/min(3#煤样)

(b) 加载速率0.2kN/min(6#煤样)

(c) 加载速率0.5kN/min(7#煤样)

图9.26 含瓦斯煤样轴向、横向变形关系

②随着轴向载荷的不断施加，含瓦斯煤样的横向压应变呈逐渐减小趋势，直至进入屈服阶段。这可能是由于含瓦斯煤样在孔隙瓦斯压力的作用下，试验前原始微结构扩张比较剧烈，由预加轴向载荷和围压引起的横向压变形一直处于恢复中，又与由于载荷施加导致的横向扩张应变的增加叠加，使含瓦斯煤样的横向压应变在进入屈服阶段后才恢复为0。

③随着轴向载荷的不断施加，含瓦斯煤样出现横向扩张应变后应变值将不断增加，直至煤样内出现宏观破坏。这可能是轴向载荷对煤样的作用，使煤样内积聚的能量能够逐渐克服围压的束缚作用，而在其内部不断出现新的微结构，导致含瓦斯煤样横向扩张应变增加明显。

④含瓦斯煤样的轴向、横向变形比值的绝对值明显不符合弹性材料泊松比的定义，且该值在各煤样的试验过程中明显均可分为两个阶段，前一阶段该比值较小，后一阶段该比值较大。这可能是因为煤样内的孔隙瓦斯压力较大，对煤样内微结构的改变较大，使含瓦斯煤样弹性特性被改变较大；又，孔隙瓦斯压力在煤样产生横向压应变时起的是阻碍作用，产生横向扩张应变时起的是促进作用所致。

⑤由系列试验结果可知，含瓦斯煤样的横向应变与轴向应变关系可用二次函数表示，即

$$\varepsilon_3 = a\varepsilon_1^2 + b\varepsilon_1 + c \tag{9.5}$$

式中，ε_1 为轴向应变；ε_3 为横向应变；三个系数 a、b、c 由含瓦斯煤样初始内部结构、加载速率决定。

⑥从含瓦斯煤样轴向、横向应变的变化规律可知：含瓦斯煤样的内部结构变化非常复杂，其宏观表现为全应力应变曲线和横向变形曲线光滑程度较低。这可能是由于含瓦斯煤样所处复杂应力环境和对其结构变化起复杂作用的孔隙瓦斯压力共同作用所致。

4) 含瓦斯煤样横向变形与瓦斯流动特性关系

根据试验获得的试验数据，获得了不同加载速率下含瓦斯煤样的横向应变与其内瓦斯流动特性的耦合关系曲线，如图 9.27 所示。

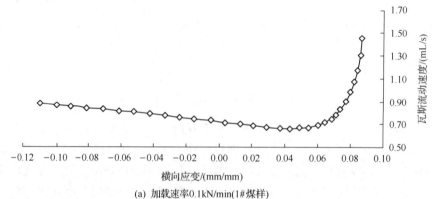

(a) 加载速率0.1kN/min(1#煤样)

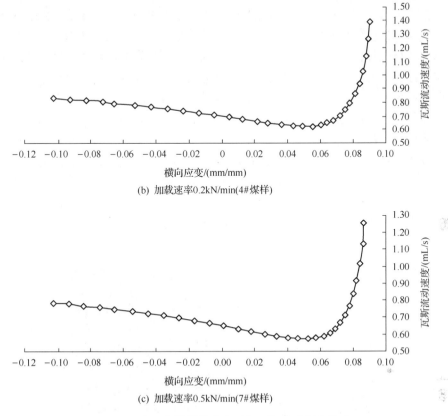

(b) 加载速率0.2kN/min(4#煤样)

(c) 加载速率0.5kN/min(7#煤样)

图 9.27 含瓦斯煤样横向变形与瓦斯流动耦合关系

分析图 9.27 可知：

①含瓦斯煤样在轴向逐渐施加载荷导致横向应变不断变化的过程中，瓦斯流动速度变化比较复杂，基本呈缓"V"字形。这可能与复杂受力环境下含瓦斯煤样内部结构的变化而导致的煤样内瓦斯流动通道的变化有密切关系。

②含瓦斯煤样在预加载荷引起的横向压应变恢复阶段，其内瓦斯流动速度变化比较复杂，呈先急剧降低再缓慢增加特性。这可能是因为在逐渐施加轴向载荷初期阶段，煤样轴向应变逐渐增加而横向变形恢复较小，导致煤样整体密实度呈增加趋势，瓦斯流动通道逐渐劣化而导致瓦斯流动困难；而当达到一个极限值后，煤样内新孔隙裂隙开始发育发展，导致瓦斯流动通道又向逐渐被优化的方向发展而致使瓦斯流动速度增加。

③含瓦斯煤样在轴向载荷不断施加的过程中存在一个内部结构临界状态点使煤样内瓦斯流动速度最小，该临界点处于煤样预加载荷引起的横向应变恢复阶段。这是含瓦斯煤样在轴向压应变不断增加和横向压应变不断恢复的综合作用结果，此点为含瓦斯煤样内部结构最为致密点。

④随着含瓦斯煤样在轴向载荷不断施加的过程中横向压应变逐渐向扩张应变发展时，煤样内部的瓦斯流动速度呈单调缓慢增加趋势。这可能是由于含瓦斯煤样越过上述临界内部结构点后，煤样内新微结构不断发育，导致煤样渗流通道逐渐向被优化方向变化，而随着煤样内部结构的不断变化其内瓦斯流动形式也将从瓦斯渗透为主逐渐向瓦斯渗流，甚至向宏观流动为主的方向发展所致。

⑤随着含瓦斯煤样横向应变从压应变向扩张应变发展，煤样处于初始预加载荷导致横向压应变状态时的瓦斯流动速度，要大于处于轴向载荷不断施加而导致横向应变呈扩张状态时的瓦斯流动速度。这可能是由于二次成型煤样的强度较小，在有围压存在的条件下发生沿轴向的大尺寸度脆性剪切破坏比较困难，多数呈以横向应变增加而导致的横向剪切破坏为主，此种宏观裂隙对存在轴向瓦斯压力梯度条件下的煤样内瓦斯流动特性影响不明显所致。

⑥含瓦斯煤样试验后破坏类型如图 9.28 所示。

(a) 包裹热缩管　　　　　　　　　(b) 割开热缩管

图 9.28　试验后煤样状态及破坏类型

9.7　本 章 小 结

煤炭开采活动产生的扰动卸压将会导致煤层内应力场的重新分布、含瓦斯煤体力学性质的变化、煤层透气系数和煤层内瓦斯流动特性的变化。本章通过实验室试验，以卸除轴压、围压和瓦斯压力模拟研究煤层受到的扰动卸压作用，对各条件下含瓦斯煤样力学性质的演化、瓦斯流动特性的演化规律进行了较系统的分析研究，可得以下主要结论：

①卸轴压过程中，在一定围压和瓦斯压力条件下，卸轴压过程中含瓦斯煤样的应力-应变关系可用指数函数表示，即 $\sigma = a \mathrm{e}^{b\varepsilon}$。

②固定轴向应变时，含瓦斯煤样轴向应力变化与围压卸除量可用二次函数表述，即 $\sigma_1 = a(\Delta\sigma_3)^2 + b(\Delta\sigma_3) + c$；固定轴向应变时，含瓦斯煤样径向应变变化与围压可用修正的对数函数表述，即 $\Delta\varepsilon_3 = a\ln(\Delta\sigma_3) + b$。

③逐渐卸除瓦斯压力时，从煤样轴向应变开始出现明显变化处计，瓦斯放散速度和煤样产生的轴向应变基本呈改进乘幂关系，即 $\Delta\varepsilon_1 = av_g^b + c$；随着瓦斯放散试验的进行，将出现一个明显的横向应变启动点，在此点后煤样将发生明显的横向变形。

④煤样全应力应变过程中的瓦斯流动特性曲线呈现缓"V"字形，且存在瓦斯流动困难应力点；加载过程中单位应力对瓦斯流动速度的影响较大，而卸载过程中单位应力对瓦斯流动速度的影响较小，加载过程单位应力对瓦斯流动速度的影响约为卸载过程的 10 倍。

⑤根据载荷、瓦斯压力梯度方向与微结构方向的关系，提出了两种煤体内裂隙结构的简化模型，并将其他类型归结为介于所提两类模型之间的情况。

⑥得出含瓦斯煤样的横向应变与轴向应变关系可用二次函数表示，即 $\varepsilon_3 = a\varepsilon_1^2 + b\varepsilon_1 + c$；含瓦斯煤样在轴向载荷不断施加的过程中存在一个内部结构临界状态点使煤样内瓦斯流动速度最小，该临界点处于煤样预加载荷引起的横向应变恢复阶段。

第10章 不均匀煤层瓦斯放散特性试验与理论分析

煤矿瓦斯灾害一直是影响矿井安全生产的主要灾害之一，且瓦斯灾害发生时造成的一次财产损失和人员伤亡仍在各矿井灾害中居第一位。同时，煤矿瓦斯是以游离态和吸附态赋存于煤层中的，且只有吸附态瓦斯发生解吸转化为游离态瓦斯，瓦斯才能在煤层中运移并最终通过煤壁放散到采掘空间中，从而增加造成瓦斯灾害事故的可能[137, 138]。外界条件不同时，发生解吸的吸附态瓦斯量是不同的，煤层内瓦斯的运移通道也是不同的，导致瓦斯向采掘空间放散的规律也不同，故研究不同条件下煤层瓦斯的放散规律对预防瓦斯事故具有重要意义。

10.1 煤层构成与形态特点

煤层是植物遗体经生物化学作用、地质作用转变而成的层状固体可燃矿物，是典型的沉积岩。煤层形成后赋存于煤系地层中，具有埋深、层数、厚度和产状等特性参数。由于煤炭资源形成后，仍会受到地质构造、地质运动的影响，故煤层多数是不稳定的。

煤层的稳定性主要是指成煤时期由泥炭沼泽基不平、边壳不均匀沉降、河流冲蚀和地质构造变动导致的，使煤层出现尖灭、分叉、增厚、变薄和切断等现象，如图 10.1 所示。

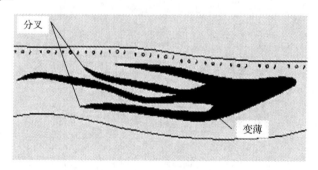

图 10.1 煤层稳定性变化

根据煤层稳定性的不同，可将煤层分为稳定煤层、较稳定煤层、不稳定煤层和极不稳定煤层几类，如图 10.2 所示。

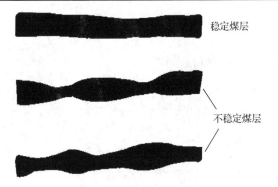

图 10.2　煤层的稳定性图

　　煤层沿走向和倾向一般呈层状、似层状展布或分叉、复合、尖灭，有的呈透镜状、扁豆状、间断状、鸡窝状、串珠状，煤层形态和厚度的这些变化是由多种因素导致的。典型的不规则煤层形状如图 10.3 所示。

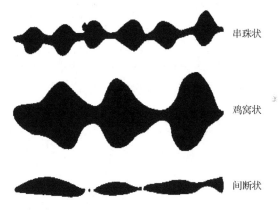

图 10.3　典型的煤层形态

　　煤层在形成的过程中需要覆盖层的覆盖，且在煤层形成后遭受的地质构造运动作用中也可能发生煤层切断、搓动和反转的情况，故一些情况下煤层内会含有夹石层。夹石层也称为夹矸，其物质组成主要取决于泥炭沼泽所处的沉积环境，常见的以黏土岩、炭质泥岩、泥岩和粉砂岩为主，如图 10.4 所示。

　　煤层中含有夹矸比较常见，特别是中厚煤层内更常见含有夹矸。夹矸的层数和层位、厚度和强度等参数常表现出非常复杂的规律。常见的夹矸层一般厚度在 0～0.4m，有的达到 1m 以上，强度范围一般在 10～50MPa。

　　按夹矸的厚度分类，可将夹矸分为如表 10.1 所示几类。

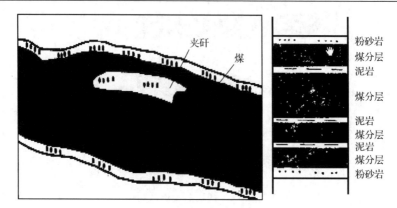

图 10.4　煤层夹矸

表 10.1　按厚度的夹矸分类

名称	厚度范围/m
薄夹矸层	0~0.2
中厚夹矸层	0.2~0.4
厚夹矸层	>0.4

按夹矸层在煤层中的所处位置可以将夹矸分为如表 10.2 所示几类。

表 10.2　按位置的夹矸分类

名称	煤层内所处位置
上部夹矸层	距顶板 1~1.5m
中部夹矸层	距顶板 2.5~3.5m
下部夹矸层	距底板 1.5~2.0m

按夹矸层的岩性和强度可将其分为如表 10.3 所示几类。

表 10.3　按岩性和强度的夹矸分类

名称	特性
页岩类	包括炭质页岩、泥质页岩、黑灰色页岩；特点是成层性好、分层厚度小，分层多在 0.1m 以下，呈片状冒落；厚度多为 0.15~0.2m；强度在 10~30MPa
砂岩类	包括粉砂岩、砂质泥岩；分层厚度在 0.1~0.3m；强度在 30~50MPa；通常的冒落块较大

10.2　夹矸层对煤层开采的影响

煤层含有夹矸层后，煤层的整体性和稳定性会遭到破坏，对煤炭资源的开采将产生重要的影响[139, 140]。夹矸层的厚度和力学性质不同，对煤炭资源的开采工作产生的影响也不相同，主要表现在如下方面。

①夹矸层影响煤层的连续性：煤层形成于特殊的沉积环境中，成煤过程中泥炭被覆盖层覆盖后，如其后还有新的煤炭资源生成，若覆盖层层厚较小，则原覆盖层将成为煤层的夹矸层，而煤层的完整性将被夹矸层破坏。若夹矸层厚度较薄时，仍可以将煤层作为一层煤看待；而夹矸层厚度较大时，则必须将煤层作为两个煤层看待，而两个煤层的特性可能非常不同，如图 10.5 所示。

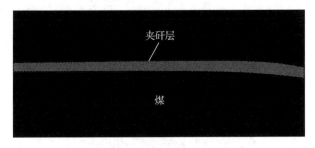

图 10.5　夹矸层影响煤层连续性

②夹矸层影响煤层稳定性：煤层内夹矸的形成或是与煤的形成同步，或是煤层形成后由于地质构造运动产生的。在复杂的成煤环境中，夹矸层的厚度往往不均匀，或原厚度均一的夹矸层因外界作用而变得不再均一，导致煤层的厚度也随之发生不均匀的变化，甚至使煤层产生分叉、厚度变化等，在整体上影响煤层的稳定性，如图 10.6 所示。

图 10.6　夹矸层影响煤层稳定性

③夹矸层的厚度影响采煤方法的选择：当夹矸层厚度较小时，可以将其分割的上下两层煤作为一层煤布置开采；当夹矸层厚度超过 1.0m 时，则应考虑是否采用联合布置比较恰当；当夹矸层厚度继续变大时，可将其作为分层开采的下分层开采时的临时顶板处理，从而分层开采这部分煤炭资源。

④夹矸层的力学性质影响煤炭剥落方法的选择：当煤层内的夹矸层为页岩类时，其硬度和强度均较低，选择采煤方法时可直接将其作为煤炭资源剥落，再到地面分选；当夹矸层为砂岩类时，由于其硬度和强度较大，在开采时就应适当考

虑剥落方法及剥落夹矸层时可能造成的火花等危险因素。

⑤夹矸层影响厚煤层开采的顶煤冒放性：煤层厚度较大时，特别是超过 7.0m 时，采用放顶煤开采方法是实现高产高效的有效途径之一。放顶煤的原理是开采下分层后利用矿山压力的作用破碎顶煤，并从支架尾梁放煤口将煤炭资源放出[141, 142]。但夹矸层的存在可能会阻碍矿山压力的影响作用，而导致上覆煤炭资源无法被破碎或破碎的块度较大而无法放出，从而影响顶煤的放出效率，如图 10.7 所示。

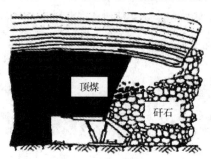

图 10.7　放顶煤开采

⑥夹矸层对煤质有重要影响：当夹矸层较软弱或厚度较小时，通常会直接截割之并随煤炭资源采出，这将增加煤炭资源内的矸石含量而降低煤质，增加煤炭洗选的任务和难度[143]。对于大块矸石，可通过人工捡矸去除，而块度较小的矸石则需要采取其他方法剔除，如图 10.8 所示。

(a) 人工选矸　　　　　　　　　　　　　　(b) 跳汰选矸

图 10.8　人工捡矸

10.3　夹矸层对煤层瓦斯的影响

煤层含有夹矸层后，将受到如均匀性、整体性等方面的明显影响。煤层的变化势必带来煤层内瓦斯的变化，故夹矸层的存在将非常明显地影响煤层内瓦斯的吸附解吸和瓦斯的运移特性，主要表现在以下方面[144, 145]：

①矸层的存在可能导致瓦斯局部积聚。煤层内夹矸的分布大部分是不规则的，夹矸的组分决定了其透气性差，特别是页岩类夹矸。因此，在夹矸展布发生变化的区域则可能形成局部封闭结构，如图 10.9 所示。这些封闭结构将导致瓦斯的积聚，甚至造成瓦斯动力灾害的发生。如夹矸层为上部夹矸或下部夹矸，因其与顶底板距离较近，可能与顶底板共同组成相对封闭的区域，从而导致该区域煤内瓦斯的局部积聚，从而增加局部瓦斯存储量和瓦斯压力，增加瓦斯动力灾害发生的可能性。

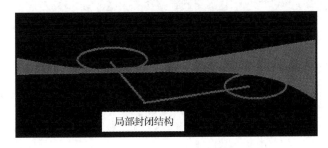

图 10.9　局部封闭结构与瓦斯积聚区

②夹矸的存在可能阻碍瓦斯的解吸。夹矸层在煤层局部形成的封闭结构将增加煤层局部的瓦斯压力，这将导致煤体内的吸附瓦斯更难以转化为游离瓦斯；局部封闭结构还可能导致瓦斯运移通道的中断，加剧瓦斯的局部积聚而增加瓦斯解吸的难度。

③矸的存在可能阻碍游离瓦斯的运移。煤层内的吸附瓦斯和游离瓦斯是处于一种动态平衡中的，其中游离瓦斯量约占 20%，该部分瓦斯是可以在瓦斯压力差或浓度差作用下沿煤层内微结构运移的。但由于夹矸形成的局部封闭结构可能阻断煤内的瓦斯运移通道，故游离瓦斯的运移将受到阻碍作用而导致局部积聚，从而增加瓦斯解吸的难度，如图 10.10 所示。

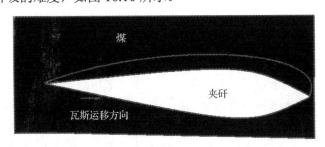

图 10.10　局部封闭结构与瓦斯积聚区

④夹矸的存在将改变煤层瓦斯放散的面积。煤层内含有夹矸层后，工作面煤

壁将被夹矸占据部分面积，如图 10.11 所示。因此，煤壁向自由空间放散瓦斯的面积将被缩小，导致瓦斯放散变得困难。

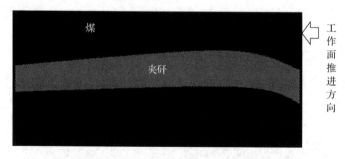

图 10.11　夹矸对煤壁放散面积的改变

⑤矸的存在可能降低煤层透气性。煤层内因为存在夹矸，就易于形成封闭结构，可能阻断煤层内的瓦斯运移通道，使煤层内可能供瓦斯运移和流动的通道被劣化，表现为煤层透气性系数的降低。

⑥矸的存在可能降低煤层的渗透率。煤层透气性系数的降低将直接带来煤层瓦斯渗透率的降低；在煤层局部形成的封闭结构则可能在统计意义上降低整层煤的渗透率。

因此，摸清并掌握夹矸存在对煤的瓦斯解吸、运移和放散的影响规律，对于掌握采掘空间瓦斯问题具有积极的意义。

10.4　煤体瓦斯吸附解吸理论

煤储层中瓦斯的吸附实质上是在一定温度和压力等外界条件下固-液-气三相介质共同作用的结果，其中还涉及了一系列复杂的物理及化学变化过程。煤吸附或解吸瓦斯气体的能力主要取决于煤基质(吸附剂)、瓦斯气体(吸附质)和煤层所处的应力、环境条件(压力、温度、水分等)等方面。前人的大量理论和试验研究已证实瓦斯气体(甲烷)在煤基质内表面的吸附属于物理吸附，其本质是煤表面分子和甲烷气体分子之间相互吸引的结果。煤分子和甲烷气体分子的相互作用力是分子间的范德华力，分子的吸附势随分子间相互作用力的增大而变大，且吸附势越大煤对瓦斯气体的吸附总量也就越大。自由态的甲烷分子在吸附势的作用下可转变为吸附态分子，吸附于煤基质孔隙表面，当处于吸附态的甲烷分子所处外界条件(温度、压力等)发生变化后，甲烷分子具有的能量足以克服煤体表面引力作用时，其又会重新回到游离状态，此过程为解吸过程。吸附与解吸在一定条件下是可逆过程。

多孔介质的煤对孔隙气体具有强烈的吸附作用，目前国内外学者已提出多种煤层瓦斯吸附模型,如 Langmuir 模型、Freundlich 模型、BET 模型、Polanyi 模型、Temkhh 模型和 Henry 模型等,但目前被多数人接受并得到广泛应用的是 Langmuir 的单分子膜吸附模型(即 Langmuir 等温吸附模型)。

(1)Langmuir 等温吸附模型。

Langmuir 根据大量试验数据,从动力学的观点出发,提出了固体对气体的吸附理论,即单分子层吸附理论,建立了表征吸附特性的 Langmuir 方程。在研究煤的瓦斯吸附解吸规律时,诸多学者通过大量卓有成效的研究工作证明了煤层中的瓦斯主要是单分子层吸附,煤吸附瓦斯(甲烷)的等温吸附曲线方程符合 Langmuir 方程式,可采用下式计算:

$$X = \frac{abP}{1+bP} M(1 - A_{ad} - M_{ad}) \tag{10.1}$$

式中,X 为瓦斯吸附平衡压力为 P 时,煤样可燃基(煤除去水分和灰分)吸附的瓦斯量,m^3/t 或 m^3/m^3;P 为瓦斯吸附平衡压力,MPa;a 为 Langmuir 吸附常数,标志可燃基的极限吸附瓦斯量,即在某一温度下当瓦斯压力趋近于无穷大时的最大吸附瓦斯量,m^3/t 或 m^3/m^3;b 为 Langmuir 吸附常数,MPa^{-1};M 为煤样的质量,kg;A_{ad} 为煤样的灰分,%;M_{ad} 为煤样的水分,%。

在试验环境温度恒定的情况下,煤的瓦斯解吸放散主要采用变压解吸的方法,在解吸过程中可认为大气压 P_0 是不变的常数,由 Langmuir 方程分别计算吸附平衡压力 P 和当时试验条件大气压 P_0 下的吸附量,就可以计算出煤样的理论极限放散量,可采用下式计算:

$$Q_\infty = \left(\frac{abP}{1+bP} - \frac{abP_0}{1+bP_0} \right) M(1 - A_{ad} - M_{ad}) \tag{10.2}$$

式中,Q_∞ 为煤样的理论极限放散量,m^3;P_0 为试验环境下的大气压力,MPa。

(2)Freundlich 模型。

其等温吸附的表达式为

$$Q = aP^{\frac{1}{n}} \tag{10.3}$$

式中,Q 为标准状态下的瓦斯吸附量,cm^3/g;P 为瓦斯吸附平衡压力,MPa;a、n 均为吸附常数。

(3) BET 吸附模型。

Brunauer、Emment 和 Teller 在单分子层吸附理论的基础上提出了多分子层吸附理论——BET 模型；该模型基于多分子层吸附理论，是 Langmuir 单分子层吸附理论的扩展，认为吸附是多分子层的，每一层都是不连续的；其将 Langmuir 对单分子层假定的动态平衡状态，用于各不连续的分子层，假设第一层中的吸附是靠固体分子与气体分子间的范德华力，而第二层以外的吸附是靠气体分子间的范德华力。该模型适用于无孔或含有中孔的固体，用于描述多分子层吸附，其表达式为

$$V = \frac{V_m C x}{(1-x)(1-x+Cx)} \tag{10.4}$$

式中，V 为单位质量吸附剂所吸附气体的体积，cm^3/g；V_m 为表面盖满一个单分子层时的饱和吸附量，cm^3/g；x 为相对压力，$x = P/P_0$，P 为气体压力，Pa，P_0 为饱和气体压力，Pa；C 为与气体吸附热和凝结有关的常数。

(4) 微孔填充理论。

微孔填充理论认为有些微孔介质(如煤、活性炭等)，其孔径尺寸与被吸附分子尺寸相当，吸附可能发生在吸附剂的内部空间，即吸附是对微孔容积的填充而不是表面覆盖。

Dubinin 及其他学者又进一步完善和发展了微孔填充理论，提出了 D-A(Dubinin-Astakhov)等温吸附方程式，其表达式为

$$Q = Q_{max} \exp[-(A/E)^n] \tag{10.5}$$

$$A = RT \ln(P_s/P) \tag{10.6}$$

式中，Q_{max} 为饱和吸附容量(相当于微孔容积)，cm^3/g；E 为吸附特征能，J/mol；A 为吸附势函数；R 为摩尔气体常数；T 为绝对温度，K；n 为吸附失去的自由度；P_s 为饱和气压，Pa；P 为气体压力 Pa。

通过诸多学者大量的研究表明，Langmuir 单分子层吸附模型能很好地描述目前开采条件下的煤层对瓦斯的等温吸附，故在本书中试样对瓦斯的吸附量采用 Langmuir 式，即式(10.1)计算。

10.5　试验方案与试验步骤

　　关于煤的瓦斯放散规律，已经有诸多学者从不同角度、基于不同试验条件开展了一系列煤的瓦斯放散规律试验研究，形成了 10 余个瓦斯解吸的经验或半经验公式。但是，目前实验室内开展的瓦斯放散规律研究多以一定粒径的煤粉为研究对象，这将导致在研究的过程中无法考虑煤体结构对瓦斯放散特性产生的影响，使研究与实际生产现场差距过大而无法真实反映现场实际规律；而目前在生产现场开展的瓦斯放散规律监测，由于监测范围过于广泛，又无法说明瓦斯的具体来源，而无法得到定量的瓦斯放散规律。在实验室内开展研究则可以考虑煤层内存在的结构对瓦斯放散规律的影响，可解决上述两个方面的问题。因此，对含有孔隙、裂隙构造的块煤的瓦斯放散规律进行研究十分必要。

　　因此，在实验室利用自主研制的块煤瓦斯放散试验系统，以全煤试样和含夹矸层试样为研究对象，以不同时间段试样的瓦斯放散速度和累计放散量为研究参数，系统地研究了透气夹矸层对煤层瓦斯放散特性的影响，得到了全煤试样和含夹矸层试样在不同瓦斯吸附平衡压力下的瓦斯放散速度和累计放散量，并通过对比不同时间段的瓦斯放散参数，分析了透气夹矸层对煤层瓦斯放散特性的影响规律。

1) 试验方案

　　分别以实验室制备的全煤试样和含透气夹矸层试样为对象，在不同吸附平衡压力下进行全煤试样和含夹矸层试样的瓦斯放散规律试验研究，每个试样中的成型压力均为 10MPa，加入煤粉的质量均为 1600g，制备的全煤试样尺寸为 120mm×120mm×120mm，含夹矸层试样尺寸为 120mm×120mm×140mm；瓦斯压力分别设置为 0.2MPa、0.4MPa、0.8MPa、1.6MPa 四个水平，每个瓦斯压力水平重复进行三次试验，以减少因试样离散造成的试验误差，获得具有代表性的煤的瓦斯放散特性曲线，具体试验方案如表 10.4 所示。

表 10.4　试验方案

试样	组号	试样编号	吸附平衡压力 /MPa	轴向载荷 /MPa	试样中煤粉 质量/g	试样尺寸 （长×宽×高）
全煤试样	C1	C11				120mm×120mm×119mm
		C12	0.2	10	1600	120mm×120mm×118mm
		C13				120mm×120mm×120mm
	C2	C21				120mm×120mm×120mm
		C22	0.4	10	1600	120mm×120mm×119mm
		C23				120mm×120mm×121mm

续表

试样	组号	试样编号	吸附平衡压力/MPa	轴向载荷/MPa	试样中煤粉质量/g	试样尺寸（长×宽×高）
全煤试样	C3	C31				120mm×120mm×118mm
		C31	0.8	10	1600	120mm×120mm×120mm
		C33				120mm×120mm×119mm
	C4	C41				120mm×120mm×120mm
		C42	1.6	10	1600	120mm×120mm×118mm
		C43				120mm×120mm×121mm
含夹矸层试样	P1	P11				120mm×120mm×139mm
		P12	0.2	10	1600	120mm×120mm×140mm
		P13				120mm×120mm×139mm
	P2	P21				120mm×120mm×138mm
		P22	0.4	10	1600	120mm×120mm×139mm
		P23				120mm×120mm×140mm
	P3	P31				120mm×120mm×139mm
		P32	0.8	10	1600	120mm×120mm×138mm
		P33				120mm×120mm×140mm
	P4	P41				120mm×120mm×141mm
		P42	1.6	10	1600	120mm×120mm×139mm
		P43				120mm×120mm×140mm

2) 试验步骤

试验采用自行研制开发的块煤瓦斯放散特性试验系统，并按照制定的试验方案进行，其具体步骤如流程图 10.12 所示。

试验步骤主要包括试验试样制备、系统装配及密封、密封性检测、排尽试样内空气、循序渐进通入甲烷直至达到设定甲烷吸附平衡压力、采集试验数据等。

(1) 试验试样制备。

将所采原煤煤块运回实验室，经 ZNP-150 型破碎机破碎成煤粉，筛选出其中粒径为 0.125～0.5mm 的煤粉颗粒备用。

① 全煤试样制备：称量 1600g 煤粉装入密封腔体，将密封腔体置于加载平台对煤粉施加载荷 10.0MPa 加压成型。

② 含夹矸层试样制备：先放入一半煤粉，接着放入制好的夹矸层，再放入另一半煤粉，将密封腔体置于加载平台对煤粉施加载荷 10MPa 加压成型。

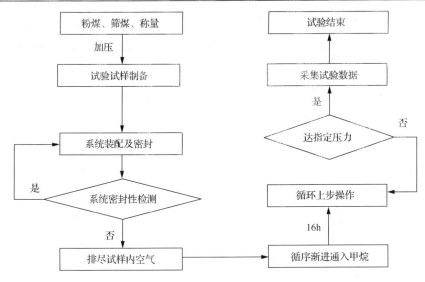

图 10.12 试验步骤流程图

制得的全煤试样尺寸为 120mm×120mm×120mm；制得的含夹矸层试样尺寸为 120mm×120mm×140mm。

(2) 系统装配及密封。

按照试验系统的设计要求,依次装配各个系统的各个组件(减压阀、管路开关、压力表、数控瓦斯流量计、瓦斯流动特性动态监测系统、密封腔体)。装配时管路与各元件均采用密封卡套接头连接,保证管路与各元件的连接密封性良好,密封腔体与盖子之间有"O"形密封橡胶圈,以保证密封性。

(3) 系统密封性检测。

试验系统装配密封完成后,向整个试验系统通入少量甲烷气体,通过观察管路上压力表的示数变化并结合精密瓦斯检测仪检测整个试验系统的密封性。

(4) 排尽试样内空气。

保证整个系统的密封性完好后,打开管路中所有开关,向密封腔体内试样通恒压瓦斯气体 5min,目的是排尽试样内的空气。

(5) 循序渐进通入甲烷。

给试样充气时,采用由低压循序渐进升至试验所要求压力的方式通甲烷。首先打开高压甲烷钢瓶总阀门,先经减压阀减压后将甲烷通入充气罐缓冲气流,待充气罐中气流和压力稳定后,关闭高压甲烷钢瓶总阀门,打开充气罐开关向密封腔体中的试样通甲烷，同时查看压力表示数，一段时间后压力表示数稳定，关闭充气罐开关；然后打开高压甲烷钢瓶总阀门，再向充气罐冲甲烷，接着通过充气罐再向试样通甲烷，直至最后管路压力表示数稳定在试验所要求的压力，且 30min 内示数不发生变化为止。

(6) 采集试验数据。

待密封腔体内试样充分吸附甲烷后(16h)，打开出气孔处开关，先放出密封腔体和管路中的游离瓦斯，待压力表示数为零时，再打开出气管路上数控瓦斯流量计和瓦斯流动特性动态监测软件，时时动态监测试样放散出的瓦斯参数，即瓦斯流动瞬时速度和累计流量，同时通过数据采集计算机记录瓦斯放散参数。

3) 吸附平衡压力对煤体瓦斯放散特性的影响

在设定的试验方案下，对不同吸附平衡压力下的全煤试样进行了瓦斯放散试验研究。试验以煤样的瓦斯放散速度和累计放散量为研究参数。与煤粉相比，煤的瓦斯放散是一个相对缓慢的过程，通过试验发现本试验煤样瓦斯放散持续时间达 48~60h，但在试验开始后的 2h 之后瓦斯放散速度已基本稳定在一个较低水平，约为 $0.5\text{mL}/(\text{min}\cdot\text{cm}^2)$，且不同吸附平衡压力试样间放散速度差别也不再明显。因此，本试验取前 120min 进行研究，因起始段和结束段试验数据差别较大，故将试验所得曲线分为两部分，即 0~10min 段、10~120min 段，瓦斯放散速度变化曲线如图 10.13 所示，0~120min 时间段内试样单位面积的瓦斯放散量变化曲线如图 10.14 所示。

(1) 瓦斯放散速度与时间的关系。

文特和雅纳斯的研究认为，煤从解除吸附平衡压力开始，瓦斯放散速度随时间的变化可用幂函数式表示，如式(10.7)所示。

$$\frac{V_t}{V_a} = \left(\frac{t}{t_a}\right)^{-K_t} \tag{10.7}$$

式中，V_t、V_a 分别为时间 t 及 t_a 时的瓦斯放散速度，$\text{cm}^3/(\text{g}\cdot\text{min})$；$K_t$ 为支配瓦斯放散随时间变化的指数。

令式(10.7)中的 $t_a=1$，代表放散开始的第 1 分钟，则式(10.7)可简化为式(10.8)：

$$V_t = V_1 t^{-K_t} \tag{10.8}$$

对试验在 10min、30min 和 120min 内所测的数据按式(10.8)进行拟合回归分析，回归分析结果如表 10.5 所示。

表 10.5　试样不同时间段内瓦斯放散速度回归分析结果

吸附平衡压力/MPa	实测 V_1 /[mL/(min·cm²)]	10min			30min			120min		
		V_1	衰减指数 K_t	相关性系数 R^2	V_1	衰减指数 K_t	相关性系数 R^2	V_1	衰减指数 K_t	相关性系数 R^2
0.2	4.83	5.60	0.744	0.979	5.87	0.794	0.991	4.36	0.601	0.952
0.4	6.84	7.29	0.618	0.986	7.82	0.710	0.980	6.80	0.646	0.973
0.8	8.74	9.19	0.580	0.991	9.71	0.651	0.986	9.84	0.688	0.995
1.6	12.60	13.29	0.530	0.987	14.17	0.621	0.980	15.49	0.725	0.996

由表 10.5 可知，通过对所得数据的拟合回归分析发现：拟合所得到的参数 V_1 值总体略大于实测 V_1 值。不同吸附平衡压力下，试样瓦斯放散速度在前 120min 内与式(10.8)的拟合度较高，相关性系数 R^2 均在 0.95 以上。在相同时间段内，试样在其他外界条件相同的情况下，不同吸附平衡压力下的 K_t 值相差不大，即 K_t 值与吸附平衡压力的关系不大。

试验分析研究了在不同瓦斯吸附平衡压力下，试样瓦斯放散速度随时间的变化规律。按照设定的试验方案，对 C1、C2、C3、C4 四组不同瓦斯吸附平衡压力下试样进行了瓦斯放散试验，试样在不同吸附平衡压力下的瓦斯放散速度随时间变化曲线如图 10.13 所示。

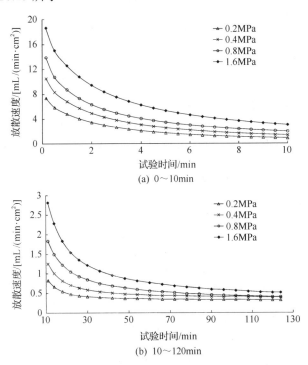

(a) 0～10min

(b) 10～120min

图 10.13　不同吸附平衡压力下试样瓦斯放散速度随时间变化曲线

由图 10.13 和表 10.5 可知：试样在整个瓦斯放散过程中的瓦斯放散速度随时间均呈幂函数单调衰减。在试验开始瞬间瓦斯放散速度较大，达十几 mL/(min·m²)；但放散速度衰减也较快，尤其在前 2min 内瓦斯放散速度成倍衰减；10min 后，瓦斯放散速度衰减速率逐渐趋于平缓；30min 后，瓦斯放散速度基本稳定在一个较低水平；120min 后，瓦斯放散速度在较长时间内仅有很小变化但仍呈减小趋势，直至放散速度降为 0。不同瓦斯吸附平衡压力下，煤样的吸附平衡压力越大瓦斯放散初速度越大；相同时间段内，吸附平衡压力越大瓦斯放散速度相对越大。前 5min 内，吸附平衡压力较大煤样的瓦斯放散速度明显高于吸附平衡压力较小煤样的瓦斯放散速度，但吸附平衡压力越大，其瓦斯放散速度衰减速率越大；30min 后，4 个不同吸附平衡压力试样的瓦斯放散速度差异已不明显；至 120min 左右，4 个不同吸附平衡压力试样的瓦斯放散速度基本维持在同一个水平，均在 0.5mL/(min·cm²) 左右；120min 后，其瓦斯放散速度差距随时间延长变得更小，但吸附平衡压力大的试样的瓦斯放散速度仍大于吸附平衡压力小的试样的瓦斯放散速度。

在相同外界条件下，煤粉的瓦斯放散初速度大于型煤试样。煤粉的第 1 秒时的瓦斯放散速度 V_1 很大，而本试验测得的型煤试样的 V_1 值相对较小，为煤粉瓦斯放散速度的 1/4～1/3。这可能是由于在试验开始的瞬间，煤粉的试样中几乎所有的煤均参与了瓦斯的解吸放散，而型煤试样只有离放散面较近的部分煤参与了瓦斯的解吸放散，导致整个试样的瓦斯放散初速度较煤粉的小。另外，在瓦斯放散初始阶段(前 2min)，煤粉的瓦斯放散速度衰减得很快，而本试验所用型煤试样的瓦斯放散速度衰减速率相对较小，为煤的放散速度衰减速率的 1/6～1/5。这可能是由于在试验初始阶段，型煤试样中距放散面较远处的煤体中赋存的瓦斯，由于前方煤体的阻碍不能立即释放而是成为后方煤体的瓦斯供给源，随煤不断地向放散面逸出瓦斯，致使型煤试样的瓦斯放散速度衰减的相对较慢。

(2)吸附平衡压力与瓦斯放散速度的关系。

关于吸附平衡压力与瓦斯放散速度关系的研究，已有多位学者开展了大量的研究工作，但研究结果却不尽一致。关于吸附平衡压力与瓦斯放散初速度的关系，存在以下几个经验公式。

杨其銮试验研究表明，当试样粒径相同时，吸附平衡压力与瓦斯放散初速度的关系可用如下公式表示：

$$\frac{V_1}{V_2} = \left(\frac{P_1}{P_2}\right)^{K_{pv}} \tag{10.9}$$

式中，V_1、V_2 为对应于 P_1 和 P_2 压力下的瓦斯放散初速度，cm³/(g·min)；K_{pv} 为瓦

斯放散初速度的压力特性指数。

文特等认为在粒径固定时，吸附平衡压力与瓦斯放散速度的关系如式(10.10)所示。

$$\frac{V_1}{V_2} = \left(\frac{P_1 - 1}{P_2 - 1}\right)^{K_{pv}} \tag{10.10}$$

卢平等也通过试验得到了类似的公式，如式(10.11)所示。

$$\frac{V_1}{V_2} = \left(\frac{P_1 - 0.1}{P_2 - 0.1}\right)^{K_{pv}} \tag{10.11}$$

王兆丰也提出了吸附平衡压力与瓦斯放散速度的关系表达式，如式(10.12)所示。

$$V_1 = BP^{K_{pv}} \tag{10.12}$$

式中，V_1 为对应于吸附平衡压力 P 下的瓦斯放散初速度，$cm^3/(g \cdot min)$；B 为回归常数，其值为 $P = 1MPa$ 时的瓦斯解吸初速度，$cm^3/(g \cdot min)$；P 为煤样吸附平衡压力，MPa。

将式(10.8)代入式(10.12)中即可获得不同吸附平衡压力下的瓦斯放散速度与放散时间的关系，如式(10.13)所示。

$$V_t = BP^{K_p} \cdot t^{-K_t} \tag{10.13}$$

如表 10.6 所示，通过试验数据拟合式(10.9)~式(10.12)，其中式(10.9)、式(10.10)和式(10.12)拟合相关性系数较高，均在 0.98 以上，较适合描述试样瓦斯放散初速度与吸附平衡瓦斯压力的关系；而式(10.10)拟合度较低，相关性系数仅为 0.681，不符合本试验瓦斯放散初速度与瓦斯吸附平衡压力的关系。

表 10.6　放散初速度与吸附平衡压力关系拟合分析

回归方程	$B/[cm^3/(g \cdot min)]$	K_{pv}	相关性系数 R^2
$V_1 = BP^{K_{pv}}$ [式(10.12)]	10.038	0.4504	0.995
$\frac{V_1}{V_2} = \left(\frac{P_1}{P_2}\right)^{K_{pv}}$ [式(10.9)]		0.4547	0.986
$\frac{V_1}{V_2} = \left(\frac{P_1 - 1}{P_2 - 1}\right)^{K_{pv}}$ [式(10.10)]		0.4056	0.681
$\frac{V_1}{V_2} = \left(\frac{P_1 - 0.1}{P_2 - 0.1}\right)^{K_{pv}}$ [式(10.11)]		0.3455	0.988

4) 吸附平衡压力对煤体累计瓦斯放散量的影响

不同瓦斯吸附平衡压力下，试样瓦斯放散特性存在较大的区别。按照设定的试验方案，对 C1、C2、C3、C4 四组不同瓦斯吸附平衡压力下试样进行了放散试验，在不同吸附平衡压力下试样的累计瓦斯放散量随时间变化曲线如图 10.14 所示。

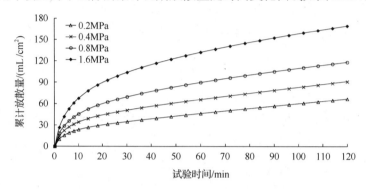

图 10.14　不同吸附平衡压力下试样累计瓦斯放散量随时间变化曲线

由图 10.14 可知：不同吸附平衡压力下，试样的累计瓦斯放散量随时间的延长曲线均呈有上限的单调递增趋势，上限为该试样在空气中的最大可放散瓦斯量。试验初始阶段，由于瓦斯放散速度较大，累计瓦斯放散量迅速增加；随着瓦斯放散速度的衰减，累计瓦斯放散量的增加也逐渐趋于平缓，最终瓦斯放散速度衰减至 0，此时试样的累计瓦斯放散量即为极限瓦斯放散量，但试验时无法获得此值。瓦斯吸附平衡压力对试样瓦斯放散量有较大影响，相同时间段内，吸附平衡压力越大，试样瓦斯放散量越大，且不同瓦斯吸附平衡压力煤样之间的累计放散量随着时间的延长差距逐渐增大，30min 后由于 4 个不同吸附平衡压力试样的瓦斯放散速度相差不大，其累计放散量差距的增幅也不再明显，但差距仍随时间缓慢增大，至试样瓦斯放散结束，其累计放散量差距达最大。

本试验用煤试样达到极限瓦斯放散量所需时间比煤粉的更长，煤粉的瓦斯放散过程一般需要几个小时，而本试验所测得煤试样的瓦斯放散过程则需要 2～3 天。这可能是由于煤试样中参与瓦斯放散煤的范围是由放散面附近随时间逐渐向试样深部延伸的，而深部煤体中的瓦斯由于距自由面较远，瓦斯运移至放散面需克服更大阻力，导致这部分煤体瓦斯解吸放散比较缓慢，放散所需时间也就更长，如图 10.15 所示。

关于煤的瓦斯极限放散量的计算方法一直存在争议，渡边伊温采用渐近线的方法求极限瓦斯放散量；杨其銮、聂百胜和吴世跃等采用 Langmuir 方程计算吸附平衡压力与实验室内大气压分别对应瓦斯吸附量差值的方法计算极限瓦斯放散量，本书采用后者的方法。

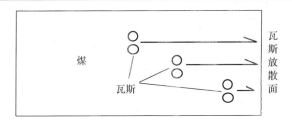

图 10.15　煤体瓦斯放散影响顺序示意图

国内外学者通过大量的实验室测定和理论研究，依据不同外部条件和煤质情况，提出了许多煤粉在一定解吸时间内的瓦斯解吸规律表达式及经验公式，下面将几个具有代表性的表达式进行拟合分析。以 C2 组试验为例，将目前常用的 5 种瓦斯解吸规律经验公式对不同时间段内的试样累计瓦斯解吸曲线进行回归分析，各个经验公式的相关性系数与回归系数拟合结果如表 10.7 所示。

表 10.7　试样不同时间段内累计瓦斯放散量回归分析结果

公式名称	回归公式	5min		10min		30min		120min	
		回归系数	R^2	回归系数	R^2	回归系数	R^2	回归系数	R^2
巴雷尔式	$Q_t = k\sqrt{t}$	$k = 1.821$	0.944	$k = 1.551$	0.822	$k = 1.113$	0.338	$k = 0.730$	0.047
文特式	$Q_t = \dfrac{v_1}{1-K_t} t^{1-K_t}$	$v_1 = 0.883$ $K_t = 0.545$	0.987	$v_1 = 0.765$ $K_t = 0.597$	0.967	$v_1 = 0.613$ $K_t = 0.689$	0.916	$v_t = 0.533$ $K_t = 0.759$	0.922
乌斯基诺夫式	$\dfrac{Q_t}{Q_\infty} = (1+t)^{1-n} - 1$	$n = 0.799$ $Q_\infty = 9.86$	0.860	$n = 0.835$ $Q_\infty = 9.86$	0.769	$n = 0.864$ $Q_\infty = 9.86$	0.572	$n = 0.885$ $Q_\infty = 9.86$	0.686
指数式	$\dfrac{Q_t}{Q_\infty} = 1 - e^{-bt}$	$b = 0.123$ $Q_\infty = 9.86$	0.992	$b = 0.128$ $Q_\infty = 9.86$	0.987	$b = 0.137$ $Q_\infty = 9.86$	0.973	$b = 0.157$ $Q_\infty = 9.86$	0.903
杨其銮式	$\dfrac{Q_t}{Q_\infty} = \sqrt{1 - e^{-KB_0 t}}$	$KB = 0.035$ $Q_\infty = 9.86$	0.929	$KB = 0.025$ $Q_\infty = 9.86$	0.799	$KB = 0.013$ $Q_\infty = 9.86$	0.424	$KB = 0.006$ $Q_\infty = 9.86$	0.695

由表 10.7 中的拟合结果可知，试样在前 5min 与各表达式拟合度较高，相关性系数 R^2 基本都在 0.9 以上；但随着时间的延长，与巴雷尔式、乌斯基诺夫式、杨其銮式的拟合度下降较大，相关性系数 R^2 在 30min 时就降低到 0.60 以下，到 120min 时巴雷尔式相关性系数 R^2 接近于 0，而文特式和指数式在整个 120min 放散过程内的相关性系数 R^2 都大于 0.9，随时间推移下降程度不明显，拟合效果较好。从整体上看，目前所提出的煤粉的瓦斯解吸规律表达式或经验公式应用于块煤试样仍存在较大偏差，尤其是随着时间的推移，这种偏差会越来越大。

5）吸附平衡压力对煤体瓦斯放散系数的影响

试验中的瓦斯放散系数在这里指的是瓦斯扩散系数，瓦斯放散符合 Fick 扩散定律。煤的瓦斯扩散量和扩散速度主要由扩散系数和浓度差决定，扩散系数主要由煤的物性和瓦斯气体性质决定，浓度差是瓦斯扩散的动力。关于瓦斯吸附平衡压力对扩散系数的影响一直存在争议，一种观点认为瓦斯扩散系数随吸附平衡压力增大，并认为主要是由煤对瓦斯的非线性吸附特性造成的；另外一种观点认为瓦斯扩散系数与吸附平衡压力无关。

目前，已有诸多学者对煤的瓦斯扩散系数做过测定和理论计算，计算理论基础为均质煤的球形瓦斯扩散模型，其计算方法为通过试验测定不同时间的瓦斯解吸量，拟合时间与扩散率的关系。本书采用具有代表性的杨其銮的理论近似式，根据 $\ln[1-(Q_t/Q_\infty)^2]$ 与时间 t 的关系求直线斜率 KB 计算扩散系数 D，即

$$\frac{Q_t}{Q_\infty} = \sqrt{1-e^{KBt}} \tag{10.14}$$

$$B = 4\pi^2 D / r_0^2 \tag{10.15}$$

式中，Q_t 为累计至 t 时刻的瓦斯放散量，m^3/t；Q_∞ 为极限瓦斯放散量，m^3/t；K 为放散常数，取 0.96；D 为扩散系数，cm^2/s；r_0 为煤的半径，cm。

不同吸附平衡压力下试样瓦斯放散系数随时间变化曲线如图 10.16 所示，吸附平衡压力对煤的瓦斯放散参数的影响对照表如表 10.8 所示。

如图 10.16 和表 10.8 所示，本书煤试样按杨其銮的理论近似式所得的瓦斯放散系数 KB 值是随时间变化的，瓦斯放散系数 KB 值在前 30min 呈现出随时间逐渐减小的规律；30min 后 $\ln[1-(Q_t/Q_\infty)^2]$ 与时间 t 近似呈线性关系，瓦斯放散系数 KB 值近似为定值。煤试样相同时段不同瓦斯吸附平衡压力的瓦斯扩散系数总体比较接近，均在同一数量级，但有随瓦斯吸附平衡压力减小的趋势，分析原因可能是随瓦斯压力升高，吸附瓦斯分子增多，甚至发生多层吸附，使煤的孔隙减小。由于扩散系数本身数值很小，差值更小，相对于瓦斯放散速度的变化值，可以忽略瓦斯吸附平衡压力对扩散系数的影响。

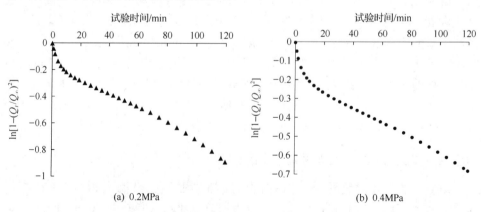

(a) 0.2MPa　　　　　　　　　　　　　　(b) 0.4MPa

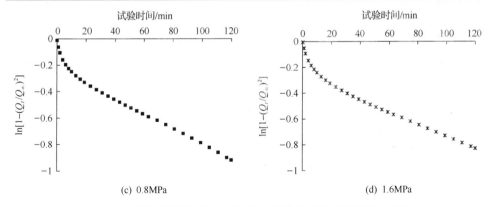

(c) 0.8MPa　　　　　　　　　　(d) 1.6MPa

图 10.16　不同吸附平衡压力下试样瓦斯放散系数随时间变化规律

表 10.8　吸附平衡压力对煤的瓦斯放散参数的影响

吸附平衡压力/MPa	10min			120min		
	KB/s^{-1}	$D/(cm^2/s)$	R^2	KB/s^{-1}	$D/(cm^2/s)$	R^2
0.2	0.0251	5.96658×10^{-7}	0.8891	0.0077	1.83039×10^{-7}	0.8845
0.4	0.0245	5.82396×10^{-7}	0.8425	0.0064	1.52136×10^{-7}	0.7315
0.8	0.0211	5.01573×10^{-7}	0.7366	0.0086	2.04433×10^{-7}	0.8069
1.6	0.0204	4.84933×10^{-7}	0.8019	0.0080	1.9017×10^{-7}	0.7499

6) 夹矸层对煤体瓦斯放散特性的影响

(1) 夹矸层对煤体瓦斯放散速度的影响。

按照设定的试验方案，对 P1、P2、P3、P4 四组不同瓦斯吸附平衡压力下的含夹矸层试样进行瓦斯放散试验，并通过与 C1、C2、C3、C4 四组全煤试样的瓦斯速度做对比，得到 0~10min、10~130min、30~90min 时间段内全煤试样和含夹矸层试样瓦斯放散速度变化对比曲线如图 10.17 所示，试样瓦斯放散参数如表 10.9 所示。

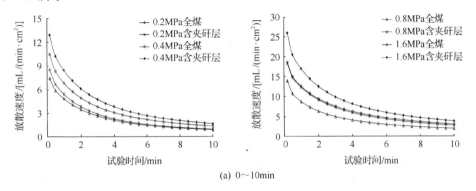

(a) 0~10min

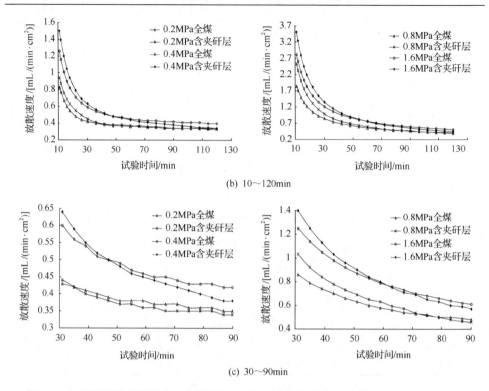

(b) 10～120min

(c) 30～90min

图 10.17　不同吸附平衡压力下全煤与含夹矸层试样瓦斯放散速度随时间变化对比曲线

表 10.9　试样瓦斯放散参数对比

吸附平衡压力/MPa	试样	V_1/[mL/(min·cm²)]	G_1/[mL/(min²·cm²)]	ΔV_1/[mL/(min·cm²)]	t_1/min	t_2/min
0.2	全煤	7.38	−2.55	1.20	35	12
	含夹矸层	8.58	−3.00			
0.4	全煤	10.51	−3.68	2.42	47	20
	含夹矸层	12.93	−4.48			
0.8	全煤	13.91	−5.17	4.39	71	27
	含夹矸层	18.3	−5.97			
1.6	全煤	18.68	−6.08	7.28	60	33
	含夹矸层	25.96	−8.96			

注：V_1、G_1 分别为第 1 秒时瓦斯放散速度和放散速度梯度；ΔV_1 为第 1 秒时两试样瓦斯放散速度差；t_1、t_2 分别为全煤与含夹矸层试样瓦斯放散速度相等时刻和瓦斯放散速度梯度相等时刻。

由图 10.17 和表 10.9 可知：

①夹矸层对煤体的瓦斯放散速度有明显影响，但整体不会改变瓦斯放散速度随时间呈幂函数单调衰减的放散规律。在相同吸附平衡压力下，试验开始 10min 内，含夹矸层试样的瓦斯放散速度明显大于全煤试样；随着时间的推移两者差距

逐渐变小，并在试验进行至 30～90min 曲线出现交叉，即与第 8 章的"速度超越"类似的现象；此后含夹矸层试样瓦斯放散速度略低于全煤试样瓦斯放散速度，最后，两种情况下(指的是含夹矸和全煤两种)的瓦斯放散速度又逐渐随着试验时间延长趋于基本相等，为一个极小值。这可能是由于夹矸层延伸至煤体内部，使试样距放散面较远处的煤体中赋存的瓦斯可以通过夹矸层更容易运移至放散面，导致在试验开始阶段含夹矸层试样瓦斯放散速度大于全煤试样；而试样所含瓦斯总量是一定的，随着时间的增加，含夹矸层试样放散出了更多的瓦斯，使其内的瓦斯压力和瓦斯浓度均低于全煤试样，进而导致含夹矸层试样的瓦斯放散速度一段时间后又低于全煤试样。

②在相同吸附平衡压力下，含夹矸层试样的瓦斯放散初速度大于全煤试样的瓦斯放散初速度。这可能是由于夹矸层中含有游离瓦斯，而模拟夹矸用的砂子对瓦斯不具有吸附特性，瓦斯以游离状态赋存于夹矸层中，在试验开始时刻，这部分游离瓦斯瞬间涌出，导致含夹矸层试样的瓦斯放散初速度较大。

③在相同吸附平衡压力下，试验前期含夹矸层试样的瓦斯放散速度比全煤试样衰减得快，随着试验时间的延长，两试样瓦斯放散速度梯度逐渐趋于相等。这可能是由于组成夹矸层的砂子颗粒粒径较大，增大了试样的透气性；试验前期，含夹矸层试样中的游离瓦斯更快地涌出，使煤体裂隙中的瓦斯压力急剧降低，造成瓦斯放散速度较全煤试样衰减更快；当游离瓦斯大量逸出后，两试样瓦斯放散速度逐渐趋于稳定，并在一个较低水平缓慢衰减，此时，两者瓦斯放散速度梯度趋于相等。

④在相同吸附平衡压力下，含夹矸层试样的瓦斯放散速度趋于平稳所需时间比全煤试样更长。这可能是由于试验开始后试样中的自由瓦斯首先涌出，此时瓦斯放散速度较大但衰减也较快，当自由瓦斯大量涌出后进入稳定的解吸扩散阶段，此时瓦斯放散速度趋于平稳；而含夹矸层试样裂隙系统更为发育，裂隙中赋存的自由瓦斯也更多，导致其瓦斯放散速度趋于平稳的时间相对延后。

⑤随着吸附平衡压力的增大，含夹矸层试样的瓦斯放散初速度增大的幅度比全煤试样更大。这可能是由于夹矸层中所赋存的游离瓦斯随吸附平衡压力的增大而增多，并且瓦斯压力越大游离瓦斯渗流的驱动力越大，其渗流速度也就越大，从而导致吸附平衡压力增大后含夹矸层试样的瓦斯放散速度增加得更多。

⑥随着吸附平衡压力的增大，夹矸层对煤体的瓦斯放散速度影响越来越明显，特别是在试验开始后的前 10min 内，吸附平衡压力越大，同一时刻含夹矸层试样与全煤试样的瓦斯放散速度之差越大。这可能是由于夹矸层使试样的裂隙系统更为发育，裂隙间的连通性也更好，瓦斯吸附平衡压力升高后，导致夹矸层的渗透效果得到增强所致。

⑦在不同吸附平衡压力下，含夹矸层试样与全煤试样的瓦斯放散速度趋于相等的时间不同，具体表现为当吸附平衡压力小于等于 0.8MPa 时，随吸附平衡压

力的增大，两者瓦斯放散速度趋于相等的时间延后；当吸附平衡压力大于 0.8MPa 时，两试样瓦斯放散速度趋于相等的时间随吸附平衡压力的增大而提前。这可能是由于吸附平衡压力较小时，瓦斯压力对试样的内部结构影响较小，当瓦斯压力超过 0.8MPa 时，试样的孔隙、裂隙结构发生了较大变化所致。首先，瓦斯吸附平衡压力越大，含夹矸层试样与全煤试样的瓦斯放散初速度差距越大，两试样的瓦斯放散速度趋于相等的时间就越长；但由于瓦斯压力增大到一定程度后，试样的渗透性发生了较大变化，特别是含夹矸层试样的透气性变得更好，放散速度衰减的也更快，致使两试样放散速度趋于相等的时间提前。

⑧随着吸附平衡压力的增大，含夹矸层试样与全煤试样瓦斯放散速度梯度趋于相等的时间变长。这可能是由于随着瓦斯吸附平衡压力的增大，试样内游离瓦斯量增多，两试样在初始时刻的瓦斯放散速度梯度的差距也增大，致使其瓦斯放散速度梯度趋于相等的时间增长。

(2) 夹矸层对煤体累计瓦斯放散量的影响。

按照设定的试验方案，对 P1、P2、P3、P4 四组不同瓦斯吸附平衡压力下的含夹矸层试样进行瓦斯放散试验，并通过与 C1、C2、C3、C4 四组全煤试样对比，得到不同吸附平衡压力下全煤试样和含夹矸层试样累计瓦斯放散量随时间变化对比曲线和试样不同时间段瓦斯放散量占比，如图 10.18 和表 10.10 所示。

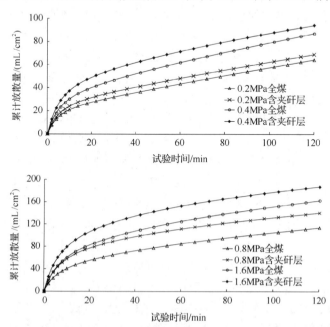

图 10.18　不同吸附平衡压力下全煤与夹矸层试样瓦斯放量随时间变化对比曲线

表 10.10　试样不同时间段瓦斯放散量比例

试样	吸附平衡压力/MPa	0~120min 放散量/(mL/cm²)	0~10min		0~30min		0~60min		0~90min	
			放散量/(mL/cm²)	比例/%	放散量/(mL/cm²)	比例/%	放散量/(mL/cm²)	比例/%	放散量/(mL/cm²)	比例/%
全煤	0.2	64.36	20.85	32.40	31.98	49.69	43.43	67.48	54.15	84.14
	0.4	87.22	30.29	34.73	46.81	53.67	61.92	70.99	74.93	85.91
	0.8	113.46	40.39	35.60	64.74	57.06	84.97	74.89	100.39	88.48
	1.6	161.98	60.42	37.30	96.86	59.80	125.14	77.26	145.30	89.70
含夹矸层	0.2	68.98	23.98	34.76	36.53	52.96	48.33	70.06	58.88	85.36
	0.4	94.23	37.40	39.69	56.26	59.70	71.54	75.92	83.64	88.76
	0.8	140.02	57.55	41.10	88.91	63.50	111.40	79.56	127.04	90.73
	1.6	186.79	79.20	42.40	122.69	65.68	152.41	81.59	171.71	91.93

注：各时间段放散量比例为各时间段放散量与 120min 放散量之比。

由图 10.18 和表 10.10 可知：

①在相同吸附平衡压力下，相同时间段内含夹矸层试样的累计瓦斯放散量均大于全煤试样的累计瓦斯放散量。由于含夹矸层试样与全煤试样的瓦斯放散速度曲线在放散过程中出现交叉，故在交叉点前，随试验时间的延长累计瓦斯放散量之差越来越大，并在交叉点处达最大，随后这一差距逐渐减小并最终趋于稳定。

②在相同吸附平衡压力下，含夹矸层试样在各时间段累计瓦斯放散量所占120min 内累计瓦斯放散量的比例均大于全煤试样。这可能是由于夹矸层增大了煤体的透气性，提高了试样瓦斯放散速度，同时含夹矸层试样的瓦斯放散速度衰减也更快，致使其在相同时间段内累计瓦斯放散量所占比例较高。

③在试验开始的前 10min 内，含夹矸层试样与全煤试样累计瓦斯放散量之差随试验时间的延长而显著增加；试验 10min 后，两者差距变化变小。这可能是由于试验开始后，试样中的游离瓦斯首先向放散面渗流，而透气夹矸层可以加速瓦斯在煤体中的渗流阶，使含夹矸层试样在此阶段的瓦斯放散量明显大于全煤试样，当试样中的游离瓦斯大部分放散后，两者累计放散量的差距也将不再明显变化。

④随着吸附平衡压力的增加，相同时间段内含夹矸层试样与全煤试样的累计瓦斯放散量之差整体呈增大趋势，且呈非线性特性；当吸附平衡压力不大于0.8MPa 时，两者的累计瓦斯放散量之差随吸附平衡压力的增加而增大；当吸附平衡压力大于 0.8MPa 时，两者的累计瓦斯放散量之差随吸附平衡压力的增大将不再有明显变化。这表明吸附平衡压力增大可使夹矸层的透气效果更加显著，但由于瓦斯吸附平衡压力对试样及其内部孔隙、裂隙结构的复杂物理化学作用，导致两者放散量之差随瓦斯吸附平衡压力增大呈非线性特性。

10.6　夹矸层对煤层瓦斯放散影响机理分析

煤层是在经历了地层结构变化和地壳运动而逐渐形成的，瓦斯在煤层形成过程中也会伴随而生。似多孔介质的煤对瓦斯有很好的吸附性，而煤的孔隙性使得煤层可以储集大量的瓦斯。煤层孔隙、裂隙结构不仅影响着煤层瓦斯的赋存、运移规律，还影响煤储层中瓦斯的运移规律，对煤层气的富集与采收有重要意义。煤层的孔隙特征、结构特性及渗透性都会对瓦斯的解吸吸附-扩散-渗流产生一定的影响，尤其在煤层孔隙、裂隙结构比较复杂的深部煤层，其瓦斯放散运移过程也较为复杂。本章主要对煤层的孔隙、裂隙结构特征，瓦斯在煤储层中的赋存状态，以及瓦斯在煤层中的运移模式进行了阐述，并结合前述试验研究结果，理论分析探讨了瓦斯在煤层中的放散机理。

1）煤储层特征

（1）煤层孔隙结构特征。

在研究煤层结构组成时，可大体将煤层看成是由诸多孔隙介质组成的煤块群和切割煤层的裂隙系统（割理、裂隙）。在成煤过程中，煤层会排出大量气体和液体而形成许多微小气孔，煤体中这些微小气孔最终形成了孔隙结构；由于地质运动，煤层被强大的构造应力所挤压、错动而破碎产生层理、节理和裂隙，由此形成裂隙系统。煤的孔隙性是煤层储集层最根本的特征，其孔隙、裂隙是地下水及煤层气储集的场所和运移通道。煤的孔隙结构特征不仅影响煤储层中流体的运移规律，而且对煤层气的富集与放散运移有重要意义。孔隙率是衡量煤体瓦斯储存能力的一个重要物性指标，煤中孔隙结构具有储集性、连通性和渗透性，影响煤中瓦斯吸附、放散，而对煤中瓦斯和水的流动起关键作用的是煤的有效孔隙体积，即煤中连通孔隙的体积。

煤层孔隙的孔径大小和分布对瓦斯放散速度有重要影响，孔径的分布决定了孔比表面积的大小，且瓦斯在不同孔径孔隙中的扩散模式也不同。研究资料表明，煤层中的孔隙大小分布不一并且大小相差很大，最大相差可从纳米级到微米级。孔隙大至数微米级可称为裂缝孔隙，小的孔隙致使氮气分子也无法通过。煤中的孔隙从纳米级到毫米级均有分布，国内外诸多学者对煤储层的孔隙进行了分类，根据不同的研究工具、对象、目的、成因，其分类方法也有所不同，如表 10.11 所示。其中，Gan 等和 IUPAC 的分类方法在国际煤物理和化学行业得到普遍认可。

表 10.11　煤的孔隙分类方案　　　　　　　（单位：10^{-9}m）

研究者	微孔	过渡孔(小孔)		中孔	大孔	
Xoцor(1961 年)	<10	10~100		100~1000	>1000	
Dubinbin(1966 年)	<2	2~20			>20	
Gan(1972 年)	<1.2	1.2~30			>30	
IUPAC(1978 年)	<2	2~50			>50	
朱之培(1982 年)	<12	12~30			>30	
抚顺煤研所(1985 年)	<8	8~100			>100	
Girish(1987 年)	<0.8(亚微孔) 0.8~2(微孔)	2~50			>50	
吴俊(1991 年)	<5	5~50		50~500	500~7500	
杨思敬(1991 年)	<10	10~50		50~750	>1000	
傅雪海(2005 年)	<8	8~20 (过渡孔)	20~65	65~325	325~1000 (过渡孔)	>1000

（2）煤层裂隙结构特征。

煤层中的裂隙结构是普遍存在的，主要由煤层的裂隙、层理和节理所组成。由于地层中煤层的强度比顶底板岩层都低，当地层被强大而不均匀的构造应力所挤压、错动时，煤层的顶底板发生相对移动产生褶皱、断层等地质构造，同时也会形成构造煤。

诸多研究者在研究煤层中裂隙时，根据形态、成因的不同将裂隙分为多种。其中，苏现波在前人对裂隙进行分类的基础上，根据裂隙的形态结构、形成原因对煤的裂隙进行了分类，主要将煤层中的裂隙分为内生裂隙(割理)、外生裂隙和继承性裂隙三大类。内生裂隙(割理)的形成主要发生在煤化作用过程中，沉积于地层中的煤层在煤化过程中因其内部构造反复受挤压脱水而最终形成内生裂隙；内生裂隙在煤层层面上呈现出不同的形态特征。因此，根据割理在层面上的不同特征又可将其分为面割理和端割理两种。外生裂隙的形成主要受强大的构造应力的作用，根据所受构造应力的不同可将外生裂隙分为张性外生裂隙、剪性外生裂隙和劈理三种。当内生裂隙(割理)形成前后煤层所受的构造应力场方向不发生改变时，前期形成的内生裂隙就会进一步发育，裂隙的长度和宽度变大，向相邻分层扩展延伸，裂隙的方向还大致保持原来的方向不变，由此形成的裂隙称为继承性裂隙，继承性裂隙属过渡型裂隙，同时具有外生裂隙和内生裂隙的双重属性特征。这三种裂隙类型中，内生裂隙(割理)系统在煤层中的发育最好，对煤层渗透率的影响也最大。因此，煤矿科技工作者在研究矿井瓦斯灾害防治和煤层气勘探开发工作中，应更加关注煤层气储层中内生裂隙(割理)的发育特征。

2) 煤层瓦斯赋存特征

煤层主要由煤基质和裂隙构成，并且基质中发育有大量的孔隙，瓦斯在煤层中的赋存状态主要为游离态和吸附态，且吸附态瓦斯占90%以上，仅有不到10%的瓦斯以游离态赋存于煤层中。赋存于煤的大孔、裂隙系统中的游离态瓦斯遵循气体状态方程，游离态瓦斯的含量多少主要由裂隙和大孔的体积及瓦斯压力决定；吸附态瓦斯根据其吸附位置不同又可分为两类：一类是吸附于孔隙表面，该部分吸附瓦斯量主要由瓦斯压力和孔隙表面积共同决定；另一类以固溶体形式存在于煤分子之间的空间和碳晶体内，称为吸收瓦斯。

天然煤层孔隙、裂隙中存在着大量的瓦斯，孔隙是煤体吸附大量瓦斯的主要储存空间，而裂隙主要是游离态瓦斯的主要运移通道。不受采动影响时，煤层中的游离态瓦斯和吸附态瓦斯处于解吸吸附动态平衡中且可以相互转化。当受采动影响外界压力降低时，吸附态瓦斯发生解吸转化为游离态瓦斯；而当外界压力升高时，游离态瓦斯可被吸附在煤中而变为吸附态瓦斯。

(1) 吸附状态。

煤体中90%左右的甲烷以吸附态形式赋存于煤微孔和过渡孔的内表面和煤基质中，多数研究者通过试验测定和理论分析表明，瓦斯气体在煤表面的吸附特性适用于Langmuir方程，如式(10.16)所示。

其基本假设如下：

① 瓦斯处于解吸吸附动态平衡；

② 固体表面为均匀介质；

③ 被吸附瓦斯分子间无相互作用力；

④ 吸附在煤基质表面的瓦斯仅形成单分子层。

$$V = \frac{V_L P}{P + P_L} \tag{10.16}$$

式中，V 为吸附瓦斯量，m^3；V_L 为兰氏体积，m^3；P 为气体压力，MPa；P_L 为兰氏压力，MPa。

(2) 游离状态。

煤体中仅一小部分瓦斯以游离状态存在于煤孔隙或裂隙中，煤对瓦斯的解吸吸附是一种可逆现象，游离态瓦斯和吸附态瓦斯之间存在着不断交换的动态平衡，吸附体系的外界条件改变后(如压力解除)，一部分煤体上的吸附态瓦斯便会脱离而变为游离态瓦斯。

游离态瓦斯符合实际气体状态方程，如式(10.17)所示。

$$PV = ZnRT \tag{10.17}$$

式中，P 为气体压力，MPa；V 为气体体积，m³；Z 为压缩因子；n 为物质的量，mol；R 为气体常数；T 为绝对温度，K。

另外，瓦斯在煤储层中的赋存状态所占比例并不是固定不变的，受煤化程度、煤阶、煤质、温度、水分等因素影响。中高煤阶煤吸附态瓦斯所占比例相对较高，低煤阶煤由于孔隙尺寸较大，比表面积较小，游离态瓦斯所占比例相对高煤阶煤比例较高，而水分的存在会减少吸附态瓦斯量。

3) 煤层瓦斯运移模式

煤层瓦斯放散过程目前被广泛认为包括解吸、扩散和渗透三个过程，解吸是物理过程，主要发生在微孔和过渡孔隙的表面。根据前人的试验测定和计算结果，甲烷在煤表面上的吸附(解吸)属物理吸附(解吸)，一般可在瞬间完成，解吸用时在 $10^{-10} \sim 10^{-5}$s，相对于煤的扩散和渗流过程可忽略不计。扩散过程是指瓦斯分子在浓度梯度的驱动力下，在煤的表面、孔隙和晶格内发生的定向运动，很多学者认为煤的瓦斯扩散过程符合 Fick 定律。瓦斯在煤层中的渗透过程指瓦斯气体在煤层裂隙系统和大孔内(孔径大于 10^{-7}m)、受压力梯度驱动发生的定向运动，一般认为符合达西定律。

(1) 瓦斯扩散过程。

由于煤层中煤基质的孔隙尺寸都相当小，其半径一般在纳米级。因此瓦斯在煤体孔隙中的渗透率很低，达西渗流现象也很不明显。诸多学者在研究瓦斯在煤体中的运移时，通常可以认为煤层瓦斯的运移方式以扩散为主，即瓦斯气体由高浓度向低浓度方扩散，如图 10.19 所示。

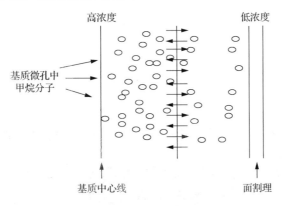

图 10.19　煤基质甲烷扩散示意图

前人的大量研究认为，煤层气在通过煤基质微孔结构发生扩散时，存在拟稳态扩散和非稳态扩散两种扩散模式。拟稳态扩散通常假设瓦斯在煤基质内的扩散过程中，不同时间段煤基质块内的瓦斯浓度都存在一个平均浓度，拟稳态扩散过程可用 Fick 第一定律来表征，其表达式如式(10.18)所示。非稳态扩散通常认为煤基质块中的瓦斯浓度从中心到边缘是变化的，中心处瓦斯浓度在瓦斯扩散过程中不发生变化，边缘浓度随着瓦斯压力的变化而变化，与等温吸附浓度相同。非稳态扩散更为客观地解释了煤基质瓦斯扩散过程中的瓦斯浓度变化，更加真实地反映了瓦斯的扩散过程，其扩散过程可用 Fick 第二定律表征，表达式如式(10.19)所示。

$$J = -D\frac{\partial c}{\partial x} \tag{10.18}$$

式中，J 为通过单位面积的扩散通量，$g/(m^2 \cdot s)$；c 为瓦斯的浓度，g/m^3；D 为煤体瓦斯扩散系数，m^2/s；x 为扩散距离，m；"−"为表示扩散发生在浓度增加的相反方向。

$$\frac{\partial c}{\partial t} = -D\frac{\partial^2 c}{\partial x^2} \tag{10.19}$$

式中，t 为时间，s。

(2) 瓦斯渗流过程。

煤层中富含的裂隙、割理是瓦斯气体在煤层中运移的主要通道，在压力梯度的驱动下，瓦斯沿着压力降低的方向流动。许多学者普遍认为大孔和裂隙系统中的瓦斯运移过程符合达西定律，即煤体的渗透率与瓦斯的流速及压力梯度成正比，其表达式为

$$V = -\frac{K}{\mu}\frac{\partial P}{\partial x} \tag{10.20}$$

式中，V 为瓦斯流动速度，m/s；K 为煤层渗透率，D；μ 为瓦斯绝对黏度，$Pa \cdot s$；$\frac{\partial P}{\partial x}$ 为瓦斯的压力梯度，MPa/cm。

处于地层中的煤岩体在通常状态下渗透性很低，且随着埋深和地应力的增加而逐渐减小。煤矿开采进入深部后，煤层所受地应力显著增加，在高强度压力下煤层变得更加密实，其所含孔隙、裂隙结构体积减小，致使瓦斯在煤层中的运移通道直径缩小，煤岩体的渗透率降低。煤层的孔隙、裂隙结构特征是决定瓦斯在

煤层中流动的关键因素，瓦斯在孔径为 $1.0\times10^{-7}\sim1.0\times10^{-6}$m 的中孔中的流动属于缓慢层流渗流，在孔径为 $1.0\times10^{-6}\sim1.0\times10^{-4}$m 的大孔中的流动属于速度较快的层流渗流；而当孔隙和裂隙直径大于 1.0×10^{-4}m 时，瓦斯的流动为层流和紊流的混合渗流，渗透容积主要由这部分孔隙、裂隙构成，煤层的渗透率也随这部分孔隙、裂隙所占比例的增大而增大。

4) 煤层瓦斯放散机理探讨

煤层中瓦斯放散特性与煤粒的不同。煤粒的瓦斯放散是单纯的解吸、扩散；而煤层可以认为是煤粒的或煤块的集合体，同时具有孔隙和裂隙结构，其瓦斯放散是一个集解吸、渗流、放散过程为一体的复杂过程。煤层未被采动时，赋存于煤层中的瓦斯处于解吸吸附动态平衡中，吸附速度等于解吸速度；当煤层受采动影响后，沿煤层暴露面形成的瓦斯放散面附近的煤体中的瓦斯发生解吸、运移、放散，煤体节理、割理中的游离态瓦斯在压力梯度的驱动下沿煤层有效裂隙流向煤层放散面，由于瓦斯在基质块内的扩散相对较慢，在此过程中煤基质中的瓦斯还没能来得及扩散到裂缝，此过程可以当做是瓦斯在煤层中扩散的第一阶段，主要是瓦斯沿裂隙系统的渗流过程，达西定律适用于此渗流过程。接着，在靠近采掘空间煤壁处的基质块中，瓦斯开始逐渐向采掘空间扩散，同时由于第一阶段的瓦斯渗流降压形成了基质块内外的浓度差，导致基质块内的瓦斯浓度大于裂隙内的瓦斯浓度，瓦斯在浓度梯度的驱使下从基质块向裂隙中扩散，基质块内的瓦斯浓度随时间逐渐降低，此过程是煤层瓦斯放散的第二阶段，也是过渡阶段，瓦斯的运移主要是以扩散为主，遵循 Fick 扩散定律。随着煤基质块内的瓦斯扩散运移至裂缝并渗流逸出，煤基质中的瓦斯压力降低，吸附于微孔和过渡孔表面的瓦斯发生解吸，同时煤基质晶体中的吸附态瓦斯也开始解吸，解吸出来的瓦斯经扩散运移至裂隙系统，然后经裂隙渗流逸出，致使吸附瓦斯不断解吸，直至形成新的解吸吸附平衡。

当煤层瓦斯放散面附近那部分煤体中的瓦斯产生放散后，距放散面较远煤体中的瓦斯在形成的压力梯度和浓度梯度的驱动下，开始解吸并向前方煤体运移，但随着煤体距放散面距离的增加，瓦斯放散出煤体需要克服的阻力越来越大，瓦斯涌出煤体所需时间增加，表现为瓦斯涌出越来越困难。因此，在整个瓦斯放散过程中，可以把距放散面较远处的煤体认为是向放散面不断提供瓦斯的源。随着时间的推移，参与瓦斯放散的煤体范围逐渐向深部延伸，当煤体距放散面的距离达到一定程度后，虽然煤体中仍有大量瓦斯，但由于瓦斯放散需要克服的阻力过大，这部分瓦斯将很难运移至放散面涌出。

瓦斯气体在煤层中的运移主要受渗透率和介质的透气性的影响，渗透率主要取决于裂隙的长度、宽度及连通性，介质的透气性取决于煤体中微孔隙的发育情况。瓦斯放散过程的解吸、扩散、渗流三个阶段相互串联，主导阶段将决定整体的瓦斯流动速度。瓦斯解吸将增加游离态瓦斯量，形成压力梯度和浓度梯度，然后才有浓度梯度和压力梯度驱动下的扩散、渗流，而这又导致煤内表面吸附瓦斯的脱附解吸，形成循环重复过程。瓦斯在煤体中的吸附属于物理吸附，吸附和解吸的速度都很快，与渗流和扩散阶段相比，解吸所需时间可忽略不计。因此，煤层中瓦斯的放散速度主要取决于渗流和扩散阶段，且受其中最为耗时阶段的控制。夹矸层对煤层瓦斯放散特性的影响实质是增大了煤层的渗透性，使煤层中的裂隙更为发育，裂隙之间的连通性也更好。在煤层瓦斯放散的三个阶段中，夹矸层首先影响瓦斯渗流阶段，与不含透气夹矸层煤体相比，含透气夹矸层煤体在瓦斯放散过程的初始阶段放散速度更快，涌出的瓦斯更多，此过程主要是游离态瓦斯在裂隙中的渗流，瓦斯放散速度由渗流速度决定；随着时间的推移，由于煤体裂隙中的瓦斯涌出形成了瓦斯浓度差，瓦斯开始从煤微孔中扩散到煤层裂隙系统中，此过程主要是瓦斯在煤的小颗粒中的扩散，放散速度由扩散速度决定。在放散过程中，由于含透气夹矸层煤体渗透性更好，瓦斯放散初期迅速涌出更多的瓦斯，使煤体中瓦斯浓度低于不含夹矸层煤体，而扩散速度的大小主要受浓度差控制。因此，在相同吸附平衡压力下，含夹矸层试样的瓦斯放散速度在放散初始阶段大于全煤试样；一段时间后，由于放散速度受扩散浓度差限制，含夹矸层试样的瓦斯放散速度反而又略低于全煤试样。另外，透气夹矸层可以增加参与瓦斯放散的煤体的范围，使参与放散的煤体沿透气夹矸层更快地延伸至深部，并在煤体与夹矸的接触面处形成一个内部放散面。煤层深部的瓦斯可首先运移至内部放散面，然后经透气夹矸层逸出煤体，这将大大提高整个煤层的瓦斯放散效率。

10.7　本　章　小　结

　　本章利用自主研发的块煤瓦斯放散试验系统，分别以全煤试样和含夹矸层试样为研究对象，以不同时间段试样的瓦斯放散速度和累计放散量为研究参数，系统地研究了夹矸层对煤层瓦斯放散特性的影响，得到了全煤试样和含夹矸层试样在不同瓦斯吸附平衡压力下的瓦斯放散速度和累计放散量随时间的变化规律，并通过对比不同时间段的瓦斯放散参数，分析了夹矸层对煤层瓦斯放散特性的影响规律；在对煤层的孔隙、裂隙结构特征，瓦斯在煤储层中的赋存状态，以及瓦斯在煤层中的运移模式进行阐述的基础上，并结合试验研究结果，理论分析探讨了煤层瓦斯放散机理，得到以下主要结论：

　　①不同吸附平衡压力的极限瓦斯放散量可基于 Langmuir 等温吸附方程，分别计算吸附平衡压力 P 和当时试验条件大气压 P_0 下的吸附量，两吸附平衡压力下吸附量之差即为煤样的理论极限放散量。

②在不同吸附平衡压力下，全煤试样与含夹矸层试样的瓦斯放散速度均随时间呈幂函数单调衰减，累计瓦斯放散量均随时间呈有上限的单调递增函数，上限为该试样在空气中的最大可放散瓦斯量；同一时间段内，相同试样的瓦斯吸附平衡压力越大，试样的瓦斯放散速度越大，累计瓦斯放散量也越大。

③夹矸层对试样瓦斯放散速度与累计放散量均有较大影响，在相同吸附平衡压力下，放散过程中的初始阶段含夹矸层试样的瓦斯放散速度大于全煤试样，但由于含夹矸层试样瓦斯放散速度衰减得更快，一段时间后其瓦斯放散速度又变得小于全煤试样，而含夹矸层试样的累计瓦斯放散量在整个放散过程中均大于全煤试样。

④随着吸附平衡压力的增大，夹矸层对煤体的瓦斯放散速度和累计放散量的影响越来越明显。在不同吸附平衡压力下，含夹矸层试样与全煤试样的瓦斯放散速度趋于相等的时间不相同；同一时间段内，吸附平衡压力越大，含夹矸层试样与全煤试样累计瓦斯放散量之差越大。

⑤夹矸层对煤层瓦斯放散特性的影响实质是增大了煤层的透气性，通过提高煤层渗透率，加速瓦斯在煤层中的渗流，进而促进瓦斯的扩散和解吸，使煤层的放散效率得到大大提高。

⑥煤层是一种富含孔隙、裂隙结构的非均质多孔介质，瓦斯在煤体中的赋存状态主要为游离态和吸附态，且二者在一定条件下可以相互转化。

⑦瓦斯在煤层中的运移过程主要包括吸附和解吸过程、扩散过程与渗流过程，且这三个过程相互串联，主导阶段将决定整体的瓦斯流动速度。煤层被揭露后，煤层中赋存的游离态瓦斯首先在压力梯度下通过裂隙渗流释放瓦斯，然后在煤孔隙中形成浓度梯度，孔隙中的瓦斯在浓度梯度作用下从煤孔隙中解吸扩散至裂隙，而解吸的瓦斯又增加了游离态瓦斯量，形成压力梯度和浓度梯度，然后又有了浓度梯度和压力梯度下的扩散、渗流，如此形成重复过程。

⑧夹矸层可以增加参与瓦斯放散的煤体的范围，使参与放散的煤体沿夹矸层更快地延伸至深部，并在煤体与夹矸的接触面处形成一个内部放散面。煤体深部的瓦斯可首先运移至内部放散面，然后经夹矸层逸出煤体，这将大大提高整个煤层的瓦斯放散效率。

第11章 吸附作用对煤层瓦斯流动特性影响研究

煤体内赋存有大量的原生孔隙、裂隙系统，是典型的似多孔介质。多孔介质渗透率可以表征其内流体介质通过其能力的大小，是多孔介质的固有属性，也是判断煤层气资源可采与否的重要参数。煤层渗透率影响因素众多：煤层是处于一定的应力场、地热场和地磁场中的，而地应力场又包括煤层所处地应力场和瓦斯压力场。煤层中赋存的瓦斯处于一种动态的吸附解吸平衡中，而煤层开采引起的瓦斯压力变化将导致煤层内瓦斯气体在吸附态与游离态之间转化，引起煤基质变形，从而影响煤层的渗透率。大量国内外学者研究表明，煤层渗透率随瓦斯压力的变化可分为三个阶段，且三个阶段内的主导因素不同：气体滑脱效应主导、煤基质变形主导和有效应力主导阶段。在煤基质变形主导阶段内，瓦斯压力变化对基质存在两个相反的影响，即随着瓦斯压力的升高，孔隙压力压缩煤基质变形改善煤层渗透状况；与此同时，煤基质将吸附更多的瓦斯而导致煤体膨胀变形，这将裂化煤层的渗透状况[144, 145]。两种效应的综合作用将对研究各自产生影响的机理具有干扰作用。因此，弄清吸附作用对煤层渗透性的影响，需将二者分开考虑。

11.1　吸附解吸作用与煤层瓦斯渗流的关系

在一定的瓦斯压力下，煤对瓦斯的吸附作用是一种物理吸附，吸附热一般小于 20kJ/mol。气体种类不同，气体被吸附的能力不同，研究表明常见气体的吸附能力顺序为：氮气<甲烷<二氧化碳。当煤的变质程度不同时，通常也表现出对瓦斯气体的不同吸附能力，煤分子对瓦斯气体分子的吸引力越大，对瓦斯的吸附量就越大。煤分子与瓦斯分子间的吸引力是由 Debye 诱导力和 London 色散力决定的，二者共同形成了煤分子的吸引势能，以吸附势深度 E_a 表示。游离瓦斯失去所有能量后才能在吸附势的作用下停滞在煤内孔隙结构的表面，此过程是放热的；当瓦斯压力增加时，瓦斯分子具有的能量越大，其运动过程中撞击煤内微结构壁的概率就会增加很多，吸附速度就加快，放热量就增加，表现为煤体温度变化就大。瓦斯吸附量与瓦斯压力的关系一般可用经典 Langmuir 方程表示，即

$$q = \frac{abp}{a + bp} \tag{11.1}$$

式中，a、b 为吸附常数；p 为瓦斯气体压力；q 为瓦斯吸附量。

当气体吸附符合上述 Langmuir 方程时，必须符合以下假设条件：

①吸附介质的体表面性质均一，每个具有过剩价力的表面分子或原子吸附一个气体分子；

②气体分子在固体表面为单层吸附；

③吸附作用属于动态特性，被吸附分子受热运动影响可以转换为游离相；

④吸附过程类似于气体的凝结过程，转换为游离相时类似于液体的蒸发过程，且吸附速度约等于解吸速度；

⑤气体分子在固体表面的凝结速度正比于气体压力；

⑥吸附在固体表面的气体分子间无作用力。

1) 瓦斯吸附理论模型

(1) Langmuir 等温吸附。

实际上，瓦斯的吸附过程是放热过程。但在上述假设条件下，我们可以将之简化为单层分子的等温吸附过程，即符合 Langmuir 方程的等温吸附，可表示为

$$V = \frac{V_L p}{p_I + p} \tag{11.2}$$

式中，V 为吸附量；p_I 为 Langmuir 压力；p 为气体压力；V_L 为 Langmuir 体积。

这一吸附关系虽然与实际的瓦斯吸附关系间有一定的差距，但该关系是目前业内应用最为广泛的瓦斯吸附状态方程。

(2) Freundlich 等温吸附。

Langmuir 方程的前提是认为固体表面均匀，每个吸附位置对气体分子均具有相同的亲和力，即每个吸附位置吸附一个气体分子，形成单分子吸附层。但是，现代理论认为固体表面是不均匀的，进而提出了吸附活性中心的概念。吸附活性中心的不同将导致固体表面对气体分子亲和力的不同，进而一个气体分子未必只能被一个活性中心吸附。如果假定对于一定数目的同种分子组成的理想气体，若其中有 N 个分子被固体表面上的 B 个活性中心吸附，表明每个气体分子可能被不同数目的活性中心吸附。故从统计的角度讲，平均每个气体分子将被 B/N 个活性中心吸附，且有 $B/N>1$，假设 $B/N=n$，则吸附过程可用下式表述：

$$q = ap^{\frac{1}{n}} \tag{11.3}$$

式中，a、n 为常数。

这一方程就是著名的 Freundlich 等温吸附方程。由于该方程形式简单，故使用非常方便。

(3) BET 等温吸附。

由于固体吸附气体的特殊性和复杂性，多分子层吸附是其重要的形式。这就是著名的 BET 等温吸附，该理论把 Langmuir 方程对单分子层假定的动态平衡状态扩展为各个不连续的分子层，并认为第一层吸附依靠固体分子与气体分子间的范德华力，而第二层以外的吸附主要依靠气体分子间的范德华力，多分子层的吸附方程，即 BET 吸附可表述为

$$\frac{V}{V_{\mathrm{m}}} = \frac{cx}{(1-x)\left[1+(c-1)x\right]} \tag{11.4}$$

$$x = \frac{p}{p_0} \tag{11.5}$$

式中，p 为气体压力；p_0 为饱和蒸汽压力；c 为与气体吸附热和凝结有关的常数。

(4) 微孔充填吸附。

当吸附介质的孔隙结构尺寸和被吸附气体分子的尺寸大小相当时，吸附可能发生在吸附介质的内部空间，即吸附是对微孔容积的充填而不是表面覆盖，这将颠覆上述几种吸附理论的基础。该理论认为在吸附膜上任意点的吸附力可用吸附势函数 A 来衡量，A 的物理意义是一个分子从气相到达吸附膜上做的功，是吸附量 Q 的函数，可表述为

$$Q = Q_{\max} \exp\left[-(a/e)^n\right] \tag{11.6}$$

$$A = RT \ln\left(p_{\mathrm{s}} / p\right) \tag{11.7}$$

式中，$Q_{\max}$ 为饱和吸附容量；e 为吸附特征能；n 为吸附失去的自由度；p_{s} 为饱和蒸汽压。

2) 瓦斯吸附作用

煤体吸附瓦斯后，其内部会发生众多变化，这些变化会从不同的层次和方面对煤层内瓦斯的渗透流动产生不同的影响，主要表现如下：

(1) 附势降低。

煤层吸附瓦斯后，煤基质会发生膨胀变形，当膨胀变形受到外部空间限制时

就会产生膨胀应力，形成膨胀能。Bangham 提出了固体的膨胀与其表面能降低成正比的观点；表面物理化学理论则认为，当微结构之间为真空时，微结构表面之间的吸附势能表述为

$$E = \frac{1}{12\pi} \frac{C_d}{S^2} \tag{11.8}$$

式中，E 为单位面积微结构表面吸附势；S 为微结构的间距；C_d 为煤的 Hamaker 系数。

如果微结构间存在吸附或游离气相介质时，式(11.8)变化为

$$E' = \frac{1}{12\pi} \frac{\left(\sqrt{C_d} - \sqrt{C_g}\right)^2}{S^2} \tag{11.9}$$

式中，C_g 为微结构中气相介质的 Hamaker 系数。

由式(11.8)和式(11.9)可计算获得煤吸附瓦斯后的膨胀能为

$$\Delta E = E - E' \tag{11.10}$$

(2)煤体有效应力变化。

煤体吸附瓦斯后，由于吸附瓦斯和游离瓦斯处于一种动态的平衡中，故其内必包含由游离瓦斯形成的气体压力，即总应力为

$$\sigma = \sigma_s + \lambda \sigma_g \tag{11.11}$$

式中，σ 为总应力；σ_s 为实体煤上的应力；σ_g 为气体孔隙压力；λ 为常数。

(3)孔隙结构变化。

由于煤体吸附瓦斯后其内的应力会发生变化，而这一变化必将带来作用于微结构应力的变化，从而会导致孔隙结构的变化[146]。

将单位体积多孔介质内微结构的表面积表述为

$$\Sigma = \frac{A_S}{A_B} \tag{11.12}$$

式中，A_S 为孔隙表面积；A_B 为实际表面积。

将单位孔隙体积的孔隙表面积表述为

$$S_P = \frac{A_S}{V_P} \tag{11.13}$$

若煤体总体积和单个颗粒的累积体积发生的变化分别为 ΔV_B 和 ΔV_S，颗粒表面积发生的变化为 ΔA_S，则表面积的增量 ΔA_S 可表述为

$$A_S = A_{S0}\left[1 + \beta(p)\right] \tag{11.14}$$

微结构体积的变化可以表示为

$$\Delta V_P = \Delta V_B - \Delta V_S \tag{11.15}$$

则新的孔隙度可表述为

$$\varphi = \frac{V_P + \Delta V_B - \Delta V_S}{\Delta V_B + V_B} \tag{11.16}$$

新的单位体积多孔介质内孔隙的表面积为

$$\sum = \frac{A_{S0}\left(1 + \beta\right)}{V_B + \Delta V_B} \tag{11.17}$$

则此时煤的渗透率为

$$k = \frac{\varphi}{k_z \sum^2} \tag{11.18}$$

11.2　吸附作用对煤层渗透特性影响试验

1）试样制备及试验设备

本书试验用样取自北京昊华能源股份有限公司。在实验室对其进行粉碎和筛选，选取适量粒径 40～60 目和 60～80 目煤粉。试验设备是自主研制的块煤瓦斯放散试验装置，该设备主要包括瓦斯罐(提供气源和瓦斯压力)、渗流仪、瓦斯流量计、瓦斯压力表和压力调节阀。

2）试验方案

本次试验采用气源为纯瓦斯气体，气体压力设定为 0.2MPa、0.4MPa、0.6MPa、0.8MPa、1.0MPa、1.2MPa 和 1.4MPa；试样包括四组：A 组 40～60 目沙子、B 组

40～60 目煤粉、C 组 60～80 目砂子和 D 组 60～80 目煤粉。气体流量的读取采取稳态流动法。

具体试验步骤如下：

①按试验要求连接各试验仪器后关闭流量计前端开关，缓慢打开高压气瓶，按 0.2MPa 压力值向试验设备通气，前后压力表示数达到 0.2MPa 后关闭气瓶，观察前后压力表示数变化，若 2h 内示数不变，视为试验管路密闭性良好，打开出气端开关和瓦斯渗流仪，准备进行装样并开始试验。

②将煤样粉碎筛选出试验所需粒径，取适量放入块煤瓦斯放散试验装置，并用液压千斤顶对其进行加压，千斤顶压力选取为 20MPa，缓慢加压并在压力达到设定值时保持其稳定 30min，随后对其进行密封，密封过程中保持千斤顶不卸压，以防止煤样变形回弹。对煤样密封的目的在于：一方面防止试验过程中甲烷气体沿侧向通道溢散对试验造成干扰，保持气体流向稳定；另一方面保持腔体体积恒定。密封胶干燥时间为 24h。

③待密封胶完全干燥后，保持流量计前端开关关闭，按初始气体压力值 0.2MPa 通入瓦斯气体，令其进行充分吸附，此过程时间设定为 24h。

④吸附完全后，打开出气端开关，保持气瓶开关打开，待气体流动稳定后记录下流速与前后压力表示数，重复测量三次，取其平均值。该压力点试验结束后，关闭出气端开关，将瓦斯压力增至 0.4MPa，吸附 12h 后进行下一个气体压力点试验，并依次对上述设定气体压力值进行试验。

⑤待所有压力点测定完毕后，关闭瓦斯气罐开关，打开出气端开关，完全解吸后打开瓦斯渗流仪器，按要求更换试样并进行下组试验。

3) 试验数据及分析

本试验试样为均质煤粉或砂子，因此可视为各向同性介质，假设甲烷在煤样中的流动为等温过程，煤样中甲烷的渗透符合达西定律，则可得到煤样气测平均渗透率 k 的计算式为

$$k = \frac{2q_v p_0 L \mu}{A(p_a^2 - p_b^2)} \tag{11.19}$$

式中，k 为试样渗透率，$10^{-3} \mu m^2$；q_v 为煤样的甲烷渗流速度，mL/s；μ 为甲烷动力黏滞系数，本试验取 $1.026 \times 10^{-11} MPa \cdot s$；$L$ 为煤岩试样的长度，cm；p_0 为 1 个标准大气压；A 为试样横截面积，cm^2；p_a、p_b 分别为进口、出口甲烷压力，MPa。

根据式(11.19)，对试验数据进行计算得到各试验组渗透率。试验结果显示为表 11.1。

表 11.1　试验渗透率

瓦斯压力/MPa	试样渗透率/$10^{-3}\mu m^2$						
	0.2	0.4	0.6	0.8	1.0	1.2	1.4
A 组	13.48	11.68	9.57	7.6	5.24	4.6	5.9
B 组	9.12	8.39	7.49	5.99	3.86	3.18	3.46
C 组	8.98	7.3	5.54	4.46	3.46	2.74	1.83
D 组	6.46	5.61	4.39	3.58	2.85	2.28	2.28

(1)煤粉试样不同压力下的渗透率。

根据表 11.1 内的数据，对两组煤粉结果进行拟合，得到图 11.1。

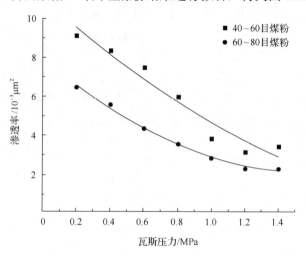

图 11.1　煤粉不同压力下的渗透率

由图 11.1 可知：

试样渗透率与所处瓦斯压力呈二次曲线关系，拟合方程分别为

$$K_b = 11.058 - 7.869p + 1.455p^2 \tag{11.20}$$

$$K_d = 7.97 - 7.35p + 2.279p^2 \tag{11.21}$$

式中，K_b 为根据 B 组试验回归得到的试样渗透率；K_d 为根据 D 组试验回归得到的试样渗透率；p 为瓦斯压力。

相关性系数分别达到了 0.9205 和 0.99004。

瓦斯压力变化过程中，渗透率变化将存在以下几个阶段：气体流动的滑脱效应主导阶段、煤体吸附瓦斯膨胀变形主导阶段、瓦斯对煤样的挤压变形主导阶段和有效应力主导阶段。在前人研究中，有效应力主导阶段被广泛考虑，而本试验却不予考虑，主要是因为前人试验是在对试验进行三轴压力压缩下进行，瓦斯压力的增大会从内部挤压煤样，从而造成所加有效围压的减小，而本试验煤样是采用煤粉压制而成，应视为各向同性均匀介质，同时由于腔体体积固定，故试样轴向变形可以忽略。

对于用不同粒径煤粉制备的试样，瓦斯压力在初始阶段增加时，滑脱效应作用逐渐减弱，而随着煤样吸附瓦斯量的增加，根据 Langmuir 吸附公式可知，煤样吸附变形迅速增加，煤样渗透率迅速降低；随着瓦斯压力值的进一步增大，煤样吸附变形增加缓慢并逐渐达到饱和，瓦斯压力对煤基质压缩效应增加，煤样渗透率减小逐渐缓慢。

40~60 目煤粉所制备的试样渗透率明显大于 60~80 目煤粉所压制试样。在相同轴向压力作用下，平均粒径较小的煤粉所压制形成的试样孔隙更小，结构更为致密，故渗透率较小。

低渗煤层中普遍存在滑脱现象，其本质是气体分子与孔道固壁的作用使得气体在孔道固壁附近的各个气体分子都处于运动状态，且贡献一个附加通量从而在宏观上表现为气体在孔道固壁面上具有非零速度，产生滑脱流量。该现象由 Klinkenberg 于 1941 年发现，并导出如下的气体渗透率公式：

$$k_g = k_\infty \left(1 + \frac{4c\lambda}{r}\right) = k_\infty \left(1 + \frac{b}{p_m}\right) \tag{11.22}$$

$$b = \frac{4c\lambda p_m}{r} \tag{11.23}$$

式中，p_m 为平均孔隙压力；k_∞ 为绝对渗透率；k_g 为考虑 Klinkenberg 效应的气体渗透率；λ 为压力 p_m 下气体的平均自由程；b 为气体滑脱因子；c 为接近 1 的比例常数；r 为孔隙结构的平均半径。

由于所形成孔隙小，60~80 目煤粉压制试样的滑脱效应大于 40~60 目煤粉压制试样。瓦斯压力增大初期，滑脱效应对煤样渗透率变化起主导作用，因此 60~80 目煤样渗透率的下降程度大于 40~60 目煤样。随着瓦斯压力的进一步增大，渗透率变化将进入煤基质吸附瓦斯膨胀变形主导阶段，40~60 目煤样渗透率下降程度明显大于 60~80 目煤样，原因是瓦斯容易在大孔积聚并形成吸附层造成渗透率迅速下降，且此吸附层厚度在试验压力下变化不大，而 60~80 目煤样此过程则相对平缓。在随后的瓦斯对煤基质挤压变形主导阶段，由于挤压作用的持续增大，40~60 目煤样出现渗透率增大现象。

(2)砂子不同压力下的渗透率。

对两组砂子组成的试样进行试验，对获得的试验数据进行分析并拟合，可得图 11.2 曲线。

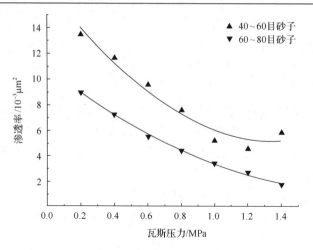

图 11.2　砂子不同压力下的渗透率

两组砂子试样渗透率变化与瓦斯压力呈二次函数关系，拟合方程分别为

$$K_a = 17.338 - 17.872p + 6.568p^2 \tag{11.24}$$

$$K_c = 10.872 - 10.208p + 2.741p^2 \tag{11.25}$$

式中，K_a 为根据 A 组试验回归得到的试样渗透率；K_c 为根据 C 组试验回归得到的试样渗透率；p 为瓦斯压力。

相关性系数分别为 0.94225 和 0.99657。

砂子对甲烷分子没有吸附作用，且也不存在类似于水与砂子表面固液张力作用，故与煤粉试样的变化规律不同。在气体压力变化初期，两组砂子试样的渗透率均快速降低，此现象说明砂子组成试样在气体压力较低时占主导地位的同样是气体滑脱效应，虽然砂子对甲烷分子没有吸附作用，不能像煤基质表面形成气体吸附层，但由于孔喉效应的存在，所形成结构的孔隙内表面会聚集一部分甲烷分子，此种聚集与煤对甲烷分子的吸附作用所形成的吸附层性质不同，但初始瓦斯压力较低时，甲烷分子与这部分聚集分子碰撞产生滑脱效应，对甲烷渗流产生附加增量，随着瓦斯压力的增大，气体分子间的碰撞多集中为自由分子碰撞，滑脱效应逐渐减弱，其渗透率也相应降低，两种目数砂子试验在初始降低过程中近似线性减小，但 40~60 目砂子组成试样却率先出现拐点，说明其内气体渗流受滑脱效应主导范围小于 60~80 目砂子，气体压力对试样的挤压变形更早出现，并对试样的渗透率进行改善。

(3)吸附作用对煤层渗透率的影响。

将 40~60 目、60~80 目的砂子和煤粉试验结果放在一起进行比较分析，如

图 11.3 所示。

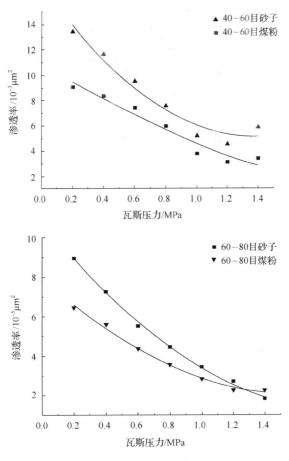

图 11.3　相同目数砂子和煤粉渗透率

　　粒径相同的砂子和煤粉，在相同轴压作用下所制成试样的孔隙结构接近，二者试验上的不同主要来自于对甲烷分子是否存在吸附作用。瓦斯压力在初始增大的过程中，砂子试样渗透率快速降低，煤粉试样则相对缓和。二者渗透率的差值考虑为煤基质吸附甲烷产生的膨胀变形对渗透率的影响，故取两组试验中砂子组与煤粉组在不同压力点的差值，如表 11.2 所示。

表 11.2　试样渗透率差值

瓦斯压力/MPa	渗透率差值/$10^{-3}\mu m^2$						
	0.2	0.4	0.6	0.8	1.0	1.2	1.4
40～60 目试样间	4.36	3.29	2.08	1.61	1.38	1.42	2.44
60～80 目试样间	2.52	1.69	1.15	0.88	0.61	0.46	−0.45

对表 11.2 中瓦斯压力值 1.4MPa 时渗透率差值情况进行舍弃，这是因为甲烷分子与煤基质间的吸附属于物理吸附，煤基质表面存在吸附势阱，甲烷分子自由碰撞的过程中会进入其内，碰撞后分子能量小于吸附势阱时，将形成甲烷分子的吸附。煤对甲烷分子的吸附存在先易后难的过程，瓦斯压力较低时，甲烷分子自由扩散、相互碰撞后的能量都较低，因此容易吸附在能量较大的吸附势阱内；瓦斯压力不变的情况下，将形成暂时的解吸吸附平衡。随着瓦斯压力值的增大，甲烷分子相互碰撞的次数和能量增多，会进入吸附势能较低的势阱内。本试验煤粉试样的吸附甲烷产生膨胀变形，导致渗透率降低，这个过程应该是一个逐步降低的过程，故表 11.2 内瓦斯压力值 1.4MPa 时产生的现象不符合此规律，因此单独取出考虑。

对调整后的数据进行分析并拟合，如图 11.4 所示。

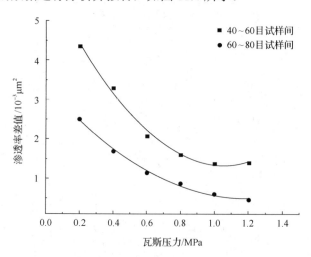

图 11.4　相同目数砂子和煤粉渗透率的差异

两组数据的拟合方程：

$$\Delta K_{40\sim60} = 6.025 - 8.9p + 4.23p^2 \tag{11.26}$$

$$\Delta K_{60\sim80} = 3.346 - 4.77p + 2p^2 \tag{11.27}$$

式中，$\Delta K_{40\sim60}$ 为 40～60 目试样的渗透率差值；$\Delta K_{60\sim80}$ 为 60～80 目试样的渗透率；p 为瓦斯压力。

相关性系数分别达 0.99048 和 0.99014。

将 0.2MPa 作为讨论的起点，依次将各瓦斯压力点的渗透率降低值视为因煤基质吸附膨胀变形导致的渗透率变化(渗透率降低记为正值)，得到如下数据，如表 11.3 所示。

表 11.3 吸附作用引起的渗透率变化值

瓦斯压力/MPa	渗透率变化值/$10^{-3}\mu m^2$					
	0.2	0.4	0.6	0.8	1.0	1.2
40～60 目煤粉	0	1.07	2.28	2.75	2.98	2.94
60～80 目煤粉	0	0.83	1.37	1.54	1.81	1.96

得到此数据曲线并进行拟合，如图 11.5 所示。

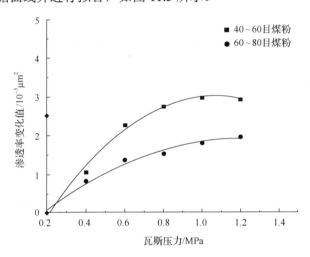

图 11.5 吸附作用引起的渗透率变化值

对上述试验所得曲线进行拟合，可得下式：

$$K_{40\sim60} = -1.665 + 8.904p - 4.227p^2 \tag{11.28}$$

$$K_{60\sim80} = -0.786 + 4.644p - 2p^2 \tag{11.29}$$

式中，$K_{40\sim60}$ 为考虑吸附作用影响得到的 40～60 目试样的渗透率；$K_{60\sim80}$ 为考虑吸附作用影响得到的 60～80 目试样的渗透率；p 为瓦斯压力。

相关性系数分别为 0.9904 和 0.9779。

对比两组结果，40～60 目煤粉渗透率差值，即由煤基质吸附甲烷分子的膨胀变形导致的渗透率变化值变化速率要大于 60～80 目煤粉，甲烷吸附层对原有流动通道影响更为明显，但随着瓦斯压力值的增大，40～60 目煤粉将更快达到饱和值。多孔介质的渗透率与其所处应变状态密切相关，Kozeny-Carman 方程从理论上解释了这种现象，因此得到广泛应用。

多孔介质渗透率随孔隙率变化的 Kozeny-Carman 方程为

$$k = \frac{\varphi}{k_z S_p^2} = \frac{\varphi^3}{k_z \sum^2} \tag{11.30}$$

式中，k_z 为无量纲常数，取值约为 5；φ 为孔隙率；$\sum$ 为单位体积多孔介质内孔隙的表面积，cm^2；S_p 为孔隙介质单位孔隙体积的孔隙表面积，cm^2，可以由下式表示：

$$S_p = \frac{A_s}{V_p} \tag{11.31}$$

式中，A_s 为多孔介质孔隙的总表面积，cm^2；V_p 为多孔介质的孔隙体积，cm^3。

由式(11.30)和式(11.31)可以看出多孔介质的渗透率随应力的变化主要是由孔隙率的变化引起的。

孔隙率的定义为

$$\varphi = \frac{V_p}{V_b} \tag{11.32}$$

式中，V_b 为多孔介质外观总体积，cm^3；φ 为反映多孔介质孔隙结构情况的一个指标。

对式(11.32)进行推导：

$$\varphi = \frac{V_p}{V_b} = 1 - \frac{V_s}{V_b} = 1 - \frac{V_{s0} + \Delta V_s}{V_b} \tag{11.33}$$

式中，V_s 为煤体骨架体积；V_{s0} 为初始状态的煤体骨架体积；ΔV_s 为煤体骨架变化。

设煤体骨架服从弹性变形，其总变形应包括由热弹性膨胀引起的变形、由瓦斯压力变化引起的变形，以及因煤体颗粒吸附瓦斯膨胀产生的变形三部分，但本试验煤样外观体积恒定，即 V_b 恒定不变，且上述渗透率变化只考虑煤体颗粒吸附瓦斯膨胀产生的变形，并记其为 ε_p。对式(11.33)进行推导得到下式：

$$\varphi = \varphi_0 - (1 - \varphi_0)\varepsilon_p \tag{11.34}$$

对特定结构的煤岩体试样，试样在全应力应变的过程中，可近似认为其单位体积煤岩体的颗粒总面积不变，则可推导出渗透率与体积应变的关系为

$$\frac{k}{k_0} = \left[1 - \frac{(1 - \varphi_0)\varepsilon_p}{\varphi_0} \right]^3 \tag{11.35}$$

进而推导出 ε_p，公式如下：

$$\varepsilon_{\mathrm{p}} = \frac{\varphi_0}{\varphi_0 - 1}\left(\sqrt[3]{k/k_0} - 1\right) \tag{11.36}$$

式中，φ_0 为常数，则令 $A = \varphi_0 / (\varphi_0 - 1)$，且其值为负；$B$ 按下式取，$B = \sqrt[3]{k/k_0}$。

可以按照上述推导给出试验涉及的 B 值情况，如表 11.4 所示。

表 11.4　不同瓦斯压力时的试验 B 值

瓦斯压力/MPa	B 值					
	0.2	0.4	0.6	0.8	1.0	1.2
40～60 目试样	1	0.91049	0.781374	0.71743	0.681498	0.688019
60～80 目试样	1	0.87531	0.769897	0.704197	0.623222	0.567265

对表 11.4 数据进行拟合得图 11.6。

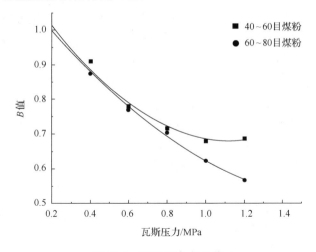

图 11.6　不同压力点 B 值

拟合方程分别为

$$y_{40\sim60} = 1.169 - 0.863p + 0.38p^2 \tag{11.37}$$

$$y_{60\sim80} = 1.128 - 0.702p + 0.197p^2 \tag{11.38}$$

相关性系数达 0.98191 和 0.99701。

结合式(11.37)和式(11.38)，推导得 ε_{p} 拟合公式为

$$\left(\varepsilon_{\mathrm{p}}\right)_{40\sim60} = A\left(0.169 - 0.863p + 0.38p^2\right) \tag{11.39}$$

$$\left(\varepsilon_{\mathrm{p}}\right)_{60\sim80} = A\left(0.128 - 0.702p + 0.197p^2\right) \tag{11.40}$$

从式(11.39)和式(11.40)可得出煤基质吸附膨胀变形与所受瓦斯压力值大小呈二次函数关系的结论，且二次函数形式的拟合程度较高。关于煤基质吸附瓦斯膨胀变形存在经典公式——Langmuir 吸附变形公式，该公式最基本的假设是吸附剂表面性质均一，每一个具有剩余价力的表面分子或原子吸附一个气体分子，即为单分子层吸附，而随着研究的深入，我们发现煤基质对甲烷分子的吸附会随着瓦斯压力的增大而从单分子层吸附向多分子层吸附转换。吸附初期，煤基质表现出存在剩余价力的分子较多，会优先产生单分子层吸附，因此在吸附初期煤基质对甲烷分子的吸附速度相对较大；随着单分子层吸附完成，煤基质表面分子对甲烷分子的吸附作用减弱明显，吸附作用更多地依靠甲烷分子自身的分子运动能量。

11.3　本 章 小 结

本章以不同粒径砂子和煤粉为试验对象，对瓦斯压力变化对煤层渗透率的影响开展了系统的模拟研究，分析了渗透率变化的影响因素，通过砂子与煤粉对甲烷气体是否存在吸附作用进行对比分析，得到以下主要结论：

①本试验条件下，不同煤粉和砂子所压制试样的渗透率随气体压力的变化呈二次函数关系且拟合度较高，这一过程存在三个不同的主导阶段，即气体滑脱效应主导阶段、煤基质吸附膨胀变形主导阶段和气体压力对煤基质挤压变形主导阶段。

②构成试样粒径不同时，气体压力对试样渗透率产生的影响不同。气体压力变化初期，40～60 目压制试样降低速度大于 60～80 目压制试样，随着气体压力的变化，更早达到变化的峰值。

③通过对比相同目数下砂子与煤粉渗透率变化的差异，通过反演推导出瓦斯压力作用下煤基质吸附瓦斯膨胀变形公式，此膨胀变形与试样所处瓦斯压力值呈二次函数关系，拟合度较好。

④根据试验得出了新的煤基质吸附瓦斯膨胀变形公式，该公式认为煤基质吸附瓦斯膨胀变形效应更符合二次函数规律。

第12章 夹矸层对煤层渗透性影响试验研究

煤层夹矸是指那些伴随煤层资源生成过程并赋存在煤层中的矿物杂质，宏观上表现为在煤层中的裂隙内、层面间的充填，微观上则是矿物杂质与煤储层有机质间的接触关系、矿物的空间赋存特征。夹矸性质与煤储层有机质相异。在扫描电镜下，矿物与有机质的结合方式分为镶嵌式、分离式和附着式。夹矸与煤层结合方式的不同，将会影响煤层有机质间的稳态流动，进而影响瓦斯气体的赋存状态。夹矸层的性质与煤层性质不同，矿物质与有机质的两相结合也有别于单相结合。

煤层夹矸除了少数砾岩、砂岩、粉砂岩和石灰岩等岩石类型外，多数是黏土类岩石。煤层夹矸的赋存结构的定义是指：结构要素(矿物的晶粒和颗粒、碎屑矿物和岩屑、生物组分和孔隙等)的大小、形状、表面性质及其定量比值和各结构要素的连接特征。黏土矿物是最主要的组分，常以高岭石为主，次有伊利石、蒙脱石、埃洛石、地开石、地开石-高岭石混层矿物、累托石、蒙脱石-伊利石混层矿物等。次要黏土矿物有时也可以成为主要的组分，如碎(晶)屑矿物常以长石、石英为主，重矿物少且成分比较单一，常见的有锆石、黄铁矿、菱铁矿、磷灰石、金红石、磁铁矿等；有机组分以植物组分为主，动物组分极为少见。高岭石黏土岩的主要化学成分为 SiO_2 和 Fe_2O_3。

煤层含有夹矸层后，煤层的各向异性和整体不均匀性将被明显放大[147, 148]。受夹矸层影响，煤层内瓦斯的赋存与流动也将产生明显的变化。因此，本章主要采用砂子模拟煤层夹矸，进行夹矸层对煤层渗透特性试验研究，用获得的规律来表征不均匀煤层渗透特性受到的影响，并结合以往理论知识建立不均匀煤层的等效渗透率理论。

12.1 基于均匀组合介质的等效渗透率理论

煤层含有夹矸层后，夹矸层将导致煤层的均一性变差，进而影响煤层内瓦斯的赋存、吸附状态、解吸速度和运移特性。此时，以什么理论来估算整个煤层的渗透率，非常值得思考[149~151]。假设不考虑煤层内瓦斯的解吸吸附量的变化、夹矸层与煤层的挤压作用，以及夹矸层与煤层的接触类型对瓦斯流动的影响，仅将夹矸层与煤层考虑为多孔介质的组合，则其渗透率可按下述情况计算。

1) 瓦斯流动方向垂直复合介质组合方向

当流体在复合介质中流动时,若复合介质的组合方式与流体流动方向垂直时,称为垂直复合介质组合方向流动,如图 12.1 所示。

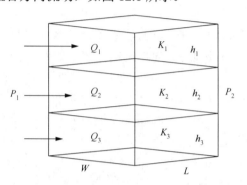

图 12.1　垂直复合介质组合方向流动

如图 12.1 所示,第　层介质厚度为 h_1,流量为 Q_1,渗透率为 K_1;第二层介质厚度为 h_2,流量为 Q_2,渗透率为 K_2;第三层介质厚度为 h_3,流量为 Q_3,渗透率为 K_3;介质两端的压力分别为 P_1、P_2;介质断面尺寸为 $W \times L$。

若不考虑流体在介质组合界面上的流动,即认为流体不会通过介质流向另外一个介质内时,渗透率由达西定律可知:

$$Q_1 = \frac{K_1 W h_1 (P_1 - P_2)}{\mu L} \tag{12.1}$$

$$Q_2 = \frac{K_2 W h_2 (P_1 - P_2)}{\mu L} \tag{12.2}$$

$$Q_3 = \frac{K_3 W h_3 (P_1 - P_2)}{\mu L} \tag{12.3}$$

又有

$$Q = Q_1 + Q_2 + Q_3 \tag{12.4}$$

则

$$Q = \frac{K W h (P_1 - P_2)}{\mu L} = \frac{K_1 W h_1 (P_1 - P_2)}{\mu L} + \frac{K_2 W h_2 (P_1 - P_2)}{\mu L} + \frac{K_3 W h_3 (P_1 - P_2)}{\mu L} \tag{12.5}$$

式(12.5)可写为

$$Q = \frac{W(P_1 - P_2)}{\mu L} Kh = \frac{W(P_1 - P_2)}{\mu L}(K_1 h_1 + K_2 h_2 + K_3 h_3) \tag{12.6}$$

即

$$Kh = K_1 h_1 + K_2 h_2 + K_3 h_3 \tag{12.7}$$

$$K = \frac{K_1 h_1 + K_2 h_2 + K_3 h_3}{h} = \frac{K_1 h_1 + K_2 h_2 + K_3 h_3}{h_1 + h_2 + h_3} \tag{12.8}$$

故复合介质此种条件下的渗透率计算公式为

$$K = \frac{\sum\limits_{i=1}^{n} K_i h_i}{\sum\limits_{i=1}^{n} h_i} \tag{12.9}$$

式中，μ 为流体的动力黏度，$N \cdot s/m^2$；K 为组合煤岩层的渗透率；Q 为各煤层总流量，$Q = Q_1 + Q_2 + Q_3$；h 为煤岩层的总厚度，$h = h_1 + h_2 + h_3$。

2) 瓦斯流动方向沿复合介质组合方向

当流体在复合介质中流动时，若复合介质的组合方式与流体流动方向一致时，称为沿复合介质组合方向流动，如图 12.2 所示。

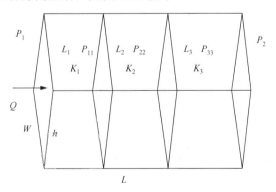

图 12.2　沿复合介质组合方向流动

如图 12.2 所示，第一层介质厚度为 L_1，介质两界面间压力差为 P_{11}，渗透率为 K_1；第二层介质厚度为 L_2，介质两界面间压力差为 P_{22}，渗透率为 K_2；第三层介质厚度为 L_3，介质两界面间压力差为 P_{33}，渗透率为 K_3；介质两端的压力分别为 P_1、P_2；介质断面尺寸为 $W \times L$。

若不考虑流体流动时的质量损失并认为介质间的接触是紧密的，即认为流体不会存储于介质界面间而是继续流动，则有

$$P_2 - P_1 = P_{11} + P_{22} + P_{33} \tag{12.10}$$

$$L = L_1 + L_2 + L_3 \tag{12.11}$$

对每段介质分别展开研究，根据达西定律有

$$Q = \frac{KWh\Delta P}{\mu L} \tag{12.12}$$

则

$$\Delta P = \frac{Q\mu L}{KWh} \tag{12.13}$$

根据各介质的特性，有

$$P_{11} = \frac{Q\mu L_1}{K_1 Wh} ; \quad P_{22} = \frac{Q\mu L_2}{K_2 Wh} ; \quad P_{33} = \frac{Q\mu L_3}{K_3 Wh} \tag{12.14}$$

考虑到式(12.10)所示关系，则

$$\frac{Q\mu L}{KWh} = \frac{Q\mu L_1}{K_1 Wh} + \frac{Q\mu L_2}{K_2 Wh} + \frac{Q\mu L_3}{K_3 Wh} \tag{12.15}$$

式(12.15)消去 $\dfrac{Q\mu}{Wh}$，则

$$\frac{L}{K} = \frac{L_1}{K_1} + \frac{L_2}{K_2} + \frac{L_3}{K_3} \tag{12.16}$$

故复合介质此种条件下的渗透率计算公式为

$$K = \frac{L}{\dfrac{L_1}{K_1} + \dfrac{L_2}{K_2} + \dfrac{L_3}{K_3}} = \frac{L_1 + L_2 + L_3}{\dfrac{L_1}{K_1} + \dfrac{L_2}{K_2} + \dfrac{L_3}{K_3}} \tag{12.17}$$

即

$$K = \dfrac{\displaystyle\sum_{i=1}^{n} L}{\displaystyle\sum_{i=1}^{n} \dfrac{L_i}{K_i}} \qquad\qquad (12.18)$$

12.2　基于不均匀组合介质的等效渗透率理论

同一井田不同矿井的煤层、相同矿井的不同煤层、相同煤层的不同区域都可能存在较大的差异性，这是由煤层的各向异性和不均匀性导致的。若煤层内含有夹矸层，煤层的不均匀性将被明显放大，导致煤层性质发生明显变化，进而影响煤层渗透率的确定。

煤层内含有的夹矸层可以大致分为两类，即透气夹矸层和不透气夹矸层。一般情况下，把渗透率远低于煤层渗透率的夹矸层称为不透气夹矸层，一般认为该类夹矸层的渗透率低于煤层渗透率的 $10^3 \sim 10^5$；把与煤层渗透率基本相当或可比的夹矸层称为透气夹矸层。煤层含有透气夹矸层和不透气夹矸层时，其渗透率的估算方法是不同的。

(1)煤层含有不透气夹矸层时。

煤层含有渗透率远低于煤层渗透率 $10^3 \sim 10^5$ 倍的夹矸层时，称煤层含有不透气夹矸层。

①此种情况下，若瓦斯压力梯度与煤层走向和不透气夹矸层走向一致时，即如图 12.3 所示。

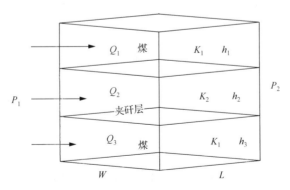

图 12.3　瓦斯压力梯度与煤层、夹矸层走向一致(含不透气夹矸层)

如此种情况时，由于夹矸层不透气，故通过该层的瓦斯量为 0，即 $Q_2=0$，$K_2=0$。此时煤层的渗透率估算可按下式计算：

$$K = K_1 \frac{h_1 + h_3}{h_1 + h_2 + h_3} \tag{12.19}$$

此时，不透气夹矸层实际起到了减小有效透气面积的作用，表现为整体煤层渗透率的降低。

②煤层含有不透气夹矸层时，若瓦斯压力梯度与煤层走向和不透气夹矸层走向垂直、煤层和不透气夹矸层的几何尺度相等时，即如图12.4所示。

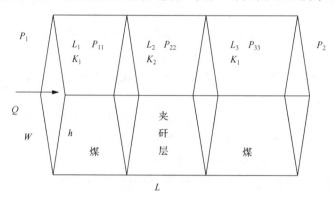

图 12.4　瓦斯压力梯度与煤层、夹矸层走向垂直且几何尺度相等(含不透气夹矸层)

此时，不透气夹矸层几何尺度与煤层尺度大小一致，不透气夹矸层完全阻碍了煤层内瓦斯的运移，表现为煤层整体渗透率极低，或说是不透气煤层。

③煤层含有不透气夹矸层时，若瓦斯压力梯度与煤层走向和不透气夹矸层走向垂直、煤层大于不透气夹矸层的几何尺度时，即如图12.5所示。

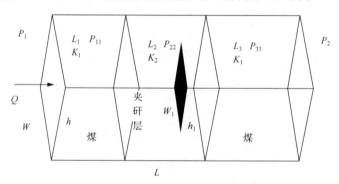

图 12.5　瓦斯压力梯度与煤层、夹矸层走向垂直且几何尺度不等(含不透气夹矸层)

此时夹矸层的宽度为 h_1，厚度为 W_1，均小于煤层的几何尺度。此时，不透气夹矸层将阻碍局部煤层内的瓦斯运移，此时煤层的渗透率计算如下。

瓦斯在各段内的运移特性如下式：

$$Q = \frac{K_1 WhP_{11}}{\mu L_1}; \quad Q = \frac{K_1(W-W_1)(h-h_1)P_{22}}{\mu L_2}; \quad Q = \frac{K_1 WhP_{33}}{\mu L_3} \quad (12.20)$$

则有

$$\frac{Q\mu L_1}{K_1 Wh} + \frac{Q\mu L_2}{K_1(W-W_1)(h-h_1)} + \frac{Q\mu L_3}{K_1 Wh} = \frac{Q\mu L}{KWh} \quad (12.21)$$

消去 $Q\mu$，则

$$\frac{L_1}{K_1 Wh} + \frac{L_2}{K_1(W-W_1)(h-h_1)} + \frac{L_3}{K_1 Wh} = \frac{L}{KWh} \quad (12.22)$$

即

$$K = \frac{K_1 L}{\left[L_1 + \dfrac{WhL_2}{(W-W_1)(h-h_1)} + L_3\right]} \quad (12.23)$$

(2)煤层含有透气夹矸层时。

煤层含有渗透率与煤层渗透率可比时，称煤层内含有透气性夹矸层。

①当夹矸层的渗透率远大于煤层渗透率时，可以认为夹矸层为自由空间，此时含透气夹矸层煤层的渗透率大小由透气夹矸层的渗透率决定。

②当夹矸层的渗透率与煤层渗透率相当时，煤层的渗透率按下述情况计算。

a.此种情况下，若瓦斯压力梯度与煤层走向和透气夹矸层走向一致时，即如图 12.6 所示。

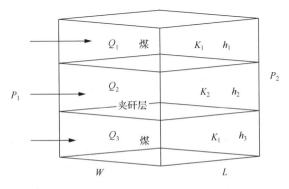

图 12.6　瓦斯压力梯度与煤层、夹矸层走向一致(含透气夹矸层)

此种情况时，煤层和透气夹矸层因渗透率相当，故其之间没有瓦斯的越层流动。这种情况与上面 1)一致。因此，此时煤层的渗透率按式(12.8)计算，即

$$K = \frac{K_1\left(h - h_2\right) + K_2 h_2}{h} \tag{12.24}$$

b.此种情况下，若瓦斯压力梯度与煤层走向和透气夹矸层走向垂直且几何尺度相等时，即如图 12.7 所示。

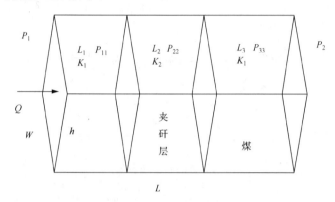

图 12.7　瓦斯压力梯度与煤层、夹矸层走向垂直且几何尺度相等(含透气夹矸层)

此时，透气夹矸层几何尺度与煤层尺度大小一致。此种情况与上面 2)一致。因此，此时煤层的渗透率按式(12.17)计算。将图 12.7 中参数代入式(12.17)，即

$$K = \frac{K_1 K_2 L}{K_2\left(L - L_2\right) + K_2 L_2} \tag{12.25}$$

c.煤层含透气夹矸层时，若瓦斯压力梯度与煤层走向和透气夹矸层走向垂直、煤层大于透气夹矸层的几何尺度时，即如图 12.8 所示。

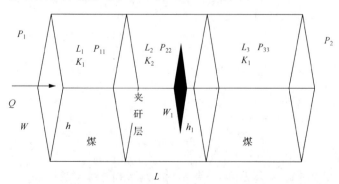

图 12.8　瓦斯压力梯度与煤层、夹矸层走向垂直且几何尺度不等(含透气夹矸层)

此时夹矸层的宽度为 h_1，厚度为 W_1，均小于煤层的几何尺度。透气夹矸层将改变局部煤层内的瓦斯运移，此时煤层的渗透率计算如下。

瓦斯在各段内的运移特性如下式：

$$Q = \frac{K_1 W h P_{11}}{\mu L_1}; \quad Q = \frac{K_1 (W - W_1)(h - h_1) P_{22}}{\mu L_2} + \frac{K_2 W_1 h_1 P_{22}}{\mu L_2}; \quad Q = \frac{K_1 W h P_{33}}{\mu L_3} \quad (12.26)$$

$$\frac{Q \mu L_1}{K_1 W h} + \frac{Q \mu L_2}{K_1 (W - W_1)(h - h_1) + K_2 W_1 h_1} + \frac{Q \mu L_3}{K_1 W h} = \frac{Q \mu L}{K W h} \quad (12.27)$$

消去 $Q\mu$，则

$$\frac{L_1}{K_1 W h} + \frac{L_2}{K_1 (W - W_1)(h - h_1) + K_2 W_1 h_1} + \frac{L_3}{K_1 W h} = \frac{L}{K W h} \quad (12.28)$$

即

$$K = \frac{L}{\dfrac{L - L_2}{K_1} + \dfrac{L_2 W h}{K_1 (W - W_1)(h - h_1) + K_2 W_1 h_1}} \quad (12.29)$$

12.3　不均匀煤层等效渗透率的理论基础

煤层的渗透率计算是一个牵涉瓦斯解吸、瓦斯运移和瓦斯放散的复杂过程，任何一个环节的变化都会表现为煤层渗透率的变化，即必须考虑煤层内瓦斯解吸吸附量的变化、夹矸层与煤层的挤压作用，以及夹矸层与煤层的接触类型对瓦斯流动的影响[152~154]等。主要包括以下因素。

煤层渗透率随瓦斯压力的变化分为三个阶段，且三个阶段内主导因素不同，即气体滑脱效应主导、煤基质变形主导和有效应力主导阶段。

(1)气体滑脱效应主导阶段。

在煤这种似多孔介质中，瓦斯气体的渗流与液体的渗流有本质的区别，就是在多孔介质内部微结构内壁上气体渗流表现出速度不为零的滑脱效应，这一现象在气体分子的平均自由程与孔隙大小的数量级相当时更为明显，宏观表现为以气体为介质测定的煤体渗透率明显大于液体测得的渗透率。为了恰当地描述这一现象，Knudsen 于 1934 年定义了无量纲常数 K_n 作为判断流体流动的标准，即

$$K_n = \frac{\bar{\lambda}}{D} \quad (12.30)$$

式中，$\bar{\lambda}$ 为气体分子的平均自由程；D 为流体连续介质的特征长度。

通过定义的无量纲常数 K_n 的大小，将流体在多孔介质内的流体流动形式分为如表 12.1 所示几类。

表 12.1　多孔介质内流体流动形式

K_n 值	流体流动形式
<0.01	黏滞流动
≈1	滑脱流动
0.01～1	黏滞流动和滑脱流动

滑脱现象存在时气体渗流量计算：如果将似多孔介质煤内的微结构考虑为均质的直毛管束，假设流动方向为 z，在毛管上 z 处任取以单元 Δz，两端的压差为 Δp，毛管直径为 D，煤样单位截面上的毛管数为 n_0，煤样的截面积为 A，则 t 时刻单位时间内流过单元 Δz 的流量 Q_1 为

$$Q_1 = \frac{n_0 A \pi D^4}{128\mu} \frac{\Delta p}{\Delta z} \tag{12.31}$$

考虑气体分子和煤体内微结构壁面的碰撞时，气体分子满足单位时间碰撞在单位面积上的分子数为

$$\frac{n\bar{V}}{4} \tag{12.32}$$

式中，$\bar{V}$ 为分子平均速率；n 为分子数密度。

则单位时间内由 $2\pi(D/2)\Delta z$ 孔隙壁面反射的气体分子动量与压力场关系为

$$\frac{1}{4} n\bar{V} m U_k \pi D \Delta z = \frac{\pi D^2}{4} \Delta p \tag{12.33}$$

式中，μ 为黏滞系数；m 为孔隙壁面反射气体分子的质量；U_k 为气体分子获得宏观定向速度。

考虑到膨胀过程中气体分子经历的空间距离实际为支毛管直径，即为 D，则可得毛管束模型中 t 时刻的滑脱的流量 Q_2 为

$$Q_2 = \frac{n_0 A \pi D^4}{12\mu} \frac{\Delta p}{\Delta z} \tag{12.34}$$

考虑毛管尺寸及截面积、气体运移路径的复杂性，则可得 Q_1、Q_2 为

$$Q_1 = c' \frac{A}{2\mu} \frac{\varphi^3}{\sum^2} \frac{\Delta p}{\Delta z} \tag{12.35}$$

$$Q_2 = c' \frac{16A}{3\mu} \frac{\varphi^3}{\sum^2} \frac{\Delta p}{\Delta z} \tag{12.36}$$

式中，c' 为小于 1 的系数；φ 为孔隙度；$\sum$ 为比面。

则此时气体的渗流速度 V 为

$$V = -\frac{K_g}{\mu} \frac{\Delta p}{\Delta z} \tag{12.37}$$

式中，K_g 为气体渗透率，由式 (12.38) 确定；

$$K_g = K_0 \left(1 + ce^{-D/\lambda} \right) \tag{12.38}$$

式中，K_0 为多孔介质的绝对渗透率。

此时气体的渗流速度为

$$V = -\frac{1}{\mu} \frac{\Delta p}{\Delta z} K_0 \left(1 + ce^{-D/\lambda} \right) \tag{12.39}$$

而达西定律为

$$V = -\frac{1}{\mu} \frac{\Delta p}{\Delta z} K_0 \tag{12.40}$$

式 (12.39) 与式 (12.40) 之间的差异，即滑脱效应引起的偏离。

(2) 煤基质变形主导阶段。

煤是一种典型的似多孔介质，当受到外力作用时，不仅其内的微结构会发生尺寸变化和形状变化，组成煤的主体——煤基质也将发生变形，这也会严重影响煤体内瓦斯气体的流动。煤层内的瓦斯在流动过程中，在微结构的微段内可以视为线性流动且服从达西定律，即

$$q_i = -K_{ij}\varphi \tag{12.41}$$

式中，q_i 为瓦斯渗流速度分量；K_{ij} 为渗透系数张量；φ 为压力势。

瓦斯气体的密度约为空气密度的一半，因此可以忽略其重力产生的势能，

即有

$$\varphi = \frac{p}{\rho g} \tag{12.42}$$

式中，p 为瓦斯压力；ρ 为瓦斯密度；g 为重力加速度。

由式(12.41)和式(12.42)可知：

$$q_i = -\frac{K_{ij}}{\rho g} p \tag{12.43}$$

前人研究表明，煤体这种多孔隙、裂隙介质的渗透系数可以下式表征，即

$$K_{ij} = a_0 \exp(-a_1 \Theta') \tag{12.44}$$

式中，Θ' 为有效体积应力；a_0、a_1 为试验常数。

当煤体受到外界载荷作用发生变形时，变形场由以下三部分组成。

a.平衡方程：由表征单元体处于应力平衡状态，可得出按总应力表示的平衡方程，即

$$\sigma_{ij,j} + f_i = 0 \tag{12.45}$$

式中，f_i 为体积力；$\sigma_{ij,j}$ 为应力张量。

煤体骨架的有效应力由太沙基公式给出，即

$$\sigma'_{ij,j} = \sigma_{ij} - p\delta_{ij} \tag{12.46}$$

式中，$\sigma'_{ij,j}$ 为有效应力的应力张量；δ_{ij} 为 kronecher 符号。

则按有效应力表示的平衡方程为

$$\sigma'_{ij,j} + p\delta_{ij,j} + f_i = 0 \tag{12.47}$$

b.几何变形方程：设煤体骨架所发生的变形均为微小变形，则几何方程可表示为

$$\varepsilon_{ij} = \frac{1}{2}\left(u_{i,j} + u_{j,i}\right) \tag{12.48}$$

式中，ε_{ij} 为应变分量；$u_{i,j}$ 和 $u_{j,i}$ 分别为两个方向的位移分量。

c.本构方程：考虑瓦斯对煤体的作用及煤体在塑性变形中表现出的明显的扩容、应变软化现象，章梦涛等基于内时理论提出了煤与瓦斯耦合作用下的本构方程，即

$$\begin{cases} \sigma'_{kk} = A\varepsilon_{kk} + \sum_d Bp^d + \sum_k Cp^k \\ s'_{ij} = Ge_{ij} + \sum_s Fq_{ij}{}^s \end{cases} \tag{12.49}$$

式中，σ'_{kk} 为有效体积应力；s'_{ij} 为有效偏应力；ε_{kk} 为体积应变；e_{ij} 为偏应变；A、B、C、F、G 为材料常数。

(3) 有效应力主导阶段。

前人的研究表明，煤层瓦斯的渗透率对应力非常敏感，随着应力的增大，煤层瓦斯的渗透率呈下降趋势[155~159]。在外力作用下，煤体发生变形而导致瓦斯流动通道发生变化，从而使煤层瓦斯的渗透率发生变化。

根据太沙基理论及尹光志等的研究成果，在伪三轴压缩条件下煤样受到的有效体积应力可表示为

$$\Theta' = \Theta - \alpha p = (\sigma_1 + 2\sigma_3) - \alpha p \tag{12.50}$$

$$\alpha = \frac{\sigma(1-\varphi)}{p} + \varphi \tag{12.51}$$

$$\sigma = (1-D)E\varepsilon = \frac{2a\rho_1 RT(1-2\mu)}{3V_m}\ln(1+bp) + \frac{(1-D)E\beta\Delta T}{3} - (1-2\mu)\Delta p \tag{12.52}$$

$$\varphi = \frac{\varphi_0 + e - \varepsilon_p + K_r\Delta p(1-\varphi_0) - \beta\Delta T(1-\varphi_0)}{1+e} \tag{12.53}$$

$$\varepsilon_p = \frac{2\rho_2 RTaK_r}{3V_m}\ln(1+bp) \tag{12.54}$$

式中，Θ 为体积应力；Θ' 为有效体积应力；α 为孔隙压力系数；p 为孔隙压力；σ_1 为轴向应力；σ_3 为围压；ρ_1 为气体密度；σ 为总应力；φ、φ_0 为当前孔隙率和初始孔隙率；e 为体积应变；ε_p 为单位体积煤吸附瓦斯产生的膨胀应变；K_r 为体积压缩系数；Δp 为孔隙压力变化量；β 为煤的体积热膨胀系数；T 为绝对温度；ΔT 为绝对温度改变量；V_m 为气体摩尔体积；ρ_2 为煤的视密度；R 为普氏气体常数；a、b 为吸附常数；D 为煤样的损伤变量；E 为煤样的弹性模量；ε 为煤样的应变；μ 为泊松比。

上述式(12.50)和式(12.51)即为有效应力作用下的有效体积应力、等效孔隙压力系数计算式，将之代入式(12.54)中即可得有效应力作用下煤层的渗透特性。

12.4　含单层夹矸煤层的等效渗透率理论试验验证

1) 试验方案

该组试验采用气源为纯瓦斯气体，气体压力设定为 0.2MPa、0.4MPa、0.6MPa、0.8MPa、1.0MPa、1.2MPa 和 1.4MPa。煤粉均采用目数为 40～60 目试样，砂子则为 40～60 目、60～80 目。试验包括六组：A 组：1cm 40～60 目砂子夹矸；B 组：1cm 60～80 目砂子；C 组：3cm 40～60 目砂子夹矸；D 组：3cm 60～80 目砂子夹矸；E 组：5cm 40～60 目砂子夹矸；F 组：5cm 60～80 目砂子夹矸。气体流量的读取采取稳态流动法。

试验过程区别点仅在于试样的装填与制备过程。本章所述夹矸层试样的制备具体过程如下：将试验所用目数煤粉和砂子提前准备好，在块煤瓦斯放散试验装置内放置两片挡板，并将其固定，将腔体空间隔为三部分，夹矸层设置在腔体的正中部。在加煤粉与砂子的过程中，始终保持挡板与腔体的垂直，缓慢按试验要求加入所述煤粉与砂子，当加满整个腔体后，缓慢、垂直取出挡板，然后在混合试样上加上压板，并置于加压装置下对试样进行加压，压力选取 20MPa。加压时采用缓慢加压法，目的是使其均匀充分变形，当达到试验要求 20MPa 后，保持其压力值恒定 30min。试样制备完成后，对其进行密封后即制得试验所需含夹矸层煤试样。

2) 试验数据及分析

根据 Langmuir 渗透率计算公式，对试验数据进行处理，渗透率的计算结果如表 12.2 所示。

表 12.2　试验渗透率

瓦斯压力/MPa	试样渗透率/$10^{-3}\mu m^2$						
	0.2	0.4	0.6	0.8	1.0	1.2	1.4
A 组：1cm 40～60 目砂子	14.2	10.15	7.96	5.7	4.72	5.4	6.7
B 组：1cm 60～80 目砂子	24.88	18.77	16.33	15.46	11.49	9.88	9.09
C 组：3cm 40～60 目砂子	18.47	12.76	11.28	9.8	8.9	8.49	8.87
D 组：3cm 60～80 目砂子	20.47	16.15	13.76	12.37	10.2	8.4	7.93
E 组：5cm 40～60 目砂子	21.77	19.7	15.76	13.42	11.37	10.69	12
F 组：5cm 60～80 目砂子	16.41	13.22	11.26	9.64	7.44	7.93	8.53

(1) 含 40～60 目砂子夹矸层煤粉试样不同压力下的渗透率。

对 A、C、E 三组数据进行拟合分析，可得含夹矸层煤粉不同瓦斯压力时的渗透率变化规律，如图 12.9 所示。

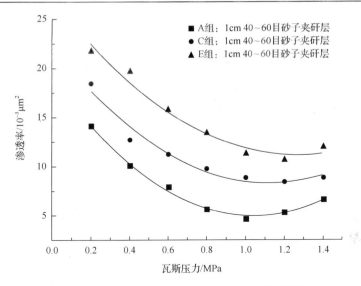

图 12.9　含夹矸层煤粉不同压力下的渗透率(夹矸层厚度 1cm)

对上述三组数据分别做拟合处理，可得

$$K_A = 19.1 - 27.08p + 12.99p^2 \tag{12.55}$$

$$K_C = 22.17 - 24.69p + 11p^2 \tag{12.56}$$

$$K_E = 27.17 - 25.32p + 10.05p^2 \tag{12.57}$$

式中，K_A、K_C、K_E 分别为根据试验 A 组、C 组、E 组计算出的渗透率；p 为瓦斯压力。

相关性系数分别达 0.97685、0.94615、0.96484。

三组试验的变化趋势相同，证明在试验条件下含夹矸层试样渗透率随瓦斯压力的变化符合二次函数关系。瓦斯压力值增大初期，含砂子夹矸层试样的渗透率降低明显，随着瓦斯压力的继续增大渗透率降低缓慢，在试验瓦斯压力值最大处，出现渗透率增大现象。

对比 A、C、E 三组试验，所使用煤粉、砂子均为 40～60 目，瓦斯压力变化对其引起的变化效应相同，而三组试验的夹矸层厚度不同，是三组试验结果不同的关键。随着瓦斯压力的变化，煤粉内存在三种效应作用：滑脱效应、煤基质吸附膨胀效应和气体挤压煤基质变形效应。砂子内存在两种效应：滑脱效应和气体挤压煤基质变形效应。瓦斯压力变化初期，主要考虑滑脱效应与煤基质吸附膨胀变形效应，三组试验降低的幅度：A>C>E。随着瓦斯压力的继续增大，考虑煤基质吸附膨胀变形和气体挤压煤基质变形效应，三组试验出现降低趋势减弱并最后增大现象的顺序为：E>C>A。

夹矸层的存在对试样渗透率影响作用明显，11.2 节试验得到 40～60 目纯砂子渗透率要高于 40～60 目纯煤粉试样渗透率，因此 40～60 目砂子夹矸层的存在增大了煤粉原有的渗透率，且夹矸层厚度越大渗透率增大越多。与第 11 章目数相同全煤粉或全砂子试样渗透率进行对比发现，含夹矸层煤粉试样的渗透率明显高于全煤粉试样渗透率，甚至高于全砂子试样渗透率，证明流体在双相介质中流动与在单相介质中流动作用不同。

(2) 含 60～80 目砂子夹矸层煤粉试样不同压力下的渗透率。

对 B、D、F 三组数据进行拟合分析，可得含夹矸层煤粉不同瓦斯压力时的渗透率变化规律，如图 12.10 所示。

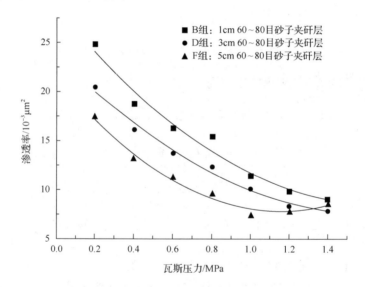

图 12.10　含夹矸层煤粉不同压力下的渗透率(夹矸层厚度 1cm、3cm、5cm)

对上述三组数据分别做拟合处理，可得

$$K_{\text{B}} = 28.634 - 24.18p + 7.3p^2 \tag{12.58}$$

$$K_{\text{D}} = 23.8 - 19.96p + 6.14p^2 \tag{12.59}$$

$$K_{\text{F}} = 21.64 - 24.01p + 10.42p^2 \tag{12.60}$$

式中，K_{B}、K_{D}、K_{F} 分别为根据试验 B 组、D 组、F 组计算出的渗透率；p 为瓦斯压力。

相关性系数分别达 0.95969、0.98547、0.97998。

对 B、D、E 三组试验结果进行分析，与 40～60 目砂子夹矸层不同，60～80 目砂子夹矸层的渗透率小于 40～60 目煤粉渗透率，因此随着夹矸层厚度的增加，渗透率逐渐减小。

12.5　夹矸层对滑脱因子的影响

伴随着常规油气资源百年开发史的发展，油气勘探开发技术日臻完善，常规油气资源储量也得到了迅猛增加。但随着全球经济的快速发展，尤其是发展中国家对能源需求的不断扩大，常规油气资源难以长期稳定地满足经济快速增长的需要，尤其是中国，油气供需矛盾更为突出，这就迫使人们不得不把目光开始转向非常规油气资源，而煤层气就是一种蕴藏丰富的非常规油气资源之一。我国煤层气资源与常规天然气资源储集总量相接近，使之成为一种重要的接替资源。含气煤储层的渗透率是衡量煤层气开发难易程度的重要指标，也对含气煤储层的采收率及产量大小起决定性作用。煤储层渗透率越大，气井的泄气范围就越宽阔，产量也就越高。

在油气藏开采中，表皮系数是评价油气藏伤害程度的一个重要参数，在评价储层完善程度方面占据着十分重要的地位。表皮系数是一个参数，表皮所造成的阻力大小由表皮系数 S 表示。由于钻井、完井及井下作业对地层的污染或改善，近井地层的渗透率将发生变化，从而产生附加阻力。任何引起井筒附近流线发生改变的流动限制，都会产生正表皮系数，反之则形成负表皮系数。

煤层内或多或少地含有各种各样、赋存方式千差万别的夹矸层。煤层内所含夹矸层势必对煤层原有渗透率产生影响，而单纯地依靠实验室煤样测定或者对煤层进行数值模拟分析，忽略了煤层内所含夹矸层产生的影响，并不能准确反映出夹矸层对煤层渗透性的影响。因此，考虑在实验室通过试验，将不同渗透率夹矸层加入试样内进行综合考虑，研究夹矸层对煤层渗透率的影响，提出可以反映煤储层真实渗透率的等效模型，意义将非常深远。

1) 含 40～60 目砂子构成夹矸煤层的滑脱因子的变化

滑脱效应是指气体在介质孔道渗流的过程中，出现在靠近孔道壁表面的气体分子流速不为 0 的现象，如图 12.11(a) 所示。正是由于孔道壁附近的气体流速不为 0，导致气体渗流时出现附加流量，进而提高了介质的渗透性能。而液体在介质孔道中渗流时，在孔道中心的液体分子比靠近孔道壁表面的分子流速要高，在固-液边界处的流速为 0，与气体在介质孔道中渗流的过程完全不同，如图 12.11(b) 所示。

根据所进行的试验研究所得数据和相关的理论基础，对各试样滑脱因子进行计算，结果如表 12.3～表 12.5 所示。

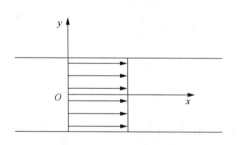

(a) 气体在介质孔道中渗流的过程

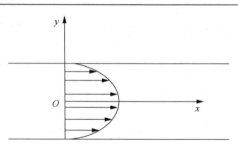

(b) 液体在介质孔道中渗流的过程

图 12.11　多孔介质中气相和液相流动状态

表 12.3　1cm 40～60 目砂子夹矸层条件下试验所得渗透率

试验方案	进口压/MPa	出口压/MPa	$1/P_m$/MPa^{-1}	渗透率/10^{-3}μm^2
1cm 40～60 目砂子夹矸层	0.2	0.1	6.66	14.2
	0.4	0.33	2.74	10.15
	0.6	0.49	1.83	7.96
	0.8	0.73	1.3	5.7
	1.0	0.89	1.06	4.72
	1.2	1.13	0.86	5.4
	1.4	1.35	0.73	6.7

注：P_m 为平均压力的倒数，下同。

表 12.4　3cm 40～60 目砂子夹矸层条件下试验所得渗透率

试验方案	进口压/MPa	出口压/MPa	$1/P_m$/MPa^{-1}	渗透率/10^{-3}μm^2
3cm 40～60 目砂子夹矸层	0.2	0.1	6.66	18.47
	0.4	0.22	3.16	12.76
	0.6	0.55	1.73	11.28
	0.8	0.76	1.27	9.8
	1.0	0.96	1.02	8.9
	1.2	1.15	0.84	8.49
	1.4	1.35	0.73	8.87

表 12.5　5cm 40～60 目砂子夹矸层条件下试验所得渗透率

试验方案	进口压/MPa	出口压/MPa	$1/P_m$/MPa^{-1}	渗透率/10^{-3}μm^2
5cm 40～60 目砂子夹矸层	0.2	0.1	6.66	21.77
	0.4	0.3	2.85	19.7
	0.6	0.53	1.76	15.76
	0.8	0.7	1.33	13.42
	1.0	0.84	1.08	11.37
	1.2	1.14	0.85	10.69
	1.4	1.31	0.73	12

对计算所得各试样滑脱因子 b 进行拟合求解，可得图 12.12 所示结果。

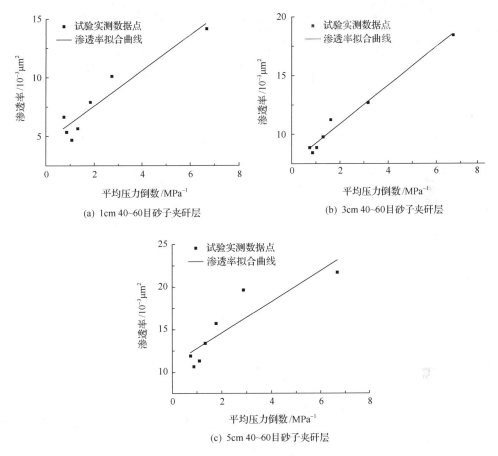

图 12.12　含不同夹矸层厚度煤粉的渗透率拟合曲线（夹矸层颗粒组成 40～60 目）

对图 12.12 中三条曲线利用最小二乘法做拟处理，可得拟合方程，如表 12.6 所示。

表 12.6　各试验所得渗透率数据拟合方程（夹矸层颗粒组成 40～60 目）

试样	拟合方程	相关性系数
1cm 40～60 目砂子夹矸层	$y = 4.57 + 1.51x = 4.57(1 + 0.33 / p)$	0.88000
3cm 40～60 目砂子夹矸层	$y = 7.64 + 1.64x = 7.64(1 + 0.214 / p)$	0.97609
5cm 40～60 目砂子夹矸层	$y = 10.95 + 1.83x = 10.95(1 + 0.167 / p)$	0.75631

故试验可得滑脱因子和液测渗透率如表 12.7 和图 12.13 所示。

表 12.7   试验所得滑脱因子和液测渗透率(夹矸层颗粒组成 40～60 目)

试样	滑脱因子/MPa^{-1}	液测渗透率/mD
1cm 40～60 目砂子夹矸层	0.33	4.57
3cm 40～60 目砂子夹矸层	0.214	7.64
5cm 40～60 目砂子夹矸层	0.167	10.95

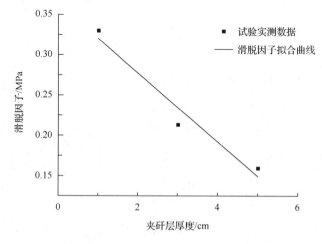

图 12.13   滑脱因子的拟合曲线(40～60 目砂子夹矸层)

对图 12.13 的曲线进行拟合,可得方程为 $y = 0.36 - 0.0425x$,相关性系数为 0.91509。

滑脱因子是象征气体在多孔介质内流动过程中滑脱效应强弱的指标。在瓦斯压力较低区域,滑脱效应影响作用明显。对比三组试样的滑脱因子大小,随着夹矸层厚度的增加,滑脱因子逐渐减小,与夹矸层厚度呈线性分布。平均粒径相同的砂子和煤粉在相同压力压制作用下所制备试样的平均孔隙通道相同,理论上滑脱效应影响程度相同,但煤基质对甲烷分子的吸附作用改变了这一情况,由于本试验仪器腔体固定,煤基质吸附甲烷分子产生的变形将全部向内挤压原有孔隙通道,导致气体在煤粉中运动时滑脱效应更强。

2)含 60～80 目砂子构成夹矸煤层的滑脱因子的变化

将含不同厚度夹矸层(60～80 目砂子)的试验结果进行分析,可得各试验条件下的滑脱因子,如表 12.8～表 12.10 所示。

表 12.8　1cm 60～80 目砂子夹矸层条件下试验所得渗透率

试验方案	进口压 /MPa	出口压 /MPa	$1/P_m$ /MPa^{-1}	渗透率 /10^{-3}μm^2
	0.2	0.1	6.66	24.88
	0.4	0.2	3.33	18.77
	0.6	0.49	1.81	16.33
1cm 60～80 目砂子夹矸层	0.8	0.74	1.3	15.46
	1.0	0.91	1.04	11.49
	1.2	1.15	0.85	9.88
	1.4	1.35	0.727	9.09

表 12.9　3cm 60～80 目砂子夹矸层条件下试验所得渗透率

试验方案	进口压 /MPa	出口压 /MPa	$1/P_m$ /MPa^{-1}	渗透率 /10^{-3}μm^2
	0.2	0.1	6.66	20.47
	0.4	0.3	2.85	16.15
	0.6	0.51	1.8	13.76
3cm 60～80 目砂子夹矸层	0.8	0.7	1.33	12.37
	1.0	0.92	1.04	10.2
	1.2	1.16	0.84	8.4
	1.4	1.33	0.73	7.93

表 12.10　5cm 60～80 目砂子夹矸层条件下试验所得渗透率

试验方案	进口压 /MPa	出口压 /MPa	$1/P_m$ /MPa^{-1}	渗透率 /10^{-3}μm^2
	0.2	0.1	6.66	16.41
	0.4	0.32	2.77	13.22
	0.6	0.52	1.78	11.26
5cm 60～80 目砂子夹矸层	0.8	0.71	1.32	9.64
	1.0	0.91	1.05	7.44
	1.2	1.14	0.85	7.93
	1.4	1.35	0.73	8.53

　　根据滑脱因子的计算理论，对试验中表现出的滑脱效应进行图形化处理，可得滑脱因子 b，如图 12.14 所示。

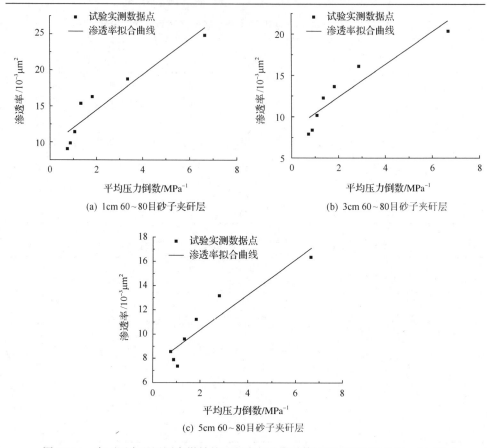

图 12.14　含不同夹矸层厚度煤粉的渗透率拟合曲线（夹矸层颗粒组成 60～80 目）

对图 12.14 中三条曲线进行拟合处理，可得拟合方程，如表 12.11 所示。

表 12.11　各试验所得渗透率数据拟合方程（夹矸层颗粒组成 60～80 目）

试样	拟合方程	相关性系数
1cm 60～80 目砂子夹矸层	$y = 9.64 + 2.44x = 9.64(1 + 0.254/p)$	0.84966
3cm 60～80 目砂子夹矸层	$y = 8.44 + 1.97x = 8.44(1 + 0.233/p)$	0.82950
5cm 60～80 目砂子夹矸层	$y = 7.5 + 1.44x = 7.5(1 + 0.186/p)$	0.84757

可得试验滑脱因子和液测渗透率，如表 12.12 和图 12.15 所示。

表 12.12　试验所得滑脱因子和液测渗透率（夹矸层颗粒组成 60～80 目）

试样	滑脱因子/MPa^{-1}	液测渗透率/mD
1cm 60～80 目砂子夹矸层	0.254	9.64
3cm 60～80 目砂子夹矸层	0.233	8.44
5cm 60～80 目砂子夹矸层	0.186	7.5

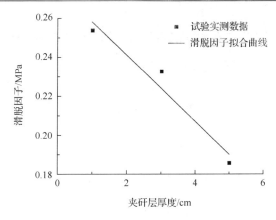

图 12.15　滑脱因子的拟合曲线（60～80 目砂子夹矸层）

对图 12.15 中数据进行拟合分析，可得拟合方程为 $y = 0.27533 - 0.017x$，相关性系数为 0.90707。与 40～60 目砂子夹矸层相同，滑脱因子大小随着夹矸层厚度的增加呈线性降低的规律。

从两种不同粒径砂子构成的夹矸层试验可以看出，夹矸层对煤层的渗透率存在影响，随着夹矸层厚度的增加滑脱效应减弱，从而弱化了其在低瓦斯压力条件下对煤层内瓦斯渗透率的贡献作用。肖晓春和潘一山在《低渗煤储层气体滑脱效应试验研究》中，通过试验求得其煤样在不同围压条件下的滑脱因子在 0.472～3.231MPa，且同一试样随着围压的增大，滑脱因子逐渐增大。低渗煤层的渗透率很小，滑脱因子较大，因此在低瓦斯压力范围内滑脱效应的贡献很大，这对研究低渗煤层中的滑脱效应研究至关重要，而煤层含有夹矸层对滑脱效应的作用有明显的减弱作用。

12.6　夹矸层对煤基质吸附膨胀变形的影响

煤基质吸附甲烷分子后会产生膨胀变形，在均质结构中这一变化将是均匀的。本书中用于模拟夹矸层的砂子对甲烷分子没有吸附作用，因此本书涉及试验中的夹矸层存在将导致分子吸附层的变化。两相介质的流动将与单相均匀介质明显不同，一方面由于气体在二者流动性质的不同，本书体现为介质对气体是否存在吸附作用；另一方面在于二者在瓦斯气体压力作用下状态变化的不同，即二者间可能存在相互作用而产生变形，而相互之间的变形势必对两相介质产生截然相反方向上的作用，即挤压方孔隙度将增加，渗透能力增强；被挤压方孔隙度将减小，渗透能力减弱。

1) 含 40～60 目砂子构成夹矸层对煤基质吸附膨胀变形产生的影响

多孔介质渗透率随孔隙率变化的 Kozeny-Carman 方程为

$$k = \frac{\varphi}{k_z S_p^2} = \frac{\varphi^3}{k_z \sum^2} \tag{12.61}$$

式中，k_z 为无量纲常数，取值约为 5；φ 为孔隙率；$\sum$ 为单位体积多孔介质内孔隙的表面积，cm^2；S_p 为孔隙介质单位孔隙体积的孔隙表面积，cm^2，可以由下式表示：

$$S_p = \frac{A_s}{V_p} \tag{12.62}$$

式中，A_s 为多孔介质孔隙的总表面积，cm^2；V_p 为多孔介质的孔隙体积，cm^3。

A 组含夹矸层试样孔隙率计算如下：

$$\varphi_0 = \frac{V_p}{V_b} = \frac{V_{ps} + V_{pc}}{V_b} = \frac{11}{12}\varphi_{0c} + \frac{1}{12}\varphi_{0s} \tag{12.63}$$

式中，V_p 为孔隙体积，cm^3；V_b 为试样外观体积，cm^3；下角标 0 代表初始状态，c 代表煤基质(coal)，s 代表砂子夹矸(sand)。

含夹矸层试样总体的孔隙率包括两部分，即煤粉部分孔隙率和砂子部分孔隙度。根据第 11 章假设，相同平均粒径的砂子和煤粉在相同轴压下制备所得试样的初始孔隙率相等，故充入瓦斯后仅存在煤粉部分孔隙因煤基质吸附甲烷分子形成吸附膨胀而被挤压。煤粉部分与砂子部分的界面存在作用力，砂子部分在瓦斯压力作用下产生的膨胀要大于煤基质的吸附膨胀变形。因此理论上砂子会挤压煤基质，但从整个试样的角度来看，砂子部分膨胀的空间和煤粉部分被挤压的体积相同，因此试样的整体孔隙率不变。因此做出如下假设，即煤粉与砂子界面不存在相互作用力，二者在瓦斯气体压力作用下发生变化时其相对位置不变，只产生自身的变形。因此，含夹矸层煤层在瓦斯压力的作用下，只存在煤粉部分的吸附膨胀作用产生的向内挤压作用。

对式(12.63)做如下变换：

$$\varphi = 1 - \frac{11(1-\varphi_0)\varepsilon_p}{12\varphi_0} \tag{12.64}$$

夹矸层试样示意图如图 12.16 所示。图中 A、C 部分均为 5.5cm 40～60 目煤粉，B 部分为 40～60cm 砂子，设煤粉与砂子交界面的气体压力为 P_1 和 P_2。

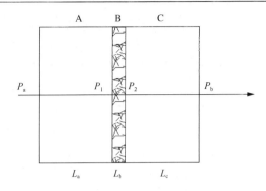

图 12.16　含夹矸层试样

P_a-进口压力；P_b-出口压力；L_a-A 部分煤体厚度；L_b-夹矸层厚度；L_c-C 部分煤体厚度

根据线性达西定律：

$$Q = -\frac{kA}{\mu} \cdot \frac{\mathrm{d}p}{\mathrm{d}l} \tag{12.65}$$

式中，Q 为气体流量；k 为渗透率；μ 为流体的动力黏度；$\dfrac{\mathrm{d}p}{\mathrm{d}l}$ 为瓦斯压力梯度。

A、B、C 三部分均为均匀介质，故假设气体在三部分内的流动均符合线性达西定律，根据质量守恒得到三部分流量相等，即

$$Q = Q_1 = Q_2 = Q_3 \tag{12.66}$$

式中，Q_1、Q_2、Q_3 分别为图 12.16 中 A、B、C 部分的气体流量。

此流量象征着各部分在所处压差下流动能力的大小，并不仅仅指气体流量。将各部分代入得

$$Q = \frac{k_a A}{2P_0\mu} \frac{P_a^2 - P_1^2}{L_a} = \frac{k_b A}{2P_0\mu} \frac{P_1^2 - P_2^2}{L_b} = \frac{k_c A}{2P_0\mu} \frac{P_2^2 - P_b^2}{L_c} = \frac{k_{\mathrm{deng}} A}{2P_0\mu} \frac{P_a^2 - P_b^2}{L} \tag{12.67}$$

式中，A 为图 12.16 中试样的截面积；k_a、k_b、k_c 分别为图 12.16 中 A、B、C 部分的渗透率；k_{deng} 为含夹矸层试样的等效渗透率；P_1、P_2 分别为夹矸层入口、出口处的瓦斯压力。

A、C 两部分煤粉孔隙度、试样长度完全一样，故 A、C 两部分渗透率相同，从第 11 章内容可以得到相同条件下制备所得的相同目数煤粉试样与砂子试样的渗透率，计算二者的比值如下。

将式(12.67)变形得

$$k_{\mathrm{deng}} = \frac{11k_{\mathrm{coal}}}{12} + \frac{k_{\mathrm{sand}}}{12} \tag{12.68}$$

式中，k_{coal} 为煤样的渗透率；k_{sand} 为夹矸层的渗透率。

代入上述试验结果得知，二者并不相等，假设不成立，即在含夹矸层试样的瓦斯渗流试验中，通入瓦斯气体后煤层和夹矸层将产生相互挤压。周动等在《煤吸附解吸甲烷细观结构变形试验研究》文章中，利用扫描电镜和 CT 扫描相结合的办法，从细观角度分析了煤体内不同部位在不同吸附压力下的变形情况，其中关于煤内含夹矸层部位的变形值得借鉴。煤样是煤基质中含有少量黏土矿物质的天然非均质岩体，其中在黏土矿物团簇区域与本书试验内容相似。在黏土矿物团簇区域，CT 扫描图像中呈亮白色，试样中充入瓦斯气体后，该区域像素数减少，表明此区域发生明显的膨胀变形。黏土矿物团簇区域中间密度较大，此部分膨胀变形相对较小；与煤基质接触的界面部分密度较低，膨胀变形却相对较大。瓦斯吸附压力升高后，此区域进一步产生膨胀变形，黏土矿物中心位置的密度下降量增大，团簇边缘密度下降量与其邻近的煤基质密度升高量减小，即局部应力重新分布，二者边界区域挤压效应减小。

设二者间的挤压变形为 ΔV，则有

$$\Delta V = \Delta L \times A \tag{12.69}$$

式中，ΔV 为挤压产生的体积变形；ΔL 为挤压产生的长度变化；A 为试样的截面积。

则得到含夹矸层煤等效渗透率计算公式为

$$\begin{cases} k_{deng} = \dfrac{L_{coal} - \Delta L}{L} k_{coal} \left(\dfrac{\varphi_{coal}}{\varphi_0} \right)^3 + \dfrac{L_{sand} + \Delta L}{L} k_{sand} \left(\dfrac{\varphi_{sand}}{\varphi_0} \right)^3 \\ \dfrac{\varphi_{coal}}{\varphi_0} = \dfrac{V_{pore\text{-}coal} - \Delta V}{V_{coal} - \Delta V} \\ \dfrac{\varphi_{sand}}{\varphi_0} = \dfrac{V_{pore\text{-}sand} + \Delta V}{V_{sand} + \Delta V} \end{cases} \tag{12.70}$$

式中，k_{deng} 为含夹矸层试样的等效渗透率；L_{coal} 为含夹矸层试样中纯煤样的长度；ΔL 为挤压产生的长度变化；k_{coal} 为煤样的渗透率；φ_{coal} 为煤样的孔隙率；φ_0 为含夹矸层试样的孔隙率；L_{sand} 为含夹矸层试样中夹矸层的长度；L 为含夹矸层试样的长度；φ_{sand} 为夹矸层的孔隙率；$V_{pore\text{-}coal}$ 为含夹矸层试样中煤的孔隙体积；V_{coal} 含夹矸层试样中煤样的体积；$V_{pore\text{-}sand}$ 为含夹矸层试样中夹矸层的孔隙体积；V_{sand} 含夹矸层试样中夹矸层的体积。

现对式(12.70)进行简化求导，做以下假设：

现以 A 组：1cm 40～60 目砂子构成的夹矸层为例详细计算，即

$$\Delta V = C \times V_{\text{pore-sand}} \tag{12.71}$$

定义 C 为挤压系数，则

$$
\begin{cases}
\dfrac{\varphi_{\text{sand}}}{\varphi_0} = \dfrac{1+C}{1+C\varphi_0} \\[4mm]
\dfrac{\varphi_{\text{coal}}}{\varphi_0} = \dfrac{1 - \dfrac{L_{\text{sand}}C}{L_{\text{coal}}}}{1 - \dfrac{L_{\text{sand}}C\varphi_0}{L_{\text{coal}}}} \\[6mm]
\Delta L = C\varphi_0 L_{\text{sand}}
\end{cases}
\tag{12.72}
$$

含夹矸层试样是在瓦斯密封腔内直接压制、密封并进行试验，故初始的 φ_0 并未测得，但可根据表 12.13 进行估计。

表 12.13　孔隙率估算表

级别	孔隙度/%	渗透率/mD	评价
特高	>30	>2000	极好
高	25~30	500~2000	好
中	15~25	100~500	一般
低	10~15	10~100	差
特低	<10	<10	极差

取试样的初始孔隙度为 10%，代入求得含夹矸层试样等效渗透率公式：

$$
k_{\text{deng}} = \frac{L_{\text{coal}} - C\varphi_0 L_{\text{sand}}}{L} K_{\text{coal}} \left(\frac{1 - \dfrac{L_{\text{sand}}C}{L_{\text{coal}}}}{1 - \dfrac{L_{\text{sand}}C\varphi_0}{L_{\text{coal}}}} \right)^3 + \frac{L_{\text{sand}} + C\varphi_0 L_{\text{sand}}}{L} K_{\text{sand}} \left(\frac{1+C}{1+C\varphi_0} \right)^3
\tag{12.73}
$$

A 组试验时，含 1cm 40~60 目砂子夹矸层的挤压系数计算结果如表 12.14 所示。

从试验数据分析可知：

挤压系数 C 随着瓦斯气体压力变化的过程为：挤压系数 C 随着瓦斯气体压力的增大呈先减小后增大的规律。挤压系数 C 是煤粉与夹矸两相介质在瓦斯压力作用下不同反应间的相互作用，即煤粉的吸附膨胀变形与气体压力增大的砂子构成夹矸层的膨胀作用。虽然在相同瓦斯压力作用下两相介质的孔隙压力相同，但所表现出的有效应力却不相同。

表 12.14　1cm 40～60 目砂子夹矸层的计算结果

瓦斯压力/MPa	k_{deng} /$10^{-3}\mu m^2$	k_{sand} /$10^{-3}\mu m^2$	k_{coal} /$10^{-3}\mu m^2$	C	ΔV /cm³
0.2	14.2	13.48	9.12	1.066	13.43
0.4	10.15	11.68	8.39	0.607	7.64
0.6	7.96	9.57	7.49	0.2742	3.454
0.8	5.7	7.6	5.99	−2.52	−31.7
1.0	4.72	5.24	3.86	0.6539	8.23
1.2	5.4	4.6	3.18	1.2119	15.27
1.4	6.7	5.9	3.46	1.2534	15.79

多孔介质的有效应力公式如下：

$$\sigma_{eff} = \sigma - \alpha p \tag{12.74}$$

式中，σ_{eff} 为有效应力；σ 为应力；p 为孔隙应力；α 为多孔介质有效应力系数，其数值大小反映孔隙压力(内压)对多孔介质有效应力的贡献。

众多学者在进行分析时，认为其值等于多孔介质的孔隙度。试验中，相同平均粒径的煤粉与砂子两相介质的初始孔隙度相同，但随着瓦斯气体的通入及煤基质的瓦斯吸附，煤粉内的孔隙将明显降低，而孔隙压力将对多孔介质产生向外的应力作用，有效应力系数的降低将弱化其对多孔介质向外膨胀的促进。夹矸层厚度为 3cm、5cm 时也有相同规律，如表 12.15 和表 12.16 所示。

表 12.15　C 组：3cm 40～60 目砂子夹矸层的计算结果

瓦斯压力/MPa	k_{deng} /$10^{-3}\mu m^2$	k_{sand} /$10^{-3}\mu m^2$	k_{coal} /$10^{-3}\mu m^2$	C	ΔV /cm³
0.2	18.47	13.48	9.12	1.01	38.17
0.4	12.76	11.68	8.39	0.74	27.97
0.6	11.28	9.57	7.49	0.504	19.05
0.8	9.8	7.6	5.99	0.559	21.13
1.0	8.9	5.24	3.86	0.93	35.15
1.2	8.49	4.6	3.18	1.01	38.17
1.4	8.87	5.9	3.46	0.84	31.75

表 12.16　E 组：5cm 40～60 目砂子夹矸层的计算结果

瓦斯压力/MPa	k_{deng} /$10^{-3}\mu m^2$	k_{sand} /$10^{-3}\mu m^2$	k_{coal} /$10^{-3}\mu m^2$	C	ΔV /cm^3
0.2	21.77	13.48	9.12	0.606	38.178
0.4	17.7	11.68	8.39	0.559	35.217
0.6	15.76	9.57	7.49	0.615	38.745
0.8	13.42	7.6	5.99	0.665	41.895
1.0	11.37	5.24	3.86	0.816	51.408
1.2	10.69	4.6	3.18	0.867	54.621
1.4	12	5.9	3.46	0.772	48.6612

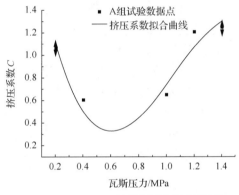

(a) 1cm 40～60目砂子夹矸层的计算结果

(b) 3cm 40～60目砂子夹矸层的计算结果　　　(c) 5cm 40～60目砂子夹矸层的计算结果

图 12.17　各条件下挤压系数拟合图（40～60 目情况）

表 12.17　各条件下挤压系数的拟合方程（40～60 目情况）

试样	拟合方程	相关性系数
1cm 40～60 目砂子夹矸层	$y = 2.27 - 7.48x + 8.72x^2 - 2.77x^3$	0.85114
3cm 40～60 目砂子夹矸层	$y = 1.98 - 6.14x + 8.023x^2 - 3x^3$	0.71864
5cm 40～60 目砂子夹矸层	$y = 0.84 - 1.69x + 2.839x^2 - 1.19x^3$	0.94546

分析表 12.15～表 12.17 和图 12.17 反映出的规律可知：

含夹矸层试样内，煤粉与夹矸层两相间的挤压变形由二者在瓦斯压力作用下的各自膨胀变形所致。从三组拟合曲线可以看出，挤压系数都经历了先减小后增大的过程，并在试验瓦斯压力值的末端产生减小现象。瓦斯压力变化初期，煤粉随着瓦斯压力的增大而迅速膨胀，三组试样都有不同程度的减小，随着吸附的饱和，煤粉相的膨胀作用逐渐达到饱和峰值，而砂子相内的膨胀变形可以看做是随瓦斯气体压力的线性变化。对于瓦斯气体压力为 1.4MPa 时的挤压系数减小，其原因为前面所述的气体压力对试样颗粒的挤压，导致相对加压作用的减小。

对比三者降低阶段，A 组下降幅度明显大于 C 组，C 组下降幅度明显大于 E 组，随着砂子构成夹矸层厚度的增加，煤粉在含夹矸层试样内所占比重减小，因此其吸附瓦斯后产生的膨胀变形相对于整个试样的影响减小。三组试样的挤压系数产生转折时所对应的压力值变小，同样是由于煤粉吸附膨胀变形对整个试样的效用降低。

三组拟合曲线，A 组形状最陡，C 组次之，E 组最为平缓。

2) 含 60～80 目砂子构成夹矸层对煤基质吸附膨胀变形产生的影响

条件不同时挤压系数可能也不相同。当含有的夹矸层由 60～80 目砂子组成时，其挤压系数的计算如表 12.18～表 12.20 所示。

表 12.18　B 组：1cm 60～80 目砂子夹矸层的计算结果

瓦斯压力/MPa	k_{deng} /$10^{-3}\mu m^2$	k_{sand} /$10^{-3}\mu m^2$	k_{coal} /$10^{-3}\mu m^2$	C	ΔV /cm^3
0.2	24.88	8.98	9.12	2.52	31.75
0.4	18.77	7.3	8.39	2.33	29.35
0.6	16.33	5.54	7.49	2.54	32.05
0.8	15.46	4.46	5.99	2.68	33.84
1.0	11.49	3.46	3.86	2.85	35.92
1.2	9.88	2.74	3.18	2.94	37.04
1.4	9.09	1.83	3.46	3.6	45.36

表 12.19　D 组：3cm 60~80 目砂子夹矸层的计算结果

瓦斯压力/MPa	k_{deng} /$10^{-3}\mu m^2$	k_{sand} /$10^{-3}\mu m^2$	k_{coal} /$10^{-3}\mu m^2$	C	ΔV /cm^3
0.2	20.47	8.98	9.12	1.19	44.98
0.4	16.15	7.3	8.39	1.14	43.09
0.6	13.76	5.54	7.49	1.25	47.25
0.8	12.37	4.46	5.99	1.37	51.78
1.0	10.2	3.46	3.86	1.45	54.81
1.2	8.4	2.74	3.18	1.49	56.32
1.4	7.93	1.83	3.46	1.88	71.06

表 12.20　F 组：5cm 60~80 目砂子夹矸层的计算结果

瓦斯压力/MPa	k_{deng} /$10^{-3}\mu m^2$	k_{sand} /$10^{-3}\mu m^2$	k_{coal} /$10^{-3}\mu m^2$	C	ΔV /cm^3
0.2	17.41	8.98	9.12	0.72	45.36
0.4	13.22	7.3	8.39	0.67	42.21
0.6	11.26	5.54	7.49	0.754	47.5
0.8	9.64	4.46	5.99	0.803	50.58
1.0	7.44	3.46	3.86	0.803	50.58
1.2	7.93	2.74	3.18	1.03	64.89
1.4	8.53	1.83	3.46	1.44	90.72

将表 12.18~表 12.20 中的数据图形化并进行拟合分析，结果如图 12.18 所示。

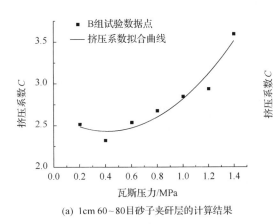

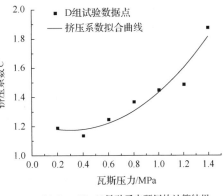

(a) 1cm 60~80 目砂子夹矸层的计算结果　　　　　　(b) 3cm 60~80 目砂子夹矸层的计算结果

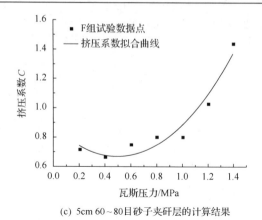

(c) 5cm 60~80 目砂子夹矸层的计算结果

图 12.18　各条件下挤压系数拟合图(60~80 目情况)

表 12.21　各条件下挤压系数的拟合方程(60~80 目情况)

试样	拟合方程	相关性系数
1cm 60~80 目砂子夹矸层	$y = 2.62 - 0.91x + 1.1x^2$	0.90755
3cm 60~80 目砂子夹矸层	$y = 1.22 - 0.31x + 0.526x^2$	0.90567
5cm 60~80 目砂子夹矸层	$y = 0.886 - 0.866x + 0.868x^2$	0.91226

分析表 12.18~表 12.21 和图 12.18 反映出的规律可知:

含夹矸层试样内,煤粉与夹矸层两相间的挤压变形由二者在瓦斯压力下的各自膨胀变形产生。从三组拟合曲线可以看出,挤压系数都经历了先减小后增大。气体瓦斯压力变化初期,煤粉随着瓦斯压力的增大而迅速膨胀,三组试样都有不同程度的减小,随着吸附的饱和,煤粉相的膨胀作用逐渐达到饱和峰值,而砂子相内,其膨胀变形可以看做是随瓦斯气体压力的线性变化,对于瓦斯气体压力为1.4MPa 时的挤压系数减小,根据前面提到的为气体压力对试样颗粒的挤压,导致相对加压作用的减小,与前述试样基本一致。

对比三者降低阶段,B 组下降幅度明显大于 D 组,D 组下降幅度明显大于 F 组,随着砂子夹矸层厚度的增加,煤粉在含夹矸层试样内所占比重减小,因此其吸附瓦斯产生的膨胀变形相对于整个试样的影响减小。三组试样的挤压系数产生转折时所对应的压力值变小,同样是由于煤粉吸附膨胀变形对整个试样的效用降低。

3) 40~60 目夹矸层与 60~80 目夹矸层对比分析

40~60 目砂子夹矸层试样与 60~80 目砂子夹矸层试样随着瓦斯气体压力的变化规律相同,即随着瓦斯气体压力的增大出现先减小后增大的现象,此现象为煤粉、砂子两相介质在不同瓦斯气体压力作用下不同程度的变形耦合导致,且随着夹矸层厚度的增加变形程度相对平缓。

因其所含夹矸层砂子目数不同,以及所使用煤粉试样的渗透率不同,二者同样存在如下不同点:

①40~60 目砂子夹矸层渗透率大于 40~60 目煤粉渗透率,因此随着夹矸层厚度的增加,含夹矸层试样的等效渗透率逐渐增大,40~60 目砂子夹矸层的存在对于等效渗透率的贡献为正;而 60~80 目砂子夹矸层渗透率小于 40~60 目煤粉渗透率,且随着夹矸层厚度的增加,含夹矸层试样的等效渗透率逐渐减小,因此其存在对含夹矸层试样的等效渗透率贡献为负。

②40~60 目砂子夹矸层挤压系数随瓦斯气体压力呈三次函数分布,而 60~80 目砂子夹矸层挤压系数呈二次函数分布。在瓦斯气体压力变化初期,二者都经历了不同程度的减小且随后增大,所不同的地方是 40~60 目砂子夹矸层出现下降的趋势,而 60~80 目砂子构成夹矸层却未出现此过程。虽然两相介质试验挤压制备过程相同,但理论上二者的孔隙结构还是有不同的地方,60~80 目砂子夹矸层试样的孔隙度是较低的,并且试验条件下的瓦斯气体压力值相对较小,瓦斯气体压力值可能并未达到产生降低趋势所对应的瓦斯气体压力点。

③40~60 目砂子构成夹矸层试样,不同厚度夹矸层的挤压系数随着瓦斯气体压力的增大拟合曲线形状逐渐变缓,而 60~80 目砂子构成夹矸层试样的整个过程都比较缓和。

12.7　含双层夹矸煤层的等效渗透率理论试验验证

夹矸在煤层中的赋存形式复杂,单纯地考虑尺度并不全面,因此考虑将多层夹矸层与无夹矸层、单夹矸层煤粉试验进行比较,从层数和尺度两方面考虑含夹矸层煤层的等效渗透性非常必要。含多层夹矸时,又以含双层夹矸最为简单且具有代表性(主要指对煤层的分割方面),如图 12.19 所示。

(a) 无夹矸层　　　　　　　　　　　　　　　(b) 含单层夹矸

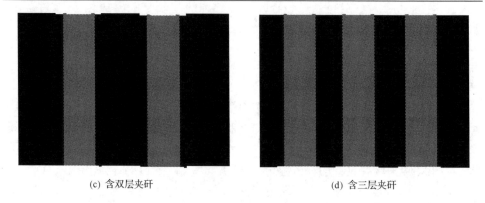

(c) 含双层夹矸　　　　　　　　　　　　(d) 含三层夹矸

图 12.19　含夹矸层煤层的代表性

由图 12.19 可知，含双层夹矸的情况时，夹矸把煤层分割为三部分，而这三部分的特点既包括无夹矸层情况，又包括含单层夹矸把煤层分割为两部分的情况，还可以代表含三层夹矸时把煤层分割的情况，但比含三层夹矸煤层的情况要简单得多。故，以含双层夹矸的煤层为代表进行相关研究，既具有代表性，又简洁。

1) 试验方案

该组试验采用气源为纯瓦斯气体，气体压力设定为 0.2MPa、0.4MPa、0.6MPa、0.8MPa、1.0MPa、1.2MPa 和 1.4MPa。煤粉均采用目数为 40～60 目试样，砂子组则为 40～60 目。试验包括两组：A 组：双层(1+2)cm 40～60 目砂子夹矸层；B 组：双层(2+3)cm 40～60 目砂子夹矸层，并将单层夹矸(3cm、5cm)计算结果放在一起对比分析，气体流量的读取采取稳态流动法。

试验过程与 12.6 节试验的区别仅在于试样的装填与压制。本节所述夹矸层试样制备的具体过程如下：将试验所用目数煤粉和砂子提前准备好，在块煤瓦斯放散特性试验设备的腔体内放置两片挡板，并将其固定，将腔体空间隔为五部分，夹矸层设置在腔体的正中间。在加煤粉与砂子的过程中，始终保持挡板与腔体的垂直，缓慢按试验要求加入 40～60 目和 60～80 目对应情况的煤粉与砂子，当加满整个腔体后缓慢、垂直取出挡板，然后在混合试样上加上压板，并置于加压装置下对试验进行施压，压力选取 20MPa。缓慢加压的目的是使其均匀充分变形，当压力达到试验要求 20MPa 后，保持其压力值恒定 30min。制备试样完成后对其进行密封，完成含夹矸层煤粉试验的压制。

2) 试验数据及分析

(1) 渗透率估算研究。

根据 Langmuir 渗透率计算公式对试验数据进行处理，可得以下渗透率计算结果，如表 12.22 所示。

表 12.22　试验渗透率

瓦斯压力/MPa	试样渗透率/$10^{-3}\mu m^2$						
	0.2	0.4	0.6	0.8	1.0	1.2	1.4
A 组：（1+2）cm 40～60 目砂子夹矸层	17.25	14.08	10.88	7.93	5.16	6.68	7.33
B 组：（2+3）cm 40～60 目砂子夹矸层	21.25	13.54	11.69	10.13	8.63	6.62	9.69
C 组：3cm 40～60 目砂子夹矸层	18.47	14.76	11.28	9.8	8.9	8.49	8.87
D 组：5cm 40～60 目砂子夹矸层	21.77	19.7	15.76	13.42	11.37	10.69	12

将相同夹矸厚度的单层夹矸层试样与双层夹矸层试样试验结果进行拟合，如图 12.20 所示。

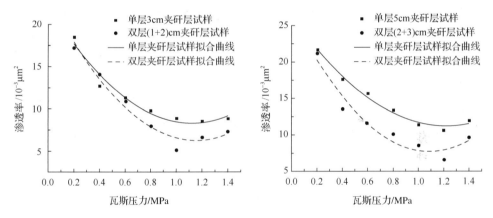

图 12.20　含夹矸层煤粉不同压力下的渗透率

将含单层夹矸与含双层夹矸结果放在一起对比，如表 12.23 所示。

表 12.23　含单层夹矸与含双层夹矸拟合结果对比

试样	拟合方程	相关性系数
3cm 40～60 目砂子夹矸层	$y = 22.17 - 24.69x + 11x^2$	0.94615
（1+2）cm 40～60 目砂子夹矸层	$y = 23.23 - 29.48x + 12.81x^2$	0.95575
5cm 40～60 目砂子夹矸层	$y = 26.31 - 24.6x + 10.05x^2$	0.97992
（2+3）cm 40～60 目砂子夹矸层	$y = 26.62 - 34.55x + 15.83x^2$	0.91669

对比发现，含单层夹矸的渗透率普遍高于含双层夹矸的情况，虽然在 12.6 节分析到 40～60 目砂子渗透率大于 40～60 目煤层，40～60 目砂子的存在对煤粉的

渗透起促进作用，但随夹矸层数的增大其对不均匀煤层渗透率提高的促进作用将减弱。流体在多孔介质内的流动，其动力为多孔介质两端的压差，流动过程中流体透过多孔介质时将产生压降的损耗，不均匀煤样内夹矸层数增加时，使得流体穿过两相介质接触面的次数增加，造成损耗增大，也可将其理解为渗透阻力的增大，渗透率的减小。

单层夹矸层试样与双层夹矸层试样的拟合曲线形状大体相同，均为二次函数关系。瓦斯压力变化初期，因为多孔介质两端初始压差较小，流体在多孔介质内流动所获得的能量较低，损耗相对较高的双层夹矸层试样的降低幅度要大于单层夹矸层试样；随着瓦斯气体压力的增大，损耗能量所占比例减少，变化幅度趋于稳定。

(2) 双层夹矸层滑脱因子影响研究。

依据 12.6 节所用方法和理论基础，对试验数据进行处理与分析，可得到含双层夹矸条件下各试验数据中表现出的滑脱因子特点，数据如表 12.24、表 12.25 和图 12.21 所示。

表 12.24　含 (1+2) cm 40～60 目砂子夹矸层试验渗透率

试样	进口压 /MPa	出口压 /MPa	$1/P_m$ /MPa^{-1}	渗透率 /10^{-3} μm^2
	0.2	0.1	6.66	17.25
	0.4	0.25	3.07	14.08
	0.6	0.49	1.83	10.88
(1+2) cm 40～60 目砂子夹矸层	0.8	0.66	1.36	7.93
	1.0	0.88	1.06	5.16
	1.2	1.11	0.86	6.68
	1.4	1.34	0.729	7.33

表 12.25　含 (2+3) cm 40～60 目砂子夹矸层试验渗透率

试样	进口压 /MPa	出口压 /MPa	$1/P_m$ /MPa^{-1}	渗透率 /10^{-3} μm^2
	0.2	0.1	6.66	21.25
	0.4	0.25	3.07	13.54
	0.6	0.49	1.83	11.69
(2+3) cm 40～60 目砂子夹矸层	0.8	0.7	1.33	10.13
	1.0	0.91	1.04	8.63
	1.2	1.11	0.86	6.62
	1.4	1.34	0.729	9.69

为了更加直观地获得渗透率的变化趋势与规律，将表 12.24 和表 12.25 中的数

据进行图形化处理，可得如图 12.21 所示结果。

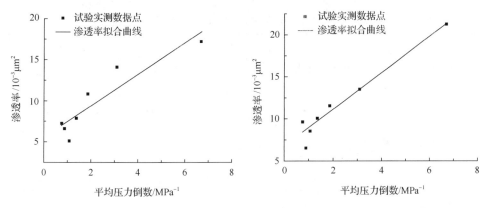

图 12.21　含不同夹矸层厚度煤粉的渗透率拟合曲线

对图 12.21 中的数据进行拟合处理，可得如表 12.26 所示拟合方程。

表 12.26　含不同夹矸厚度煤粉的渗透率拟合方程

试样	拟合方程	相关性系数
(1+2) cm 40～60 目砂子夹矸层	$y = 5.64 + 1.91x = 5.64(1 + 0.338 / p)$	0.8162
(2+3) cm 40～60 目砂子夹矸层	$y = 6.786 + 2.193x = 6.786(1 + 0.323 / p)$	0.9375

故可得试验滑脱因子和液测渗透率，如表 12.27 所示。

表 12.27　含单/双层夹矸试验滑脱因子和液测渗透率

试样	滑脱因子/MPa^{-1}	液测渗透率/mD
(1+2) cm 40～60 目砂子夹矸层	0.338	5.640
(2+3) cm 40～60 目砂子夹矸层	0.323	6.786
3cm 40～60 目砂子夹矸层	0.214	7.640
5cm 40～60 目砂子夹矸层	0.167	10.950

对比相同夹矸层厚度不同夹矸层数的两组试样，随夹矸层数的增加滑脱因子也增大，而液测渗透率减小。滑脱因子反映在相同平均压力倒数的情况下，滑脱效应对流体在多孔介质内流动的增益效果的强弱。试验结果显示，随着夹矸层数的增加，此增益效果加强。根据 12.6 节研究内容，单层夹矸层试样滑脱因子随着夹矸层厚度的增加而减小，说明砂子夹矸层内滑脱效应小于煤粉内滑脱效应，砂子夹矸层对滑脱效应起阻碍作用，而尺度较大的阻碍作用会随着尺度的分散而降低。

(3) 双层夹矸层煤粉试样对煤基质吸附膨胀变形的影响。

根据含夹矸层等效渗透率计算公式，对双层夹矸挤压系数进行计算，结果如

表 12.28 和表 12.29 所示。

表 12.28　含 (1+2) cm 双层夹矸层试样试验渗透率与挤压系数

瓦斯压力/MPa	k_{deng} /$10^{-3}\mu m^2$	k_{sand} /$10^{-3}\mu m^2$	k_{coal} /$10^{-3}\mu m^2$	C	ΔV /cm^3
0.2	17.25	13.48	9.12	0.676	25.55
0.4	14.08	11.68	8.39	0.606	22.91
0.6	10.88	9.57	7.49	0.520	19.66
0.8	7.93	7.60	5.99	0.417	15.76
1.0	5.16	5.24	3.86	0.377	14.25
1.2	6.68	4.60	3.18	0.790	29.86
1.4	7.33	5.90	3.46	0.670	25.32

表 12.29　(2+3) cm 双层夹矸层试样试验渗透率与挤压系数

瓦斯压力/MPa	k_{deng} /$10^{-3}\mu m^2$	k_{sand} /$10^{-3}\mu m^2$	k_{coal} /$10^{-3}\mu m^2$	C	ΔV /cm^3
0.2	21.25	13.48	9.12	0.589	37.11
0.4	13.54	11.68	8.39	0.361	22.74
0.6	11.69	9.57	7.49	0.392	24.69
0.8	10.13	7.60	5.99	0.459	28.92
1.0	8.63	5.24	3.86	0.617	38.87
1.2	6.62	4.60	3.18	0.524	33.01
1.4	9.69	5.90	3.46	0.620	39.06

对比相同厚度、不同层数夹矸层试样，双层夹矸层比单层夹矸层挤压系数较小，整体变形更小，更均匀。

12.8　本 章 小 结

本章通过理论分析，进行含夹矸层试样在不同瓦斯气体压力下的渗流试验，以及双层夹矸试样在不同瓦斯气体压力下的渗流试验，模拟真实煤层在不同性质夹矸层条件下的等效渗透率，分析不同含夹矸层试验渗透率变化的原因，并根据试验结果提出含夹矸层煤层的等效渗透率计算公式，并得到如下结论：

①根据介质组合方式与流体压力梯度方向的不同，介绍了两种情况下组合介质的渗透率计算理论。

②根据常见夹矸层的类型，将夹矸层分为透气夹矸层和不透气夹矸层；指出了含有夹矸层时，不论夹矸层透气与否，煤层的不均匀性均会被放大；研究了煤层分别含有两种夹矸层条件时，根据夹矸层、煤层与瓦斯压力梯度的组合方式不同，分别给出了三种情况下的不均匀煤层渗透率的计算方法。

③40～60 目砂子夹矸层和 60～80 目砂子夹矸层试样等效渗透率随着瓦斯气体压力的变化均符合二次函数关系，且拟合度较高。

④夹矸层试样中，夹矸层的存在对煤层气体流动的滑脱效应呈减弱的趋势，随着夹矸层厚度的增加，气体滑脱效应中的液测渗透率和滑脱因子均呈线性降低趋势。这种抑制作用对煤层气资源的开采起阻碍作用，且夹矸层的存在会对煤层气资源的评估与利用带来干扰。

⑤含夹矸层试样内，瓦斯气体的充入，煤粉和砂子内将产生不同的膨胀效应：煤粉组主要为煤基质吸附甲烷分子的膨胀变形，砂子组则为因孔隙气体压力增大导致的有效应力减小带来的向外膨胀作用。两相介质内不同的膨胀反应，导致二者之间存在挤压作用。定义挤压系数来说明挤压作用的强弱。随着瓦斯气体压力的增大，挤压系数呈先减小后增大的趋势；随着夹矸层厚度的增加，挤压系数逐渐减小。

⑥(1+2)cm 双层夹矸层试样和(2+3)cm 双层夹矸层试样等效渗透率随着瓦斯气体压力的变化均符合二次函数关系，且拟合度较高。

⑦对于双层夹矸层试样与单层夹矸层试样，随着夹矸层数的增加，滑脱因子都增大，液测渗透率减小。滑脱因子反映在相同平均压力倒数的情况下，滑脱效应对流体在多孔介质内流动的增益效果的强弱。试验结果显示，随着夹矸层数的增加，此增益效果加强。根据 12.6 节研究内容，单层夹矸层试样滑脱因子随着夹矸层厚度的增加而减小，说明砂子夹矸层内滑脱效应小于煤粉内滑脱效应，砂子夹矸层对滑脱效应起阻碍作用，而尺度较大的阻碍作用会随着尺度的分散而降低。

⑧含夹矸层试样内，瓦斯气体的充入，煤粉和砂子内将产生不同的膨胀效应：煤粉组主要为煤基质吸附甲烷分子的膨胀变形，砂子组则为因孔隙气体压力增大导致的有效应力减小带来的向外膨胀作用。两相介质内不同的膨胀反应，导致二者之间存在挤压作用。对比相同厚度、不同层数夹矸层试样，双层夹矸层比单层夹矸层挤压系数较小，整体变形更小，更均匀。

参 考 文 献

[1] 中国能源长期发展战略研究项目组. 中国能源中长期(2030、2050)发展战略研究·煤炭卷[M]. 北京: 科学出版社, 2011.

[2] 于不凡, 王佑安. 煤与瓦斯灾害防治及利用技术手册[M]. 北京: 煤炭工业出版社, 2000.

[3] 国家能源局. 关于加强煤矿瓦斯先抽后采工作的指导意见. 北京, 2007.

[4] 景国勋. 2008-2013年我国煤矿瓦斯事故规律分析[J]. 安全与环境学报, 2014, 14(5): 353-356.

[5] 袁亮. 卸压开采抽采瓦斯理论及煤与瓦斯共采技术体系[J]. 煤炭学报, 2009, 34(1): 1-8.

[6] Riemer P, Freund P. Technologies for reducing methane emissions[EB]. 2004. http://www.ieagreen.org.uk/prghgt43.htm[2007-09-03].

[7] 刘成林, 朱杰, 车长波, 等. 新一轮全国煤层气资源评价方法与结果[J]. 天然气工业, 2009, 29(11): 130-132.

[8] 李树刚, 钱鸣高, 许家林, 等. 对我国煤层与瓦斯共采的几点思考[J]. 煤, 1999, 8(2): 4-7.

[9] 车长波, 杨虎林, 李富兵, 等. 我国煤层气资源勘探开发前景[J]. 中国矿业, 2008, 17(5): 1-4.

[10] 周世宁. 瓦斯在煤层中流动的机理[J]. 煤炭学报, 1990, 15(1): 15-24.

[11] 朱珍德, 孙钧. 裂隙岩体非稳定渗流场与损伤场耦合分析模型[J]. 水义地质工程地质, 1999, 26(2): 35-42.

[12] 秦跃平, 王翠霞, 王健. 煤粒瓦斯放散数学模型及数值解算[J]. 煤炭学报, 2012, 37(09): 1466-1471.

[13] 聂百胜, 郭勇义, 吴世跃. 煤粒瓦斯扩散的理论模型及其解析解[J]. 中国矿业大学学报, 2001, 30(01): 21-24.

[14] 李志强, 刘勇, 许彦鹏. 煤粒多尺度孔隙中瓦斯扩散机理及动扩散系数新模型[J]. 煤炭学报, 2016, 41(03): 633-643.

[15] 刘彦伟. 煤粒瓦斯放散规律、机理与动力学模型研究[D]. 焦作: 河南理工大学, 2012.

[16] 富向, 王魁军, 杨天鸿. 构造煤的瓦斯放散特征[J]. 煤炭学报, 2008, 33(7): 775-779.

[17] 陈昌国. 煤吸附与解吸甲烷的动力学规律[J]. 煤炭转化, 1996, 19(1): 68-71.

[18] 聂百胜, 何学秋, 王恩元. 瓦斯气体在煤层中的扩散机理及模式[J]. 中国安全科学学报, 2000, 10(6): 24-28.

[19] 何学秋, 聂百胜. 孔隙气体在煤层中扩散的机理[J]. 中国矿业大学学报, 2001, 30(1): 1-4.

[20] 侯锦秀. 煤结构与煤的瓦斯吸附放散特性[D]. 焦作: 河南理工大学, 2009.

[21] 王兆丰. 空气、水和泥浆介质中煤的瓦斯解吸规律与应用研究[D]. 徐州: 中国矿业大学, 2001.

[22] 陈向军. 强烈破坏煤瓦斯解吸规律研究[D]. 焦作: 河南理工大学, 2008.

[23] 刘高峰, 张子戌, 张小东, 等. 气肥煤与焦煤的孔隙分布规律及其解吸吸附特征[J]. 岩石力学与工程学报, 2009, 28(08): 1587-1592.

[24] 张晓东, 桑树勋, 秦勇, 等. 不同粒度的煤样等温吸附研究[J]. 中国矿业大学学报, 2005, 34(4): 427-432.

[25] 曹树刚, 李勇, 郭平, 等. 型煤与原煤全应力–应变过程渗流特性对比研究[J]. 岩石力学与工程学报, 2014, 29(5): 899-906.

[26] 尹光志, 黄启翔, 张东明, 等. 地应力场中含瓦斯煤岩变形破坏过程中瓦斯渗透特性的试验研究[J]. 岩石力学与工程学报, 2010, 29(2): 336-343.

[27] 尹光志, 李广治, 赵洪宝, 等. 煤岩全应力–应变过程中瓦斯流动特性试验研究[J]. 岩石力学与工程学报, 2010, 29(1): 170-175.

[28] 蒋长宝, 尹光志, 李晓泉, 等. 突出煤型煤全应力–应变全程瓦斯渗流试验研究[J]. 岩石力学与工程学报, 2010, 29(S2): 3482-3487.

[29] 杨永杰, 宋扬, 陈绍杰. 煤岩全应力应变过程渗透性特征试验研究[J]. 岩土力学, 2007, 28(2): 381-385.

[30] 潘一山, 罗浩, 李忠华, 等. 含瓦斯煤岩围压卸荷瓦斯渗流及电荷感应试验研究[J]. 岩石力学与工程学报, 2015, 34(4): 1-7.

[31] 彭守建, 许江, 陶云奇, 等. 煤样渗透率对有效应力敏感性实验分析[J]. 重庆大学学报, 2009, (03): 303-307.

[32] 郭勇义, 周世宁. 煤层瓦斯一维流场流动规律的完全解[J]. 中国矿业学院学报, 1984, 2(2): 19-28.

[33] 孙培德. 瓦斯动力学模型的研究[J]. 煤田地质与勘探, 1993, 21(1): 32-40.

[34] 楚超良, 刘彦伟, 牛国良. 粒度对长焰煤瓦斯放散规律的影响研究[J]. 煤矿安全, 2015, 46(04): 9-12.

[35] 降文萍, 崔永君, 钟玲文, 等. 煤中水分对煤吸附甲烷影响机理的理论研究[J]. 天然气地球科学, 2007, 18(4): 576-579.

[36] 张占存, 马丕梁. 水分对不同煤种瓦斯吸附特性影响的实验研究[J]. 煤炭学报, 2008, 33(2): 144-147.

[37] 李树刚, 赵鹏翔, 潘宏宇, 等. 不同含水量对煤吸附甲烷的影响[J]. 西安科技大学学报, 2011, 31(4): 379-387.

[38] 林海飞, 赵鹏翔, 李树刚, 等. 水分对瓦斯吸附常数及放散初速度影响的实验研究[J]. 矿业安全与环保, 2014, (2): 16-19.

[39] 张时音, 桑树勋. 不同煤级煤层气吸附扩散系数分析[J]. 中国煤炭地质, 2009, 21(3): 24-27.

[40] 陈振宏, 王一兵, 宋岩. 不同煤阶煤层气吸附、解吸特征差异对比[J]. 天然气工业, 2008, 28(03): 30-32, 136.

[41] 钟玲文, 张新明. 煤的吸附能力及影响因素[J]. 地球科学: 中国地质大学学报, 2004, 29(3): 327-368.

[42] 段康康, 冯增朝, 赵阳升, 等. 低渗透煤层钻孔与水力割缝瓦斯排放的实验研究[J]. 煤炭学报, 2002, 27(2): 50-53.

[43] 刘保县, 鲜学福, 徐龙君, 等. 地球物理场对煤吸附瓦斯特性的影响[J]. 重庆大学学报, 2000, 23(5): 78-81.

[44] 杨新乐, 张永利, 李成全, 等. 考虑温度影响下煤层气解吸渗流规律试验研究[J]. 岩土工程学报, 2008, 30(12): 1811-1814.

[45] 许江, 张丹丹, 彭守建, 等. 温度对含瓦斯煤力学性质影响的试验研究[J]. 岩石力学与工程学报, 2011, 30(s1): 2370-2375.

[46] 何学秋, 张力. 外加电磁场对瓦斯吸附解吸的影响规律及作用机理的研究[J]. 煤炭学报, 2000, 25(06): 614-618.

[47] 姜永东, 鲜学福, 易俊. 声震法促进煤中甲烷气解吸规律的实验及机理[J]. 煤炭学报, 2008, 33(06): 675-680.

[48] 赵阳升, 胡耀青, 杨栋, 等. 三维应力下吸附作用对煤岩体气体渗流规律影响的实验研究[J]. 岩石力学与工程学报, 1999, 18(6): 651-653.

[49] 袁梅, 许江, 李波波. 气体压力加卸载过程中无烟煤变形及渗透特性的试验研究[J]. 岩石力学与工程学报, 2014, 33(10): 2138-2146.

[50] 朱光亚, 刘先贵, 李树铁, 等. 低渗气藏气体渗流滑脱效应影响研究[J]. 天然气工业, 2007, 27(5): 44-47.

[51] 张欢. 透气夹矸层对煤层瓦斯放散特性影响研究[D]. 北京: 中国矿业大学(北京), 2015.

[52] 胡桂林. 非均匀载荷对煤体裂纹扩展影响研究[D]. 北京: 中国矿业大学(北京), 2016.

[53] 李伟. 夹矸对煤层瓦斯流动特性影响研究[D]. 北京: 中国矿业大学(北京), 2016.

[54] 郭旭阳. 放散面积和运移路径对块煤瓦斯放散特性影响研究[D]. 北京: 中国矿业大学(北京), 2016.

[55] 王中伟. 动力冲击对煤岩微结构的影响[D]. 北京: 中国矿业大学(北京), 2014.

[56] 赵洪宝, 王中伟, 张欢, 等. 冲击荷载对煤岩内部微结构演化及表面新生裂隙分布规律的影响[J]. 岩石力学与工程学报, 2016, 35(05): 971-979.

[57] 赵洪宝, 王中伟, 胡桂林. 动力冲击对煤岩内部微结构影响的 NMR 定量表征[J]. 岩石力学与工程学报, 2016, 35(08): 1569-1577.

[58] 赵洪宝, 胡桂林, 张勉, 等. 局部荷载下含孔洞多孔介质裂纹扩展量化分析[J]. 中国矿业大学学报, 2017, 46(02): 312-320.

[59] 赵洪宝, 胡桂林, 王飞虎, 等. 局部荷载下含中心孔洞煤体裂纹扩展特征量化分析[J]. 煤炭学报, 2017, 42(04): 860-870.

[60] 赵洪宝, 张欢, 王飞虎, 等. 透气夹矸层对煤层瓦斯放散特性影响研究[J]. 矿业科学学报, 2016, 1(02): 162-171.

[61] 于亚伦. 岩石动力学[M]. 北京: 北京科技大学出版社, 1990.

[62] 唐春安. 岩石破裂过程中的灾变[M]. 北京: 煤炭工业出版社, 1991.

[63] 谢理想, 赵明, 孟祥瑞. 岩石在冲击载荷下的过应力本构模型研究[J]. 岩石力学与工程学报, 2013, 32(s1): 2772-2781.

[64] 宋义敏, 何爱军, 王泽军, 等. 冲击载荷作用下岩石动态断裂试验研究[J]. 岩土力学, 2015, 36(04): 965-970.

[65] 胡时圣, 王道荣. 冲击载荷下混凝土材料的动态本构关系[J]. 爆炸与冲击, 2002, 22(03): 242-246.

[66] 朱万成, 唐春安, 黄志平, 等. 静态和动态载荷作用下岩石劈裂破坏模式的数值模拟[J]. 岩石力学与工程学报, 2005, 24(01): 1-7.

[67] 赵伏军, 谢世勇, 潘建忠, 等. 动静组和载荷作用下岩石破碎数值模拟及试验研究[J]. 岩土工程学报, 2011, 33(08): 1290-1295.

[68] 穆朝民, 齐娟. 爆炸荷载作用下煤体裂纹扩展机理模型实验研究[J]. 振动与冲击, 2012, 31(13): 58-61.

[69] 王明洋, 王立云, 戚承志, 等. 爆炸荷载作用下岩石的变形与破坏研究II[J]. 防灾减灾工程学报, 2003, 23(03): 9-20.

[70] 杜三虎, 田取珍. 冲击破煤机理的初步探讨[J]. 西安矿业学院学报, 1998, 18(02): 107-111.

[71] 张小东, 张鹏, 刘浩, 等. 高煤级煤储层水力压裂裂缝扩展模型研究[J]. 中国矿业大学学报, 2013, 42(04): 573-579.

[72] 孙登林, 刘世明. 坚硬煤体爆生裂纹的数值模拟及分析[J]. 煤矿安全, 2012, 43(10): 192-194.

[73] 胡松, 苏金龙, 徐博洋, 等. 煤破碎过程中表面结构演化与力学特性关系[J]. 华中科技大学学报, 2017, 45(01): 118-122.

[74] 张济忠. 分形[M]. 北京: 清华大学出版社, 1995.

[75] 谢和平. 分形-岩石力学导论[M]. 北京: 科学出版社, 1997.

[76] 谢和平, 薛秀谦. 分形应用中的数学基础与方法[M]. 北京: 科学出版社, 1997.

[77] 张晓宁, 孙杨勇. 岩石表面纹理的分形维数计算[J]. 计算机工程, 2010, 36(23): 277-280.

[78] 徐永福. 岩石力学中的分形几何[J]. 水利水电科技进展, 1995, 15(06): 15-21.

[79] 林道云, 胡小芳. 基于 Matlab 的断面分维求算方法研究[J]. 煤炭技术, 2009, 32(12): 36-40.

[80] 孙洪泉, 谢和平. 岩石断裂表面的分形模拟[J]. 岩土力学, 2008, 29(02): 347-353.

[81] 王金安, 谢和平, Kwasniewski M. 岩石断裂面的各向异性分形和多重分形研究[J]. 岩土工程学报, 1998, 20(06): 16-21.

[82] 刘京红, 姜耀东, 赵毅鑫, 等. 基于 CT 图像的岩石破裂过程裂纹分形特征分析[J]. 河北农业大学学报, 2011, 34(04): 104-109.

[83] 谢和平, 高峰, 周宏伟, 等. 岩石断裂和破碎的分形研究[J]. 防灾减灾工程学报, 2003, 23(04): 1-9.

[84] 易顺民, 赵文谦, 蔡善武. 岩石脆性破裂断口的分形特征[J]. 长春科技大学学报, 1999, 29(01): 6-10.

[85] 傅雪海, 秦勇, 薛秀谦, 等. 煤储层孔、裂隙系统分形研究[J]. 中国矿业大学学报, 2001, 30(03): 225-229.

[86] 赵爱红, 廖毅, 唐修义. 煤的孔隙结构分形定量研究[J]. 煤炭学报, 1998, 23(04): 439-442.

[87] 宫伟力, 张艳松, 安里千. 基于图像分割的煤岩孔隙多尺度分形特征[J]. 煤炭科学技术, 2008, 36(06): 28-32.

[88] 蒋国平, 焦楚杰, 刘洁. 冲击作用下混凝土表面裂纹多重分形研究[J]. 混凝土, 2010, (02): 35-37.

[89] 夏昌敬, 谢和平, 鞠杨. 孔隙岩石的 SHPB 试验研究[J]. 岩石力学与工程学报, 2006, 25(05): 896-900.

[90] 李建雄. 冲击荷载下混凝土材料损伤破坏的分形试验研究[D]. 武汉: 武汉理工大学, 2008.

[91] 刘瑜, 周甲伟, 杜长龙. 煤块冲击破碎粒度分形特征[J]. 振动与冲击, 2013, 32(03): 18-21.

[92] 孙海涛, 张艳. 地面瓦斯抽采钻孔变形破坏影响因素及防治措施分析[J]. 矿业安全与环保, 2010, 37(02): 79-84.

[93] 王法凯, 蒋承林, 吴爱军, 等. 瓦斯测压孔壁围岩坍塌机理及孔壁注浆加固技术[J]. 煤炭科学技术, 2010, 38(09): 10-14.

[94] 刘玉洲, 陆庭侃, 于海勇. 地面钻孔抽放采空区瓦斯及其稳定性分析[J]. 岩石力学与工程学报, 2005, 24(s1): 4982-4987.

[95] 姚向荣, 程功林, 石必明. 深部围岩遇软结构瓦斯抽采钻孔失稳分析与成孔方法[J]. 煤炭学报, 2010, 35(12): 2073-2081.

[96] 王振, 梁运培, 金洪伟. 防突钻孔失稳的力学条件分析[J]. 采矿与安全工程学报, 2008, 25(04): 444-448.

[97] 徐宏杰, 桑树勋, 韩家章, 等. 岩体结构与地面瓦斯抽采井稳定性的关系[J]. 采矿与安全工程学报, 2011, 28(01): 90-95.

[98] 韩颖, 张飞燕. 煤层钻孔失稳机理研究进展[J]. 中国安全生产科学技术, 2014, 10(04): 114-119.

[99] 郭恒, 林府进. 基于弹塑性力学分析的煤层钻孔孔壁稳定性研究[J]. 矿业安全与环保, 2010, 37(s): 106-109.

[100] 李志华, 涂敏, 姚向荣. 深部瓦斯抽采钻孔稳定性与成孔控制数值分析[J]. 中国煤炭, 2011, 37(03): 85-89.

[101] 许胜军. 基于 UDEC 和 D-P 准则的煤层钻孔稳定性分析[J]. 煤矿安全, 2013, 44(03): 160-162.

[102] 翟成, 李全贵, 孙臣, 等. 松软煤层水力压裂钻孔失稳分析及固化成孔方法[J]. 煤炭学报, 2012, 37(09): 1431-1436.

[103] 王晓, 文志杰, Rinne M, 等. 非均布荷载作用下煤(岩)力学强度特性试验研究[J]. 岩土力学, 2017, 38(03): 101-108.

[104] 杨彩虹, 李剑光. 非均匀软岩蠕变机理分析[J]. 采矿与安全工程学报, 2006, 23(04): 476-480.

[105] 蔡立勇, 尹智雄, 赵红. 煤样粒径对瓦斯放散初速度的影响[J]. 矿业工程研究, 2013, 28(03): 30-33.

[106] 李一波, 郑万成, 王凤双. 煤样粒径对煤吸附常数及瓦斯放散初速度的影响[J]. 煤矿安全, 2013, 44(1): 5-8.

[107] 王月红, 陈庆亚. 煤的微观结构对瓦斯放散特性的影响研究[J]. 华北科技学院学报, 2014, 11(07): 1-5.

[108] 刘军, 王兆丰. 煤变质程度对瓦斯放散初速度的影响[J]. 辽宁工程技术大学学报, 2013, 32(06): 745-748.

[109] 尚显光, 温志辉, 陈永超. 构造煤瓦斯放散特性及其影响因素分析[J]. 煤, 2011, 20(06): 31-33.

[110] 曹垚林. 高压吸附下的瓦斯放散初速度研究[J]. 煤矿安全, 2004, 35(09): 4-6.

[111] 史小卫, 刘永茜, 任玉春. 应力作用下的煤层瓦斯运移规律[J]. 煤炭科学技术, 2009, 37(05): 42-44.

[112] 秦玉金, 罗海珠, 姜文忠, 等. 非等温吸附变形条件下瓦斯运移多场耦合模型研究[J]. 煤炭学报, 2011, 36(03): 412-416.

[113] 唐巨鹏, 潘一山, 李成全, 等. 有效应力对煤层气解吸渗流影响试验研究[J]. 岩石力学与工程学报, 2006, 25(08): 1563-1569.

[114] 张春会. 非均匀随机裂隙展布岩体渗流应力耦合模型[J]. 煤炭学报, 2009, 34(11): 1461-1462.

[115] 黄伟, 孔海陵, 杨敏. 煤层变形与瓦斯运移耦合系统的数值响应[J]. 采矿与安全工程学报, 2010, 27(02): 223-227.

[116] 梁冰, 章梦涛, 王泳嘉. 煤层瓦斯渗流与煤体变形的耦合数学模型及数值解法[J]. 岩石力学与工程学报, 1996, 15(02): 135-142.

[117] 彭永伟, 齐庆新, 李宏艳, 等. 煤体采动裂隙场演化与瓦斯渗流耦合数值模拟[J]. 辽宁工程技术大学学报, 2009, 28(s): 229-231.

[118] 滕桂荣, 谭云亮, 高明. 基于 Lattice Boltzmann 方法对裂隙煤体中瓦斯运移规律的模拟研究[J]. 岩石力学与工程学报, 2007, 26(s1): 3503-3508.

[119] 司鹄, 郭涛, 李晓红. 钻孔抽放瓦斯流-固耦合分析及数值模拟[J]. 重庆大学学报, 2011, 34(11): 105-111.

[120] 孙培德. Sun 模型及应用[M]. 杭州: 浙江大学出版社, 2002.

[121] 赵洪宝, 汪昕. 卸轴压起始载荷水平对含瓦斯煤样力学特性的影响[J]. 煤炭学报, 2012, 37(02): 259-263.

[122] 尹光志, 李广治, 赵洪宝, 等. 煤岩全应力-应变过程中瓦斯流动特性试验研究[J]. 岩石力学与工程学报, 2010, 29(01): 170-175.

[123] 尹光志, 蒋长宝, 王维忠, 等. 不同卸围压速度对含瓦斯煤力学和瓦斯渗流特性影响试验研究[J]. 岩石力学与工程学报, 2011, (01): 68-77.

[124] 李武成, 陶云奇. 含瓦斯煤渗透特性试验及其影响机理分析[J]. 煤矿安全, 2011, 42(07): 12-15.

[125] 何志浩, 王洪雨, 张蓉, 等. 煤岩力学性质及其影响因素分析[J]. 石油化工应用, 2012, 31(09): 5-8.

[126] 王刚, 李文鑫, 杜文州, 等. 变轴压加载煤体变形破坏及瓦斯渗流试验研究[J]. 岩土力学, 2016, 37(s1): 175-182.

[127] 蒋长宝, 尹光志, 黄启翔, 等. 含瓦斯煤岩卸围压变形特征及瓦斯渗流试验[J]. 煤炭学报, 2011, 36(05): 802-807.

[128] 尹光志, 李文普, 李铭辉, 等. 不同加卸载条件下含瓦斯煤力学特性试验研究[J]. 岩石力学与工程学报, 2013, 32(05): 892-901.

[129] 赵洪宝, 曹光明, 李华华. 瓦斯放散过程中煤样力学特性演化试验研究[J]. 采矿与安全工程学报, 2014, 31(05): 819-823.

[130] 田坤云. 高水压载荷下软硬原煤瓦斯渗流试验研究[J]. 安全与环境工程, 2014, 21(06): 160-167.

[131] 胡国忠, 王宏图, 范晓刚, 等. 低渗透突出煤的瓦斯渗流规律研究[J]. 岩石力学与工程学报, 2009, 28(12): 2527-2534.

[132] 魏建平, 王登科, 位乐. 两种典型受载含瓦斯煤样渗透性的对比[J]. 煤炭学报, 2013, 38(04): 93-98.

[133] 宫伟东. 两种原煤样瓦斯渗透特性与承载应力变化动态关系的实验研究[D]. 焦作: 河南理工大学, 2013.

[134] 赵洪宝, 王家臣. 卸围压时含瓦斯煤力学性质演化规律试验研究[J]. 岩土力学, 2011, 32(s1): 280-284.

[135] 吴爱军, 蒋承林, 王法凯. 煤与瓦斯突出过程中层裂煤体的结构演化及破坏规律[J]. 中国矿业, 2014, 23(09): 107-112.

[136] 孟祥跃, 俞善炳, 龚俊, 等. 有侧压作用下的含瓦斯煤在突然卸压下的临界破坏[J]. 煤炭学报, 1998, 23(03): 271-275.

[137] 赵洪宝, 李华华, 杜秋浩, 等. 含瓦斯煤样横向变形与瓦斯流动特性耦合关系试验研究[J]. 岩土力学, 2013, 34(12): 3384-3389.

[138] 赵洪宝, 尹光志. 煤样初始内部结构对瓦斯流动特性的影响[J]. 重庆大学学报, 2010, 33(09): 74-78.

[139] 刘洪永. 远程采动煤岩体变形与卸压瓦斯流动气固耦合动力学模型及其应用研究[D]. 徐州: 中国矿业大学, 2011.

[140] 齐庆新, 彭永伟, 汪有刚, 等. 基于煤体采动裂隙场分区的瓦斯流动数值分析[J]. 煤矿开采, 2010, 15(05): 8-10.

[141] 李云浩, 杨清岭, 杨鹏. 煤层瓦斯流动的数值模拟及在煤壁的应用[J]. 中国安全生产科学技术, 2007, 3(02): 74-77.

[142] 俞启香, 程远平, 蒋承林, 等. 高瓦斯特厚煤层煤与卸压瓦斯共采原理及实践[J]. 中国矿业大学学报, 2004, 33(02): 127-131.

[143] 宋选民, 靳钟铭, 魏晋平. 顶煤冒放性和夹矸赋存特征的相互关系研究[J]. 煤炭科学技术, 1995, 23(11): 22-24.

[144] 张顶立, 王悦汉. 含夹矸顶煤破碎特点分析[J]. 中国矿业大学学报, 2000, 29(03): 160-163.

[145] 冯宇峰, 欧阳震华, 邓志刚, 等. 含夹矸特厚煤层综放工作面顶煤破碎机理分析[J]. 煤炭科学技术, 2016, 44(01): 120-125.

[146] 何秋轩, 阮敏, 王志伟, 等. 低渗非达西渗流的视渗透率及其对油田开发的影响[J]. 低渗透油气田, 2002, (1):1-6.

[147] 阎庆来, 马宝岐, 邓英尔. 界面分子力作用与渗透率的关系及其对渗流的影响[J]. 石油勘探与开发, 1998, 25(2): 46-51.

[148] 李道品. 低渗透油田开发[M]. 北京: 石油工业出版社, 1994.

[149] 黄延章. 低渗透油田渗流机理[M]. 北京: 石油工业出版社, 1999.

[150] 米勒尔 C A, 尼奥基 P. 界面现象——平衡和动态现象[M]. 杨承志, 金静芷译. 北京: 石油工业出版社, 1992.

[151] 苑莲菊, 李振栓, 武胜忠, 等. 工程渗流力学及应用[M]. 北京: 中国建材工业出版社, 2001.

[152] 杨小平. 精确计算相对渗透率的方法[J]. 石油勘探与开发, 2010, 25(06): 63-68.

[153] 毛鑫, 冯文光, 杨骞, 等. 分形相对渗透率计算方法[J]. 石油地质与工程, 2011, 25(6): 90-91.

[154] 届亚光, 周文胜, 张鹏, 等. 夹层分布对小层等效渗透率表征的影响[J]. 科学技术与工程, 2014, 14(07): 145-148.

[155] 程强, 魏敬超, 李立峰. 等效渗透率在底水油藏水平井数值模拟中的应用[J]. 油气藏评价与开发, 2014, 4(02): 34-37.

[156] 李亚军, 姚军, 黄朝琴, 等. 基于 Darcy-Stokes 耦合模型的缝洞型介质等效渗透率分析[J]. 中国石油大学学报, 2011, 35(02): 91-95.

[157] 汪伟英, 汪亚蓉, 邹来方, 等. 煤层气储层渗透率特征研究[J]. 石油天然气学报, 2009, 31(06): 127-130.

[158] 王锦山. 煤层气储层两相流渗透率试验研究[J]. 西安科技大学学报, 2006, 26(01): 24-27.

[159] 杨建平, 陈卫忠, 吴月秀, 等. 裂隙岩体等效渗透系数张量数值法研究[J]. 岩土工程学报, 2010, 32(05): 657-662.

[160] 周春圣, 李可非. 含裂纹夹杂多孔材料的渗透性理论与数值分析[J]. 工程力学, 2013, 30(04): 150-156.

[161] 郭小哲, 周长沙. 页岩气储层压裂水平井三线性渗流模型研究[J]. 西南石油大学学报, 2016, 38(02): 86-95.